非対称
MDSの
理論と応用

千野直仁・佐部利真吾・岡田謙介　共著

現代数学社

まえがき

　非対称多次元尺度構成法（略して、非対称 MDS）は、計量心理学の分野で１９７０年代の後半から発展してきた方法であり、複数の対象相互の非対称な関係の観測データをもとに、対象を何らかの距離空間上の点として表現する方法である。

　非対称関係データは、クラスメート相互の片思いなどの好悪関係を表すものから、ハトやにわとりのえさをついばむときの順序データ、インターネット上のサイトからサイトへのコンピュータウイルスの伝搬、ニューラルネットワークにおける神経細胞から神経細胞への興奮の伝搬、変わったところではサンゴ礁の群落間の繁殖の優勢・劣勢など、日常生活の中での現象から、社会・行動科学、自然科学、医学等、きわめて広範な分野で観察することができる。

　第１著者は、１９９７年にこのような主題に関するそれまでの内外の研究をまとめた「非対称多次元尺度構成法」を出版したが、非対称 MDS はその後も活発な研究がなされており、この著書を大幅に改定する必要性が出てきた。そこで、今回は新進気鋭の２名の研究者である佐部利氏と岡田氏にも加わっていただき、タイトルも一新した本書を執筆することとなった。

　このような理由で、今回はその後の非対称 MDS の展開を可能な限り加え、新たな視点から非対称 MDS を見直すことにより、大きく衣替えをすることとなった。また、前著書で紹介した非対称 MDS の方法は主として計量心理学の分野で開発されたものに限らていたが、今回の新版では刺激同定実験の分野で古くから提案されてきたモデルのうち、モデルの中に刺激の布置を仮定するものも非対称 MDS の１つの族として加えることにした。

さらに、前著書では非対称 MDS の理論や方法の基礎になる数学的基礎知識として最小限のものを付録に加えるのみであったが、今回は、本書を自己完結的なものとするために、非対称 MDS に関連する数学的基礎に可能な限りふれることにした。ただし、紙面の制約上、これらの基礎的知識については、定義と定理のみを列記し、簡単な説明を加えるにとどめ、それらに関わる文献をできる限り引用し、巻末の引用文献に明記することにした。また、最後の章では、今後の研究として現状で残された多くの課題について、可能な限りふれることにした。

非対称 MDS は、これまでは主として心理学の分野で発展してきた方法であり、本書の第 4 章、第 5 章を見れば明らかなように、主として社会・行動科学の分野における複数の対象相互の複雑な非対称な関係を何らかの多次元空間上の点間構造として描き出すことが主要な目的であった。そのため特別な非対称な関係構造（例えば循環的階層構造）に関しては 1940 年代から統計学者による検定が知られていたが、それ以外のモデルについての統計的検定や統計的モデル選択の方法については 1980 年代の中ごろからようやく何人かの計量心理学者により現在にいたるまで提案されつつあるのが現状である。

しかし、これまでの方法はある時点での非対称な関係についての非対称 MDS モデルの統計的検定やモデル選択に過ぎない。一方、特別な幾つかの科学の分野を除き、科学の究極の目標は、一般に現象の記述から出発するものの、現象の記述にとどまらず、現象の予測や制御にある。そのような視点からは、非対称 MDS は現状のモデルの統計的検定や同モデル選択に止まることなく、次のステップ、すなわち非対称現象の予測や制御の問題にも向けられるべきであろう。そのためには、非対称 MDS モデルの数学的性質がきちんと押さえられている必要があろう。

Chino and Shiraiwa (1993) による、複数の対象相互の正方実非対称行列として得られる観測データがヒルベルト空間上の点間距離であるための必要十分条件は、そのような数学的基礎の 1 つを与えるものと考える。この定理から導かれる 1 つの非対称現象の予測モデルは、（複素）ヒルベルト空間を状態空間と仮定した各種力学系モデル（常・偏微分方程式、差分方程式等）や、確率微分方程式モデルであろう。これについては、本書の

最終章でふれる。

　非対称関係データの学際的特徴を考慮すると、社会・行動科学から、行動生物学、ニューラルネットワークやインターネット、さらには物理学などの自然科学における多くの分野の非対称関係データに関する何らかの統一理論の構築も可能かもしれない。いずれにせよ、本書が心理学のみならず、社会・行動科学や自然科学の多くの読者の目にとまり、多くの若い頭脳が非対称 MDS の理論と今後の展開の一翼を担っていただくことを願ってやまない。

　本書の骨格となる第 4 章の 9 つの節のうち、最初の 7 節については、最近第 1 著者が Behavirometrika 非対称 MDS の特集号に投稿した論文 (Chino, 2012) の内容の多くをそのまま、あるいは抜粋して和訳したり要約したものである。また、4.8 節についても 4.8.1 節第 2 項（カウントデータの場合）の部分は、同様である。また、第 1 章の一部、第 6 章の多くもこの論文に基づいている。これらに関しては、和訳・掲載を快諾いただいた日本行動計量学会に謝意を表したい。

　また、第 1 章 1.3.11 節の表 1.10 については、Saito and Yadohisa (2005) の表の 1 つであるが、これについては転載をご快諾いただいた TAYLOR & FRANCIS GROUP LLC 社及び著者の齋藤堯幸氏及び宿久洋氏に謝意を表したい。

　また、第 5 章 5.10 節のベクトル場とその軌道特性を描いた 3 つの図については、Chino and Nakagawa (1990) の図を用いているが、これらについては、転載をご快諾いただいた日本グループダイナミックス学会及び著者の一人の中川正宣氏に謝意を表したい。

　さらに、第 4 章 4.6.4 節の図 4.3 及び第 5 章 5.11 節の図 5.13 及び図 5.14 については、Shojima (2012) の Behaviormetrika 非対称 MDS 特集号に掲載された図を転載したが、これについても快諾をいただいた日本行動計量学会及び著者の荘島宏二郎氏に謝意を表したい。

　同様に、第 5 章の 5.3 節及び 5.8 節の図については、藤澤隆史・小杉考司氏らの日本行動計量学会第 36 回大会、第 38 回大会発表抄録集 (藤澤ら, 2008; 小杉ら, 2010) の図を改変・転載した。これらについても藤沢隆史氏、小杉考司氏ら著者の快諾を得て転載した。ここに記して謝意を表し

たい。

　また、本書は以下の何人かの方のお力添えや活動の賜物である。まず、第1に、本書で紹介した非対称 MDS の適用例の幾つかや非対称 MDS の方法は、最近岡太彬訓氏と第1著者が日本行動計量学会大会で毎年企画し開催している非対称データの解析特別セッションで発表されたものであり、今回は本書で紹介できなかった研究も幾つかある。そこに参加されている研究者は、非対称 MDS の扱う対象の多様性を反映して、これまで計量心理学者、数理統計学者、地理学者、物理学者と学際的である。このような学際性こそが、非対称 MDS の研究の発展の原動力の1つであり、本書もそのような学際的活動の1つの成果といえよう。

　最後に、本書は草稿の段階で多くの方からいろいろなコメントをいただいた。とりわけ、高根芳雄氏、柳井晴夫氏からは、ご多忙にもかかわらず、多くの貴重なコメントをいただいた。また、数学者で長年第1著者が研究面でご助言をいただいている白岩謙一氏からは、今回も幾つかの貴重なコメントをいただいた。彼らのご好意なしには、本書は刊行できなかったといっても過言ではない。共著者一同、ここに記して厚く御礼申し上げる。なお、本書の刊行に際しては、現代数学社の富田淳氏にはいろいろご無理をお願いしたにもかかわらず、ご理解をいただいた。ここに記して謝意を表したい。

　　　　　　　　　　　　　　　　　　　平成24年3月吉日

　　　　　　　　　　　　　　　　　　　　　　　千野直仁

目次

まえがき　　i

第1章　序論　　1
- 1.1 尺度構成の必要性と尺度構成法の歴史　　1
  - 1.1.1 尺度の種類　　2
  - 1.1.2 一次元的尺度構成法（UDS）　　3
  - 1.1.3 多次元尺度構成法（MDS）　　8
- 1.2 対称 MDS の基礎　　11
  - 1.2.1 対称 MDS の定義　　11
  - 1.2.2 対称 MDS の基礎定理　　13
  - 1.2.3 対称 MDS の概要　　15
- 1.3 非対称な関係データの例　　16
  - 1.3.1 クラス集団の成員間の好悪感情の非対称性　　16
  - 1.3.2 3者関係の非対称性/循環的階層構造　　17
  - 1.3.3 家族集団の成員間の態度構造の非対称性　　17
  - 1.3.4 国家間の友好関係の非対称性　　18
  - 1.3.5 国家間の貿易収支の構造の非対称性　　19
  - 1.3.6 モールス信号の混同と非対称性　　19
  - 1.3.7 エゴグラム・パターン間の夫婦相性の非対称性　　22
  - 1.3.8 サンゴ礁の群落間の勢力の非対称性　　22
  - 1.3.9 鳥のつつきの順序の非対称性　　23
  - 1.3.10 音楽のコード進行の非対称性　　24
  - 1.3.11 ブランドスイッチングデータの非対称性　　25
  - 1.3.12 小集団における下位集団の形成過程における非対称性　　25

       1.3.13　単語連想の非対称性 27
       1.3.14　ニューラルネットワークにおける非対称性 28
  1.4　非対称 MDS の基礎 28
       1.4.1　非対称 MDS の定義 29
       1.4.2　非対称 MDS の基礎定理 31

第 2 章　数学的基礎 I　　　　　　　　　　　　　　　　　33

  2.1　行列・行列式 33
       2.1.1　行列 33
  2.2　行列の演算と逆行列 41
       2.2.1　行列の加減乗除 41
       2.2.2　行列とスカラーとの積 44
       2.2.3　行列の基本操作と階数 45
       2.2.4　行列式 46
  2.3　双一次形式、二次形式、エルミート形式とその符号 . . . 50
       2.3.1　双一次形式の定義 50
       2.3.2　二次形式とその符号 50
       2.3.3　エルミート形式とその符号 51
  2.4　非対称 MDS の分野での関連行列の役割と話題 53
       2.4.1　対称行列と非対称行列 53
       2.4.2　エルミート行列 54
       2.4.3　循環行列とテプリッツ行列 55
  2.5　ベクトル空間、ノルム、と内積 56
       2.5.1　抽象的ベクトル空間 57
       2.5.2　線型空間と一次変換 60
       2.5.3　ノルム、ノルム空間、及び距離空間 62
       2.5.4　内積と内積空間 65
  2.6　距離空間の完備性と各種距離空間 69
       2.6.1　ヒルベルト空間 70
       2.6.2　ユークリッド空間 71
       2.6.3　ミンコフスキー空間 72
  2.7　固有値問題・特異値分解 74

	2.7.1	固有値問題	74
	2.7.2	固有値問題の基礎知識	75
	2.7.3	正方行列の標準形	76
	2.7.4	行列の合同変換	79
	2.7.5	固有値問題と微分方程式の特異点	80
	2.7.6	特異値問題	81

第3章 数学的基礎 II   83

3.1	事象、確率、と標本空間・母数空間	83
	3.1.1 事象・余事象	83
	3.1.2 確率、標本空間・母数空間、と確率変数 ..	84
	3.1.3 条件付確率と事象の独立性	85
	3.1.4 度数分布、母集団分布、標本分布	86
	3.1.5 確率密度と分布関数	87
	3.1.6 確率変数の期待値と分散	88
3.2	推定量とその性質	89
	3.2.1 母数と推定量	89
	3.2.2 推定量の持つべき性質	90
	3.2.3 一致性と不偏性	91
	3.2.4 有効性と最小分散性	92
	3.2.5 充足性（十分性）...............	94
	3.2.6 同時充足性のための条件	96
3.3	線形モデルと最小2乗法	97
	3.3.1 古典的線形モデル	97
	3.3.2 その他の線形モデル	99
3.4	ベイズの定理と最尤法	102
	3.4.1 ベイズの提案と最尤原理	103
	3.4.2 最尤原理と ML 推定量	104
	3.4.3 最尤推定量の望ましい性質	105
3.5	仮説検定と2種類の過誤	106
	3.5.1 単純仮説と複合仮説	107
	3.5.2 棄却域と対立仮説	107

- 3.5.3 2種類の過誤と検出力 108
- 3.6 尤度比検定 108
- 3.7 統計量の独立性 110
  - 3.7.1 3つ以上の事象や確率変数の独立性 110
  - 3.7.2 統計量間の独立性 111
  - 3.7.3 分布の完備性と統計量の完備性 112
  - 3.7.4 補助統計量 113
- 3.8 ベイズ推定法 114
  - 3.8.1 頻度論的確率とベイズ確率 114
  - 3.8.2 事前分布 115
  - 3.8.3 ベイズ推論 117
- 3.9 分割表の検定 119
  - 3.9.1 ピアソンのカイ2乗統計量と尤度比カイ2乗統計量 121
  - 3.9.2 3種類のサンプリングデザインの同等性 .. 122
  - 3.9.3 オッズとオッズ比 124
  - 3.9.4 対数線形モデル 126
  - 3.9.5 非対称MDSと3次元分割表 128
- 3.10 微分法・積分法 130
  - 3.10.1 微分法 130
  - 3.10.2 偏微分法 138
  - 3.10.3 積分法 141
- 3.11 最適化 145
  - 3.11.1 最適化の定義と古典理論 146
  - 3.11.2 最適化の数値解法 148
  - 3.11.3 最適化と力学系 149
- 3.12 MCMC法 152
  - 3.12.1 ギブスサンプリング 154
  - 3.12.2 メトロポリス・ヘイスティングス法 ... 155
  - 3.12.3 収束判定 156
- 3.13 テンソル 157
  - 3.13.1 各種形式 158

            3.13.2 古典的なテンソルの定義 161
    3.14 情報量基準 162
            3.14.1 AIC 164
            3.14.2 BIC 166
            3.14.3 モデル選択の信頼性 166
    3.15 微分・差分方程式 167
            3.15.1 微分方程式 167
            3.15.2 差分方程式 178
    3.16 ボロノイ充填 180
            3.16.1 ボロノイ充填の定義 181
            3.16.2 ボロノイ充填の種類 181

第 4 章 非対称 MDS の方法　　　　　　　　　　　　　　　　183
    4.1 記述的方法と推測的方法 183
    4.2 記述的方法 184
    4.3 最も狭義な非対称 MDS (1)/修正距離モデル 185
            4.3.1 Young の ASYMSCAL 185
            4.3.2 Tobler の風モデル 186
            4.3.3 Yadohisa-Niki のモデル 187
            4.3.4 Gower のジェットストリームモデル 187
            4.3.5 Borg-Groenen のヒルクライミングモデル 188
            4.3.6 Gower のサイクロンモデル 188
            4.3.7 Krumhansl の距離密度モデル 188
            4.3.8 Weeks-Bentler モデル 189
            4.3.9 Okada-Imaizumi モデル 189
            4.3.10 Saito-Takeda モデル 190
            4.3.11 Saito モデル 191
            4.3.12 Holman モデル 191
            4.3.13 スライドベクトル モデル 192
    4.4 最も狭義な非対称 MDS (2)/非距離モデル 193
            4.4.1 Chino の ASYMSCAL 193
            4.4.2 GIPSCAL 194

		4.4.3	DEDICOM	196
		4.4.4	Escoufier-Grorud モデル	197
		4.4.5	TSCALE	198
	4.5	最も狭義な非対称 MDS (3)/拡張距離モデル	198
		4.5.1	非対称 Minkowski メトリックモデル	198
		4.5.2	HFM	199
	4.6	より狭義な非対称 MDS	200
		4.6.1	MDS 選択モデル	200
		4.6.2	混同選択モデル	201
		4.6.3	Getty らの重み付きユークリッド距離モデル . .	202
		4.6.4	ATRISCAL	202
	4.7	推測的方法	204
	4.8	最尤法、ベイズ推定法による非対称 MDS	205
		4.8.1	最尤法による非対称 MDS	205
		4.8.2	ベイズ推定法による非対称 MDS	210
	4.9	各種対称性検定	215
		4.9.1	対称性検定と関連検定	215
		4.9.2	循環性検定	221

第 5 章 非対称 MDS の適用例　　225

5.1	クラス集団の好悪感情構造	225
5.2	認知的協和・不協和の構造	226
5.3	家族集団の態度構造	227
5.4	国家間の友好関係の構造	228
5.5	国や地域間の貿易収支の構造	230
5.6	モールス信号の混同の構造	232
5.7	エゴグラム・パターン間の夫婦相性の構造	235
5.8	曲のコード進行の構造	235
5.9	ブランドスイッチングの構造	236
5.10	小集団のグループの形成・解消過程の構造	239
5.11	テスト項目の従属構造	241
5.12	単語連想の構造	242

第 6 章 非対称 MDS の今後の展開　　247
- 6.1 予備検定の必要性と統計的過誤 248
- 6.2 多重判断サンプリングへの対応 251
- 6.3 不定計量空間と循環的階層構造 253
- 6.4 1 相 3 元非対称関係データの MDS 255
- 6.5 縦断的非対称関係データへの対応 258
- 6.6 半正定値プログラミングの応用 259
- 6.7 ランダムエルミート行列 260
- 6.8 非対称 MDS を超えて 262

引用文献　　267

索引　　303

第1章　序論

　この章では、まず最初に尺度構成の必要性と尺度構成法の歴史について簡単に紹介する。非対称 MDS が扱うデータは、この章の後半でみるように社会・行動科学の領域から生物学、物理学など多岐にわたるが、とりわけ社会・行動科学の領域のデータの場合、数値の値としてコード化されるデータは必ずしも定量的な情報を持っているとは限らない。

　そのような場合、われわれはデータの性質に応じた対象の尺度の構成、すなわち**尺度構成**（scaling）が必要となる。これをきちんと行わないと、データに対して如何に高度な統計解析を施したとしても、それによって得られる結論は信用できるものとは成り得ない。

　つぎに、本書の主題である非対称 MDS の基礎としての対称 MDS の定義や基礎定理、研究の歴史について簡単に紹介する。非対称 MDS は、対称 MDS の研究成果を受け継いで発展してきたので、両者を対比させる意味でも、対称 MDS の概観は読者の非対称 MDS の理解にとって重要である。その後、非対称な関係データが社会・行動科学から医学、物理学等に亘り、如何に多岐に亘るかを具体的なデータを示すことにより、明らかにする。

　最後に、そのような多岐に亘る非対称関係データの多くを分析するための方法としての非対称 MDS の可能な限り厳密な定義と、非対称 MDS の基礎定理を示す。

1.1　尺度構成の必要性と尺度構成法の歴史

　この節では、尺度構成の必要性と歴史について、簡単に紹介する。その前に、まず尺度にはどのようなものがあるかについてふれる。

1.1.1　尺度の種類

われわれが尺度という言葉を聞いた時、最初に思い浮かべるのは長さを測るための物差しや、温度を測るための寒暖計などではないだろうか。ここでは、尺度として、まず寒暖計で測られる摂氏の温度を取り上げてみよう。温度は、明らかに尺度のどの位置においても等しい。すなわち、例えば１度と２度の差も、９９度と１００度の差も等しい。このような性質は、尺度の等間隔性と呼ばれる。寒暖計では、またゼロ点は絶対的なものではなく「水が凍るときの温度」という意味で相対的なものである。これらの２つの性質を持つ尺度は、**間隔尺度** (interval scale) と呼ばれる。

これに対して、長さの測定には定規を用いる。この物差しにより測定される対象の長さについては、長さゼロは絶対的なものであり、そのような点は**絶対零点** (absolute zero point) と呼ばれる。また定規は尺度の等間隔性も成り立つように作られているので、このような尺度は**比尺度** (ratio scale) と呼ばれる（例えば、竹内編, 1989; 中島ら編, 1999）。なお、これについては、比率尺度（岩原, 1957）、比例尺度（印東, 1970; 吉野ら, 2007）と呼ばれることもある。

しかし、社会・行動科学とりわけ心理学の領域では、うえの２つのようないわば定量的な尺度は決して多いと言えない。われわれはしばしば、例えば男を１、女を２とコード化する。このようにして付与されたコード値には、尺度の等間隔性も満たされず絶対ゼロ点も存在しないばかりでなく、順序情報さえもなく、単に名義的な意味しか持たないので、**名義尺度** (nominal scale) と呼ばれる。

それでは、例えば学級集団の成員のそれぞれに対して、自分を除く成員に対して感じる魅力の順位をつけさせるとしたら、それにより得られるコード値はどのような性質を持つと考えらるであろうか。そのようなコード値には、隣り合う２つのコード値間の等間隔性は必ずしも保証されないし、絶対ゼロ点も存在しない。しかし、そのようなコード値には、順序情報は存在すると考えられるので、**順序尺度** (ordinal scale) と呼ばれる。より厳密には、順序尺度は、いわゆる推移律を満たさないといけない。

社会・行動科学のみならず、物理学、生物学などすべての分野でよく利用される尺度がもう１つある。それは**カウントデータ** (count data) であ

る。カウントデータは、絶対零点も存在するし、尺度の等間隔性も備えていると考えられるので、一見比尺度とみなしてよいと考えがちであるが、比率尺度と異なり、測定の単位が相対的ではなく絶対的である。そこで、カウントデータを**絶対尺度** (absolute scale) と呼ぶことがある (Suppes & Zinnes, 1963)。われわれも、カウントデータをそのような意味で、比尺度と区別することにする。のちに見るように、統計学的分布の観点からも、カウントデータは、比尺度や間隔尺度とは区別することが望ましい。

1.1.2　一次元的尺度構成法（UDS）

前節では、尺度がどのようにして作られたものであるかという議論をぬきにして、尺度の性質の視点から、尺度を分類した。しかし、物理的尺度にせよ心理的尺度にせよ、どのような尺度も何らかの方法により作成されたものである。一般に、尺度構成とは、一定の規則に従って測定対象に何らかの数値を付与する操作であると言える。

尺度構成は、長さ、重さ、温度などの物理的属性を測定する場合のみでなく、社会・行動科学的属性、とりわけ対人魅力、賛否、類似性・非類似性などの心理学的属性を測定する場合にも必要である。例えば、前節で取り上げた物理学的尺度構成の例である温度の尺度構成を考えてみよう。寒暖計は、水が凍る時のアルコール柱の上端をゼロとし、水が沸騰する時のアルコール柱の上端を１００度とし、ある温度の範囲ではアルコールの膨張率が温度に比例するという特性を用いて、ゼロから１００度の間を等分することにより、１度という単位当たりの目盛が作成される。

それでは、心理学的属性を測定するための尺度は、どのようにして構成されるのであろうか。心理学における量的概念とその測定に関する理論は、歴史的にはライプチヒ大学の物理学教授 G.T. Fechner (1801-1887) により創始された**精神物理学** (psychophysics) にさかのぼることができよう。彼のめざしたのは精神と身体の関係に関する精密理論であるが、具体的には物理学的刺激強度と心理学的感覚強度との数学的関数関係の究明であり、よく知られた **Fechner の法則** (Fechner's law) $R = k\log(S/b)$ を Weber の法則から理論的に導いた (Fechner, 1860)。ここで、R は、感覚

強度であり、S は刺激強度、b は閾値すなわち感覚が生じかつ消失する刺激値の単位である。つまり、人が感じる感覚の大きさは、(物理) 刺激の絶対的大きさではなく、刺激の大きさの対数に比例するというわけである。

彼の法則が、基本的には被験者に 2 つの物理刺激の感覚強度の差 (の有無) の判断をさせることにより間接的に感覚量を測定するのに対して、Stevens (1951) は被験者に物理的な標準刺激の感覚量に対する比較刺激の直接的な感覚量の (比の) 推定を行わせることにより、著名な **Stevens の法則**ないしは**ベキ法則** $R = aS^l$ を提案した。

これらの尺度構成法は、前節で述べた物理学における量的測定とは異なり、(原則的には) 物理学的対象やその状態のもつ何らかの量との対応で、いわゆる**心理学的連続体** (psychological continuum) 上に各対象や状態を位置づけることにより、心理学的尺度、より限定的には**感覚尺度** (sensory scale) を構成するので、感覚尺度構成法と呼ばれることもある。いずれにせよ、この種の尺度では、対象やそれが持つ何らかの状態そのものの性質や状態の生起するメカニズムについての理論から尺度を構成するわけではない。

心理学的尺度構成を、精神物理学的測定、とりわけ物理刺激の弁別過程の考察から、さらに発展させるきっかけを作ったのが、つぎの節で述べる Thurstone (1887-1955) の幾つかの仕事である。彼は、心理学的尺度を構成する対象や状態は必ずしも物理的対象や状態である必要はなく、物理学的刺激や状態、心理学的刺激や状態における測定誤差や判断誤差に関する統計学的分布の情報が特定できれば、それらの対象や状態を心理学的連続体上に位置づけることができることを示した。その方法は、**比較判断の法則** (law of comparative judgment) と呼ばれる。

比較判断の法則 (Thurstone, 1927a, b) は、Thurstone の精神物理学的測定に対する考察から生まれたもので、刺激対象についての (1 次元的) 尺度構成を以下のように物理学的刺激との対応を仮定することなしに行おうとするものである。彼は、一対比較法による被験者の対刺激 O_j、O_k 間の優劣、軽重、好悪などの判断に対して、何らかの (一次元的) 心理学的連続体上で**弁別過程** (discriminal process) v_j、v_k が生じ、それらはつぎ

1.1. 尺度構成の必要性と尺度構成法の歴史

のように書けると仮定する：

$$v_j = \mu_j + \varepsilon_j, \quad \varepsilon_j \sim N(0,\ \sigma_j^2),$$

$$v_k = \mu_k + \varepsilon_k, \quad \varepsilon_k \sim N(0,\ \sigma_k^2)$$

ここで、μ は尺度値、ε は誤差項である。

これらを用いると、つぎの**弁別差異** (discriminal difference) u_{jk} が定義できる：

$$u_{jk} = v_j - v_k = \mu_{jk} + \varepsilon_{jk}. \tag{1.1}$$

ここで、$\mu_{jk} = \mu_j - \mu_k$、$\varepsilon_{jk} \sim N(0, \sigma_{j-k}^2)$、$\sigma_{j-k}^2 = \sigma_j^2 + \sigma_k^2 - 2\rho_{jk}\sigma_j\sigma_k$ である。また、ρ_{jk} は ε_j と ε_k との相関係数である。

この時、O_j が O_k より優れている（重い、好ましいなど）と判断される確率は、

$$P_{jk} = \int_0^\infty \frac{1}{\sqrt{2\pi}\sigma_{j-k}} \exp\left\{-\frac{1}{2}\left(\frac{u - \mu_{jk}}{\sigma_{j-k}}\right)^2\right\} du = \Phi(Z_{jk}). \tag{1.2}$$

ここで、$Z_{jk} = \mu_{jk}/\sigma_{j-k}$ とする。また、Φ は単位正規分布の分布関数である。一般に Z_{jk} は、いわゆる**正規偏差** (normal deviate) あるいはより正確には**正規同値偏差** (normal equivalent deviate) と呼ばれる。

Z_{jk} と σ_{j-k}^2 の関係から、次式のいわゆる Thurstone の比較判断の法則が導かれる：

$$\mu_j - \mu_k = Z_{jk}\sqrt{\sigma_j^2 + \sigma_k^2 - 2\rho_{jk}\sigma_j\sigma_k}. \tag{1.3}$$

(1.3) 式は、一般には未知数が多過ぎて解けないが、例えば Thurstone の Case V の仮定 ($\rho_{jk} = 0$, $\sigma_j^2 = \sigma_k^2 =$ constant, $j, k = 1, 2, \cdots, N$) に加え、$\sum_{k=1}^{N}\mu_k = 0$, 及び ($\sigma_{j-k} = 1$) なる仮定をすれば、$\hat{\mu}_j^0 = \frac{1}{N}\sum_{k=1}^{N} Z_{jk}$, $j = 1, 2, \cdots, N$ として解ける。なお、Z_{jk} は (1.2) 式から $\hat{Z}_{jk} = z_{jk} = \Phi^{-1}(\hat{P}_{jk})$, $\hat{P}_{jk} = \sum_{i=1}^{N_{jk}} s_{jki}/N_{jk}$ として推定する。ここで、N_{jk} は (j, k) 対の判断についてのサンプル数であり、s_{jki} は対象 O_j が対象 O_k より優れている（重い、好ましい等）と被験者により判断される時 1、そうでない時 0 とするものとする。

なお、上の解は統計的推測を行うには不十分で、これを行うには最小ノーミットカイ二乗法 (Bock & Jones, 1968) や最尤法 (Arbuckle & Nugent, 1973) が用いられる。また、Thurstone モデルに対して、Bradley らの **BTFL モデル** (Bradley-Terry-Ford-Luce model) では、$P_{jk} = s_j/(s_j + s_k)$ が仮定される。ここで、s_j は対象 O_j に対する尺度値である。この時、最尤解は $s_j = \sum_k N_{jk} p_{jk} / \{\sum_k N_{jk}/(s_j + s_k)\}$ となる (Hohle, 1966)。

いずれにせよ、N 個の対象に対する一対比較による対象相互の軽重や好悪判断比率 p_{jk} がデータとして得られれば、われわれは比較判断の法則を適用することにより、N 個の対象の一次元連続体上の尺度値の推定値 $\hat{\mu}_j, j = 1, 2, \cdots, N$ や $\hat{s}_j, j = 1, 2, \cdots, N$ を得ることができる。このことはとりもなおさず、そのような対象相互の軽重や好悪判断比率データから複数の対象を一次元尺度の上に位置づける、すなわち 1 次元の物差しを構成することであり、**一次元的尺度構成法** (unidimensional scaling) （以降、略して UDS と呼ぶ）と言える。

心理学的尺度構成法のもう 1 つの代表的な方法は、**カテゴリー判断の法則** (law of categorical judgment) である。カテゴリー判断の法則は、Thurstone が**系列間隔法** (method of successive intervals) により得られたデータに対して比較判断の法則を応用したものを、トーガソンが発展させたものである (Bock & Jones, 1968; Saffir, 1937; Torgerson, 1958)。被験者は、N 個の対象のそれぞれを $m + 1$ 個のカテゴリーからなる評定尺度上のいずれかのカテゴリーに該当するとして評定する。このようなカテゴリー判断の場合、次の 2 つの弁別過程が生ずると仮定する：

$$v_j = \mu_j + \varepsilon_j, \quad \varepsilon_j \sim N(0, \delta_j^2), \qquad v_k = \tau_k + \varepsilon_k, \quad \varepsilon_k \sim N(0, \gamma_k^2)$$

ここで、μ_j は対象 O_j の尺度値、τ_k は弁別連続体上の第 k カテゴリーと第 $k+1$ カテゴリーの境界点の値である。また、ε_j と ε_k の同時分布は 2 変量正規分布に従うとする。この時、弁別差異

$$v_{jk} = v_j - v_k = \mu_j - \tau_k + (\varepsilon_j - \varepsilon_k), \tag{1.4}$$

は正規分布に従い、平均と分散はつぎのようになる：

$$E(v_{jk}) = \mu_j - \tau_k, \quad V(v_{jk}) = \sigma_{j-k}^2 = \delta_j^2 + \gamma_k^2 - 2\rho_{jk}\delta_j\gamma_k.$$

1.1. 尺度構成の必要性と尺度構成法の歴史

これらより、被験者が対象 O_j を評定尺度の第 k カテゴリー以下として評定する確率 P_{jk} は、つぎのように書ける:

$$P_{jk} = \int_{-\infty}^{0} \frac{1}{\sqrt{2\pi}\sigma_{j-k}} \exp\left\{-\frac{1}{2}\left(\frac{v-(\mu_j-\tau_k)}{\sigma_{j-k}}\right)^2\right\} dv = \Phi(Z_{jk}). \quad (1.5)$$

ここで、$Z_{jk} = (\tau_k - \mu_j)/\sigma_{j-k}$ とする。図 1.1 は、これを図式化したものである。

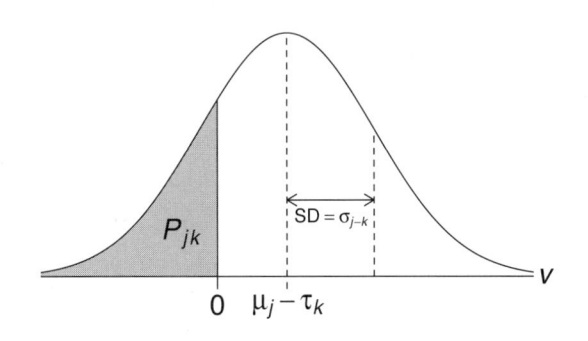

図 1.1: カテゴリー判断の法則に基づく P_{jk} の定義の図式化

この場合も、一般にはデータ数 mn に対して、未知パラメータ数が多すぎて解けない。Torgerson (1958) は、これらの未知パラメータにいろいろな制約を課した場合のパラメータの求め方について述べている。また、適当な初期値を与え、最小ノーミットカイ二乗解 (Bock & Jones, 1968) や最尤解 (Schönemann & Tucker, 1967) を求めることもできる。

いずれにせよ、N 個の対象のそれぞれに対して、複数の評定カテゴリーを持つ評定尺度による評定結果を手にした時、そのようなデータに対してカテゴリー判断の法則を適用することにより、N 個の対象それぞれの一次元連続体上の尺度値の推定値 $\hat{\mu}_j, j = 1, 2, \cdots, N$、および隣接カテゴリー間の境界値 $\hat{\tau}_l, l = 1, 2, \cdots, m$ を手にすることができる。このことはとりもなおさず、そのような評定尺度データから複数の対象を一次元尺度の上

に位置づける、すなわち1次元の物差しを構成することであり、比較判断の法則の適用と同様、一次元的尺度構成法の1つの方法と言える。

ここで取り上げた尺度構成法以外にも、心理学の領域では例えば態度測定の分野で提案されてきた Bogrdus の**社会的距離尺度** (social distance scale) (Bogardus, 1933)、Thurstone の**等現間隔法** (method of equal-appearing intervals) (Thurstone, 1931)、Likert の**集積評定法** (summated rating method) (Likert, 1932)、Guttman の**尺度分析 (法)** あるいは**尺度解析 (法)** (scale analysis, scalogram analysis) (Guttman, 1944)、Coombs の**展開法** (unfolding) (Coombs, 1950, 1964) などがあるが、省略する。

1.1.3 多次元尺度構成法（MDS）

前節で述べたように、計量心理学の分野では1920年代の後半から1950年代にかけて、物理学的尺度構成のような測定対象の性質にもとづいた尺度構成ではなく、心理学的刺激や状態における測定誤差や判断誤差に関する統計学的分布の情報のみを用いたUDSの方法が提案された。しかし、一般的に言って、社会・行動科学や心理学が扱う現象は、必ずしも1次元の物差しではとらえきれないことが多い。これに対処するには、多次元の物差しを構成する原理や方法が必要になる。このような方法は、UDSに対して**MDS** (multidimensional scaling) と呼ばれる。

ここで、MDSでは一般に複数の対象相互の（非）類似度（判断）データが分析の対象となる。例えば尺度構成の対象が N 個あれば、それら相互の（非）類似度データを縦横に並べれば、N 行 N 列の数値の集まりが分析対象となる。数学では、このように数値を縦横に並べたものを**行列** (matrix) と呼ぶ。この例では、行列の行数と列数が等しいが、そのような行列は**正方行列** (square matrix) と呼ばれる。より一般的には、例えば $m \times n$ 行列とは、行数（数値の横の並びの数）が m 行あり、かつ列数（数値の縦の並びの数）が n 行から成る数値の集まりをさす。このような行数と列数が異なる行列は、**矩形行列** (rectangular matrix) と呼ばれる。また、定理に出てくる行列の**階数** (rank) とは、ここでは大雑把に行列の持つ情報の大きさを指すと考えればよい。なお、これら行列の定義、行列

1.1. 尺度構成の必要性と尺度構成法の歴史

の演算や行列の階数などの基礎的知識については、後続の 2.1 節や 2.2 節を参照されたい。

　幸い、Thurstone が 1920 年代の後半に比較判断の法則を提案して１０年ほどで、MDS の方法を下支えする３つの定理が相次いで提案された。それらは、**ショーエンバーグの定理** (Schoenberg's theorem) (Schoenberg, 1935)、**エッカート・ヤングの定理** (Eckart-Young' theorem) (Eckart & Young, 1936) と **ヤング・ハウスホールダーの定理** (Young-Householder's theorem) (Young & Householder, 1938) である。

　これらのうち、エッカート・ヤングの定理は複数の対象相互の（非）類似度（判断）データ行列 S に対する低次元近似に関する定理である。一方、ショーエンバーグの定理とヤング・ハウスホールダーの定理は、定理の表現が両者で多少異なるものの基本的には同一の内容、すなわち多次元空間上の対象の座標値がユークリッド空間上の点であるための必要十分条件を述べた定理であり、1.2.2 節で両者が発表された歴史的な経緯についても述べる。

　実は、そこで詳しく述べるように、計量心理学分野ではこれまでショーエンバーグの定理はほとんど知られていなかったといっても過言ではない。しかし、彼の論文をみると、明らかにその定理は計量心理学の分野でこれまでよく知られているヤング・ハウスホールダーの定理と基本的に同一であり、本書ではそれらをまとめて**ショーエンバーグ・ヤング・ハウスホールダーの定理** (Schoenberg-Young-Householder's theorem) と呼ぶことにする。

　但し、ショーエンバーグ・ヤング・ハウスホールダーの定理における（非）類似度（判断）行列は、対称行列に限定されており、1.4.2 節で述べる対象相互の非対称な関係を表す非対称行列に対する定理ではない。

　いずれにせよ、MDS は当初は複数の対象相互の対称な（非）類似度データをもとに、うえの２つの定理に基づいて、Richardson (1938) により多次元の場合に拡張する方法が提案され、Torgerson (1954, 1958) が発展させた（例えば、Tucker & Messick, 1963）。彼らの方法は、今では**古典的 MDS** (classical MDS) と呼ばれる。なお、内外の MDS を解説した著書を見ると、Richardson の業績が引用されていないものもあるが、われわ

れはやはり彼の業績を引用することが、より正確な MDS のレビューと考えている。

古典的 MDS を含めた対称（非）類似度（判断）データに対する MDS をここでは**対称 MDS** (symmetric MDS) と表記することにする。従来、内外の文献ではこれを単に MDS と呼ぶことも多い。

対称 MDS が、対象相互の対称な（非）類似度データに対する MDS であるのに対して、1970 年代の後半から対象相互の非対称な（非）類似度データに対する MDS が計量心理学の分野で開発されてきた。ここでは、そのような MDS を対称 MDS と区別して、**非対称 MDS** (asymmetric MDS) と表記する。

計量心理学の分野で非対称 MDS の先陣を切ったのは Young (1975) である。のちに第 4 章で詳しく見るように、その後内外の多くの研究者による多くのモデルが現在に至るまで開発されてきている。もっとも、のちの 1.4.1 節で述べる非対称 MDS の定義の仕方次第では、非対称 MDS の源流は、**刺激認知実験** (stimulus recognition experiments) の分野における**混同行列** (confusion matrix) に対する **MDS 選択モデル** (MDS-choice model) を提案した Shepard (1957, 1958a) まで遡ることになる (Chino, 2012)。

対称 MDS の方法を支える定理に対応する非対称 MDS の 2 つの定理も既に提案されている。1 つは、エッカート・ヤングの定理で用いられている実矩形行列の**特異値分解** (singular value decomposition) に対する複素版であり、他方はショーエンバーグ・ヤング・ハウスホールダーの定理の複素版である。前者は、複素正方行列に対する SVD で Autonne (1913) 及び一般の複素矩形行列に対する SVD で Eckart and Young (1939) によるものである。

一方、後者は、**千野・白岩の定理** (Chino-Shiraiwa's theorem) (Chino & Shiraiwa, 1993) であり、共に 1.4.2 節で詳しく述べる。なお、特異値分解の定理については、2.7.6 節を参照されたい。

1.2 対称 MDS の基礎

この節では、最初に対称 MDS の定義と基礎定理にふれ、対称 MDS の研究を概観する。

1.2.1 対称 MDS の定義

対称 MDS については、文献上幾つかの定義が知られているが、ここでの定義に先立ち、これまで何人かの著者による定義を振り返ってみよう。Torgerson (1958) は、対称 MDS を「複数の未知の次元上の値を取る 1 組の刺激を手にしたとき、(a) 当該刺激組の**最小次元数** (minimum dimensionality)、及び (b) それぞれの刺激のそれぞれの次元上への射影 (**尺度値** (scale value))、を決定する方法」と定義する。

斎藤 (1980) は、対称 MDS をその目的から、「データの中に潜むパターン、構造を探り出し、その構造を、少数の次元の空間において幾何学的に表現する」方法と定義する。彼の定義では、Torgerson の定義と比較すると、データに内在する**潜在構造** (latent structure) という概念が強調されている。

高根 (1980) は、対称 MDS を「対象間の（非）類似性の程度を示す測度が与えらえたとき、対象を多次元空間内の点として表し、点間の距離が観測された（非）類似性と最も良く一致するように点の布置を定める方法」と定義する。

千野 (1997) は、（狭義の）対称 MDS を「複数の対象間の類似度もしくは非類似度の観測結果を用いて、対象間の類似度がなんらかの距離空間上の距離（または二乗距離）の減少関数であるという仮定のもとに、観測結果としての（非）類似度データの情報をできるかぎり満たすように、各対象を多次元（距離）空間内の点として位置付ける方法」と定義する。

Cox and Cox (2001) は、（狭義の）対称 MDS を、(1) 低次元空間、通常ユークリッド空間の探索、(2) 空間内の点は（複数の）対象を表す、(3) 1 つの点は 1 つの対象を表す、(4) 当該空間における点間距離は可能な限りもとの非類似度（データ）にマッチする、ところの方法、と定義する。

Borg and Groenen (2005) は、対称 MDS を、対象対間の類似度や非類似度の測度を、低次元の多次元空間内の点間の距離として表す方法、と定義する。彼らの定義は、うえの研究者たちの定義の中では最も広い、言い換えればあいまいな、定義といえよう。

ここでは、Cox and Cox (2001) の定義に対して、さらに 2 つの条件を加え、さらに (2) と (3) をまとめ、最終的につぎの 5 つの条件を満たす方法として、狭義の対称 MDS と定義する (Chino, 2012)：

定義 1.2.1 （狭義の対称 MDS）

1. データ行列は類似度あるいは非類似度測度を要素とする**1 相 2 元正方対称行列** (one-mode, two-way square symmetric matrix) もしくは 1 相 2 元正方対称行列から成る特別な **2 相 3 元行列** (two-mode, three-way matrix) である。

2. （非）類似度は順序尺度レベルかそれ以上、あるいはカウントデータである。

3. 対称 MDS は、低次元の **Minkowski** の **r-メトリック** (Minkowski's r-metric)（Euclid 計量はその特別なケース）により定義される**実距離空間** (real metric space) 内に対象を表す点を埋め込む方法である。

4. 空間内の点は（複数の）対象を表し、それぞれの点は 1 つの対象を表す。

5. 空間内の点間距離は、可能な限りもとの非類似度にマッチする。

この定義に従えば、Cox and Cox (2001) では広義の対称 MDS に属する展開法などは対称 MDS からは除外される。また、彼らよりさらに広義の MDS の定義を行っている Borg and Groenen (2005) の多くの方法も、うえの狭義の対称 MDS から除外される。また、視覚のモデルとして Luneburg (1950) が提案し、印東とその研究仲間が精力的に実証的検討を行うに際して提案した**リーマン空間** (Riemann space)（ここで、負の**曲率** (curvature) を持つ場合**双曲空間** (hyperbolic space)、曲率ゼロの場合ユークリッド空間、または正の曲率を持つ場合**楕円空間** (elliptic space)

1.2. 対称 MDS の基礎

とも呼ばれる) を仮定した対称 MDS (例えば、Indow, 1968, 1991; Indow, Inoue, & Matsushima, 1962a, 1962b, 1963; Indow, &, Watanabe, 1988) も除外される。

もっとも、印東らの扱うリーマン空間を仮定した対称 MDS については、Cox and Cox のいう展開法も含めた広義の対称 MDS と同列には扱えないであろう。実は、のちに述べる非対称 MDS の場合には、Chino (2012) は、彼らの言う狭義な対称 MDS における「狭義」を、さらに最も狭義な場合、より狭義な場合、及び狭義な場合の 3 つに細分化している。これに従えば、上の狭義の定義は「最も狭義」もしくは「より狭義の」対称 MDS の定義に該当し、リーマン空間を仮定する場合の対称 MDS は、最も狭義性の薄い「狭義の対称 MDS」に分類するのが適切と思われる。

1.2.2 対称 MDS の基礎定理

この節では、1.1.3 節で既に簡単に紹介した対称 MDS を支える 2 つの定理の詳細を述べる。まず、エッカート・ヤングの定理は、Lawson and Hanson (1974) の表記に従えば、つぎのとおりである：

定理 1.2.1 (*Eckart-Young*)

階数 k の $m \times n$ 行列 $\boldsymbol{A}$ と、非負の整数 $r < k$ を与えられた時、フロベニウスノルム (Frobenius norm) $\|\boldsymbol{B} - \boldsymbol{A}\|_F$ を最小にする階数 r の行列 $\boldsymbol{B}$ は、$\tilde{\boldsymbol{B}} = \boldsymbol{U}\tilde{\boldsymbol{S}}\boldsymbol{V}^t$ で与えられる。ここで、行列 $\boldsymbol{U}$ 及び $\boldsymbol{V}$ は、行列 $\boldsymbol{A}$ の特異値分解、$\boldsymbol{A} = \boldsymbol{U}\boldsymbol{S}\boldsymbol{V}^t$ により得られるものである。また、行列 $\tilde{\boldsymbol{S}}$ は、同特異値分解により得られる行列 $\boldsymbol{S}$ で、$\boldsymbol{A}$ の順序づけられた特異値 $s_1 \geq s_2 \geq \cdots s_k > 0$ のうち、s_{r+1} から s_k までをゼロと置き換えたものとする。

エッカート・ヤングの定理は、うえに示したように、対称 MDS の対象とする実正方対称行列に対する低次元近似のみならず、一般の実矩形行列に対する低次元近似を与えるものである。なお、フロベニウスノルム、特異値分解、及び**特異値** (singular values) については、後続の 2.7.6 節を参照されたい。

2つ目のショーエンバーグ・ヤング・ハウスホールダーの定理は、つぎのようである：

定理 1.2.2（*Schoenberg-Young-Householder*）
N 個の対象に対して、対象 i と j 間の距離 $d_{ij} = d_{ji}$ の組がユークリッド空間の真の点の集合（組）間の相互距離であるための必要十分条件は、（内積）行列 B が正の半定符号であることである。ここで、行列 B の第 i 行第 j 列要素は、$b_{ij} = \frac{1}{2}(d_{iN}^2 + d_{jN}^2 - d_{ij}^2)$ である。

ここで、**正の半定符号** (positive semi-definite) については、2.3.2 節を参照されたい。また、もとのヤング・ハウスホールダーの定理では、内積の計算には N 番目の対象を原点と仮定していることに注意したい。

前の節でも若干ふれたように、ショーエンバーグの論文は、ヤング・ハウスホールダーの論文より 3 年前に出されているにもかかわらず、これまで計量心理学の分野の MDS 研究者の論文や著書でもほとんど紹介されていない。本書の第 1 著者も、実は本書の原稿を完成する直前までショーエンバーグの業績を見落としていたが（Takane, 2012, 私的交信）、実際、Torgerson (1958) をはじめとする MDS 研究者の中では、ショーエンバーグの論文をこれまで引用した者はきわめて少ない。

実際、例えば Cox and Cox (2001) は、ショーエンバーグを引用はしているものの、詳しい紹介はしていない。一方、Trosset (1993) は既に彼の論文の中で、ショーエンバーグの業績とヤング・ハウスホールダーの業績や歴史的経緯をかなり詳しく論じている。しかし、この論文は（たぶん）紀要の類であり、残念ながら世界の研究者の目に留まることはほとんどなかったのではなかろうか。

さらに、Trosset (1993) や Schoenberg (1935) を見ると、ショーエンバーグより少し前に既に Menger (1931a, b) がショーエンバーグの定理に近い内容について論じていることが指摘されている。また、Schoenberg (1935) の論文を見ると、彼はユークリッド空間ばかりでなく、**球面多様体** (spherical manifold) に対象を埋め込むための必要十分条件についても述べていることがわかり、興味深い。

1.2.3 対称 MDS の概要

1.1.3 節で紹介した Richardson と Torgerson による古典的 MDS は、その後多くの研究者によりいろいろな方向へと拡張された。われわれはそれらを、**記述的 MDS** (descriptive MDS) と**推測的 MDS** (inferential MDS) の2種類に分類する。後者は、さらに**特別な確率的 MDS**(special probabilistic MDS)、**最尤 MDS** (maximum likelihood MDS)、及び**ベイズ MDS** (Bayesian MDS) の3つに分けられよう。

記述的 MDS は、モデルのパラメータに対して何ら統計的推論を伴わない MDS である。ここでは、それらのうち代表的なもののみをあげる。古典的 MDS は、Shepard (1962a, b) 及び Kruskal (1964a, b) により、**非計量 MDS** (nonmetric MDS) と呼ばれるところの非類似度データに対する順序尺度を仮定するモデルに拡張された。Guttman と彼の共同研究者達（例えば Guttman, 1968; Lingoes, 1973）も **SSA** (smallest space analysis) と呼ばれる非計量 MDS を提案した。

一方、Carroll and Chang (1970) は古典的 MDS を非類似度判断の個人差を扱えるように拡張した。そこで、このモデルは**個人差 MDS** (individual differences MDS) と呼ばれる。Takane, Young, and De Leeuw (1977) は、別の個人差 MDS の方法を提案した。この方法は、Carroll らの方法と異なり、より広い範囲の尺度レベルで測定された非類似度データに対して適用可能である。

推測的 MDS の第1の方法である特別な確率的 MDS としては、推定されるべき対象の座標値に対して正規分布を仮定する、したがって平方距離に対しては特定の自由度と非心母数を持つ非心カイ2乗分布を仮定する、一連の MDS がある。この種の MDS は、Hefner (1958) にさかのぼり、Ramsay (1969)、Suppes and Zinnes (1963)、Zinnes and Mackay (1983) などがあげられる。

これに対して、最尤 MDS はもう一種類の推測的 MDS の方法であり、非類似度データに対して正規分布や対数正規分布を仮定する（Ramsay, 1977, 1978, 1982; Takane, 1978a,b, 1981; Takane & Carroll, 1981）。この種の MDS では、非類似度データは**一対比較法** (method of paired comparisons) あるいはある種の**評定法** (rating method) により得られると仮定される。

ベイズ MDS は、ベイズ推測法に基づくもう１つの推測的方法であり、最近何人かの研究者達により提案されている方法である（例えば、Fong et al, 2010; Je et al., 2008; Lee, 2008; Oh & Raftery, 2001, 2007; Okada & Mayekawa, 2011; Okada & Shigemasu, 2010; Park et al., 2008）。

表 1.1: ある高校の１０名の生徒についてのソシオメトリックデータ

評定者 \ 被評定者	1	2	3	4	5	6	7	8	9	10
1	4	3	4	3	5	5	6	4	7	7
2	2	3	4	6	7	6	5	5	4	5
3	4	4	3	5	5	4	4	3	4	5
4	4	7	6	3	7	7	4	6	4	5
5	1	7	6	7	4	7	6	6	6	5
6	4	5	4	6	5	7	4	4	4	4
7	4	5	4	4	3	3	6	6	4	6
8	2	4	4	4	5	4	5	2	4	4
9	6	5	5	5	5	6	5	5	4	6
10	4	4	4	3	4	4	4	4	4	4

(Chino (1978) のデータの一部)

1.3 非対称な関係データの例

非対称な関係データは、計量心理学の領域にとどまらず、社会・行動科学の領域から生物学、医学、インターネットの領域の現象まで、広範にみられる。以下に、それらのうちの幾つかの例を紹介する。

1.3.1 クラス集団の成員間の好悪感情の非対称性

例えば、クラス集団や職場集団からインフォーマルな集団の成員間に見られる好悪感情の歪みは、典型的な例である。表1.1は、ある高校のクラ

スの成員間の好悪感情の測定結果のうち１０名をピックアップしたものである (Chino, 1978; 千野, 1997)。

1.3.2　３者関係の非対称性/循環的階層構造

同じく心理学では、うえのような対人間の好悪感情や態度を３者に絞り、３者全体のバランスの有無を論じたものに**バランス理論** (balance theory)(例えば、Heider, 1946; Newcomb, 1953) がある。また、対人的な３者関係のみならず複数の認知的要素間の協和・不協和について論じた**認知的不協和理論** (cognitive dissonance theory) もある (Festinger, 1957)。

例えば、Harary (1968) は、３者関係を**有向グラフ** (directed graph) で表す場合に得られる１６個の基本的な関係のパターンを示しているが、これらの多くは非対称な関係を表している。表 1.2 は、Harary のもとの有向グラフのパターンの１つを行列の形にしたものであり、この図で矢印のある関係を１、ネガティブな関係を - 1、自己類似度を１として修正した小杉 (2004) の図を行列の形にしたものが、表 1.3 である。これら表での３者関係は後述の**循環的階層構造** (circular hierarchy) を持っている。

表 1.2: Harary (1968) の３者関係の有向グラフの１つを行列の形に変換した表

評定者 \ 被評定者	1	2	3
1	0	1	0
2	0	0	1
3	1	0	0

1.3.3　家族集団の成員間の態度構造の非対称性

一方、小杉・藤澤・清水・石盛・渡邊・藤澤 (2010) は、家族集団の複雑な好悪感情や態度構造を、６尺度（大切にしている、必要としている、思

表 1.3: ハラリーの有向グラフの1つを修正した小杉 (2004) の行列

評定者 \ 被評定者	1	2	3
1	1	1	-1
2	-1	1	1
3	1	-1	1

いやっている、無視している、嫌がっている、不信感を持っている）で、5件法の評定尺度を用いて測定している。調査対象は、父、母、子供二人の4人同居家族118世帯である。この例では、成員間の関係構造を、好悪などの1次元ではなく多次元的にとらえる。また、成員間の関係は、父から母、父から第1子、母から父、など、16の関係性について各成員に尋ねている。

1.3.4 国家間の友好関係の非対称性

対人的な好悪感情や友好関係は、国家間でも考えることができる。表1.4は、東アジア諸国及びその関係国間の友好度を調査したデータによる3次元分割表である。調査対象者は愛知県内の大学に通う日本人の大学生780名（男性465名、女性315名、平均年齢19.01歳（SD=1.05））で、データは2011年6月6日から2011年7月1日までの間に収集された。調査では、各調査対象者に、中国、日本、北朝鮮、ロシア、韓国、アメリカの中から無作為に割り当てられたAとBの組み合わせについて（AとBが同じ場合を除く）、Aの政府はBの政府に対して、とても友好的、友好的、やや友好的、やや敵対的、敵対的、とても敵対的、のどれに当てはまると思うか判断させた。各組み合わせに対して26名が判断を行った。

表1.4は、このようにして収集された6カ国間の友好関係の評定尺度判断結果を、評定尺度のカテゴリーごとに集計した分割表を示す。心理学や統計学の分野では、評定尺度で得られたデータは通常間隔尺度レベルの情報を持つとの前提で評定尺度データそのままの値に対して定量的な分析

が施されることが多いが、この表にあるように評定尺度データは本来度数データ（あるいはカウントデータ）である、と見做し何らかの統計的モデルにより評定尺度カテゴリー間の距離を検討するなり、隣接カテゴリー間の境界値のパラメータを仮定してそれらをデータから推定するのが、より厳密で合理的であると考えられる。

第4章4.8.1節で述べる Saburi and Chino (2008) による最尤非対称MDS、ASYMMAXSCAL では、尺度構成と並行して、隣接評定カテゴリー間の境界値を最尤法により推定し、データが事後的に順序尺度と見做せるのか、それとも間隔尺度と見做せるのかを検討できる。また、このデータによる尺度構成の結果は、第5章5.4節に示した。

1.3.5 国家間の貿易収支の構造の非対称性

表1.5のデータは、1974年の世界7カ国（地域を含む）間の貿易収支のデータである (Chino, 1978; 千野, 1997)。表中の EC, EA, US, JN, AN, AA, ME, OA, UR, 及び EP は、順に EEC, EFTA, USA, Japan, Australia, New Zealand, Africa, Middle East, 他の Asia, USSR, と中央計画経済国、を表す。

この種の貿易量のインバランスは、各国のその時点での経済力、経済構造、為替レート、政策、等の多くの要因により引き起こされるであろうし、またそのような要因の変遷とともに、インバランスの構造は時代とともにダイナミックに変化していく。このようにとらえると、表のようなデータはそのようなダイナミックな経済構造の一面のスナップショットに過ぎない。

1.3.6 モールス信号の混同と非対称性

表1.6は、Shepard (1963) が分析した Rothkopf (1957) によるモールス信号の混同行列の一部を示す。もとの行列は、Rothkopf がモースコードを知らない598名の実験参加者（被験者）に36個のモールス信号の

表 1.4: 東アジア諸国及びその関係国間の友好度データによる3次元分割表

は \ に対してとても友好的	CN	JP	NK	RU	SK	US
中国の政府 (CN)		0	1	0	0	0
日本の政府 (JP)	0		0	0	1	7
北朝鮮の政府 (NK)	1	1		2	1	1
ロシアの政府 (RU)	1	0	2		0	1
韓国の政府 (SK)	0	0	0	0		0
アメリカの政府 (US)	0	0	0	1	0	

は \ に対して友好的	CN	JP	NK	RU	SK	US
CN		0	2	3	3	3
JP	4		1	5	7	11
NK	2	0		4	0	0
RU	4	1	1		5	2
SK	1	4	0	1		5
US	1	8	0	0	4	

は \ に対してやや友好的	CN	JP	NK	RU	SK	US
CN		10	6	7	11	5
JP	6		3	9	11	5
NK	8	0		2	1	2
RU	8	5	4		7	5
SK	11	7	2	11		12
US	3	18	1	3	13	

は \ に対してやや敵対的	CN	JP	NK	RU	SK	US
CN		8	10	11	9	12
JP	12		10	11	6	0
NK	6	8		12	5	6
RU	11	13	10		11	10
SK	10	6	11	11		6
US	14	0	6	15	8	

は \ に対して敵対的	CN	JP	NK	RU	SK	US
CN		5	5	5	2	4
JP	2		9	0	1	3
NK	3	13		5	12	9
RU	2	6	8		2	6
SK	4	5	7	3		3
US	7	0	10	3	1	

は \ に対してとても敵対的	CN	JP	NK	RU	SK	US
CN		3	2	0	1	2
JP	2		3	1	0	0
NK	6	4		1	7	8
RU	0	1	1		1	2
SK	0	4	6	0		0
US	1	0	9	4	0	

1.3. 非対称な関係データの例

表 1.5: 2つの地域を含む10カ国間の貿易データ

f\t	EC	EA	US	JN	AN	AA	ME	OA	UR	EP
EC		25.67	15.67	2.84	2.42	9.62	5.59	5.07	2.66	6.49
EA	17.99		2.43	0.70	0.35	1.33	0.76	0.82	0.78	1.51
US	16.38	2.23		8.18	1.68	1.51	2.21	6.85	1.19	0.60
JN	4.40	1.32	9.55		1.46	2.48	1.61	8.93	0.49	0.32
AN	1.70	0.12	1.14	3.08		0.08	0.16	1.01	0.24	0.13
AA	11.60	0.88	1.92	0.98	0.04		0.20	0.35	0.63	0.67
ME	10.57	1.21	1.27	5.06	0.33	0.57		2.22	0.35	0.23
OA	5.33	0.46	6.94	6.96	0.79	0.63	0.59		0.62	0.36
UR	2.88	1.04	0.19	0.84	0.01	0.66	0.67	0.45		10.03
EP	5.38	1.49	0.33	0.14	0.55	0.63	0.64	0.30	10.56	

(Chino (1978) の Table 3.2 を改変したもの)

対を3秒の間隔をおいて経時的に見せ、両信号が同じであったか異なるものであったかを問うたものである。

ここで、A は (.-)、B は (-...)、C は (-.-.)、…、Y は (-.- -)、Z は (- -..)、1 は (.- - - -)、2 は (..- - -)、…、9 は (- - - -.)、及び 0 は (- - - - -) を表す。

この表からは、われわれの信号間の類似度判断が、信号の提示順序により異なる場合があることを示唆している。ただし、表にあるような生のデータのみでは、信号間の類似度判断の歪みの全体構造を一目で把握することは困難である。

表 1.6: モールス信号の混同行列の一部

f\t	A	B	C	…	Y	Z	1	2	…	9	0
A	92	4	6	…	7	3	2	7	…	2	3
B	5	84	37	…	30	42	12	17	…	4	4
C	4	38	87	…	82	38	13	15	…	18	12
⋮	⋮	⋮	⋮	⋱	⋮	⋮	⋮	⋮	⋱	⋮	⋮
Y	9	23	62	…	86	23	26	44	…	23	16
Z	3	46	45	…	42	87	16	21	…	15	15
1	2	5	10	…	19	22	84	63	…	57	55
2	7	14	22	…	30	13	62	89	…	16	11
⋮	⋮	⋮	⋮	⋱	⋮	⋮	⋮	⋮	⋱	⋮	⋮
9	3	14	23	…	21	24	57	39	…	91	78
0	9	3	11	…	15	20	26	17	…	81	94

(Shepard (1963) の Table 1 を改変したもの)

1.3.7 エゴグラム・パターン間の夫婦相性の非対称性

エゴグラムは、CP（Critical Parent）、NP（Nurturing Parent）、A（Adult）、FC（Free Child）、AC（Adapted Child）の5つの高低によって性格を診断する方法である。CPが高い場合、良心に従う、責任感が強い、建前にこだわる、完璧主義、NPが高い場合、他人の世話をする、思いやりがある、過干渉、おせっかい、Aが高い場合、理性的、論理的、人間味に欠ける、FCが高い場合、創造性に富む、感情表現が豊か、自己中心的、ACが高い場合、協調性に富む、従順、依存心が強い、優柔不断などといった見方ができる（吉内, 2009）。

佐部利 (2012) は、野村 (1995, pp.44-45) 及び吉内 (2009, pp.14-15) にまとめられている TEG（東大式エゴグラム）の5尺度の行動パターンを基に、CP、NP、A、FC、AC の得点が高い場合のプラス面とマイナス面をそれぞれ A タイプ、B タイプ、C タイプ、D タイプ、E タイプの特徴として、得点が低い場合のプラス面とマイナス面をそれぞれ F タイプ、G タイプ、H タイプ、I タイプ、J タイプの特徴として記述した表を作成した。そして、愛知県内の大学に通う大学生 450 名（男性 258 名、女性 192 名、平均年齢 19.29 歳（SD=1.23））を調査対象者としてこの表を提示し、各調査対象者に、A、B、C、D、E の中から無作為に割り当てられた i と ii の組み合わせについて、i タイプが役割 I、ii タイプが役割 II の場合、うまくいきそう、まあまあうまくいきそう、どちらかといえばうまくいきそう、どちらかといえばうまくいかなそう、あまりうまくいかなそう、うまくいかなそう、のどれに該当するか判断させた。各組み合わせに対して 16〜19 名が判断を行った。調査ではいくつかの役割についてデータが収集されたが、佐部利は役割 I が夫、役割 II が妻のデータ（タイプが同じ組み合わせを除く）について分析している。

1.3.8 サンゴ礁の群落間の勢力の非対称性

Chadwick-Furman and Rinkevich (1994) は、サンゴ礁の群落間の勢力の強弱の順序構造を明らかにしている。表 1.7 は、サンゴ礁の8つの群落

1.3. 非対称な関係データの例

間の成長に伴う1つの群落から他の群落への繁茂の浸食の有無についての有向グラフを、表にしたものである。

表 1.7: サンゴの8つの群落間の成長繁茂のデータ

f\t	A	B	C	D	E	F	G	M
A		1	1	1	1	1		
B					1	1	1	1
C				1		1		1
D		1						
E				1		1		1
F		1		1				
G	1		1	1	1			
M		1			1			

1.3.9 鳥のつつきの順序の非対称性

行動生物学 (ethology) の分野では、古くからいわゆる**つつきの順序** (peck order) という鳥類の行動が知られている (Schjelderup-Ebbe, 1922)。Masure and Allee (1934) によれば、彼は最初鶏やカモの群れの行動を観察し、序列の上位の鳥は下位の鳥をつつくが下位の鳥からはつつき返されないし、序列の非常に低い鳥はつつくことなくつつかれる、という行動が見られる、すなわちつつきの順序が存在することに気づいた。また、彼はその後 (Schjelderup-Ebbe, 1931)、多くの異なる種類の鳥の間にもそのような行動がみられることに気づき、この種の主従の関係は生物学の基本的原理の1つだと考えたという。表 1.8 は、Masure and Allee (1934) に掲載されている、彼らによる13羽の若めんどり (pullets) の群れのつつきの順序データから構成したつつきのデータ行列である。

表 1.8: 若めんどりの群れのつつきのデータ（表中、1、2、...、13 は、順にめんどりのラベル RW、RR、RY、GY、R、GR、BG_2、YY、Y、M、BB、BG、A を表す）

f\t	1	2	3	4	5	6	7	8	9	10	11	12	13
1		1	1	1	1	1	1	1	1	1	1	1	1
2			1	1	1	1	1	1	1	1	1	1	1
3				1	1	1	1	1	1	1	1	1	1
4						1	1	1	1	1	1	1	1
5						1	1	1	1	1	1	1	1
6								1	1	1	1	1	1
7										1	1	1	1
8										1	1	1	1
9								1				1	1
10									1			1	1
11												1	1
12													1
13													

(Masure and Allee (1934) の表 1 から構成された)

1.3.10 音楽のコード進行の非対称性

　藤澤ら (2008) は、楽曲のコード（和音）(chord) 進行の推移が、曲が作られた時代の違いや、アーティストの個性により異なるかどうかを分析するため、幾つかの曲を収集した。前者のデータとしては、バロック時代と現代西洋音楽におけるコード進行の推移の差異に着目している。
　また後者のデータでは、作詞・作曲を自身で手掛けている日本人の女性アーティストの中から、代表的な 3 名 (aiko、大塚愛、松任谷由美) の代表曲 3 曲を選び、各楽曲の楽譜からコードを取り出し、コード進行の推移行列を作成している。
　それらのうち、表 1.9 は、女性アーティストの大塚愛の代表曲「さくら

1.3. 非対称な関係データの例

んぼ」の楽譜から6つのコードを取り出したもので、それらの進行の推移行列を表す。

表 1.9: 音楽のコード進行データ（藤澤らの許可を得て、転載）

From\To	Am7	Bm7	C	D	Em	G
Am7	7	0	0	3	0	0
Bm7	0	7	2	0	1	0
C	0	0	17	2	0	5
D	1	1	1	20	3	3
Em	2	2	0	1	10	0
G	0	0	3	4	1	19

1.3.11 ブランドスイッチングデータの非対称性

K. Okada (2012) は、Bass, Pessemier, and Lehmann (1972) により与えられたブランドスイッチングデータを Saito and Yadohisa (2005) が1000倍して再録したものを、ベイズ非対称 MDS を用いて分析している。表 1.10 は、このデータを示す。

1.3.12 小集団における下位集団の形成過程における非対称性

Chino and Nakagawa (1990) は、著名な Newcomb (1961) の17名の学生の自分を除くすべての成員に対する魅力に関する縦断的ソシオマトリックスを分析した。このデータは、正確には Nordlie (1958) が、ミシガン大学に提出した博士論文に掲載されているもので、博士論文提出時の主査が Newcomb となっている。

Nordlie の研究目的は、もちろん直接的には本書の主題である対象間の非対称な関係の検討ではなく、（1）コミュニケーション行動についての

表 1.10: ブランドスイッチングデータ（Saito and Yadohisa (2005) の Table 3.3 を、許可を得て転載）

時点 [t] \ 時点 [t+1]	A	B	C	D	E	F	G	H
A: Coke	612	107	10	33	134	55	13	36
B: 7-up	186	448	5	64	140	99	12	46
C: Tab	80	120	160	360	80	40	80	80
D: Like	87	152	87	152	239	43	131	109
E: Pepsi	177	132	8	30	515	76	26	37
F: Sprite	114	185	29	71	157	329	29	86
G: Diet Pepsi	93	47	186	93	116	93	256	116
H: Fresca	226	93	53	107	147	107	67	200

Newcomb 理論に基づく幾つかの予想の検討、及び幾つかの視点からの対人魅力の考察を通して、現実の集団における対人魅力の展開、安定性と変化について検討すること、(2) 集団内魅力関係のダイナミックスにかかわる時間要因の考察等にあった。

表 1.11: １７名の成員間の第 0 週目の対人魅力のランクデータの一部

f\t	1	2	3	4	5	6	7	...	11	12	13	14	15	16	17
1		7	12	11	10	4	13	...	3	9	1	5	8	6	2
2	8		16	1	11	12	2	...	15	6	7	9	5	3	4
3	13	10		7	8	11	9	...	2	1	16	12	4	14	3
4	13	1	15		14	4	3	...	6	9	8	11	10	5	2
5	14	10	11	7		16	12	...	2	3	13	15	8	9	1
6	7	13	11	3	15		10	...	14	5	1	12	9	8	6
7	15	4	11	3	16	8		...	5	2	14	12	13	7	1
8	9	8	16	7	10	1	14	...	2	5	4	15	12	13	6
9	6	16	8	14	13	11	4	...	1	2	9	5	12	10	3
10	2	16	9	14	11	4	3	...	15	8	12	13	1	6	5
11	12	7	4	8	6	14	9	...		2	10	15	11	5	1
12	15	11	2	6	5	14	7	...	3		16	8	9	12	1
13	1	15	16	7	4	2	12	...	6	11		10	3	9	5
14	14	5	8	6	13	9	2	...	12	7	15		4	11	10
15	16	9	4	8	1	13	11	...	3	5	10	15		14	7
16	8	11	15	3	13	16	14	...	2	6	10	7	5		4
17	9	15	10	2	4	11	5	...	8	1	6	16	14	13	

(Nordlie (1958) の Appendix A, Group 2, week 0 を改変したもの)

Nordlie によれば、対人魅力関係の時間変化の検討のために、集団の成員は最初は見ず知らずの者を集めるなど、用意周到な準備がなされている。また、そのような集団は、2 グループ用意され、それぞれ秋学期の 1

1.3. 非対称な関係データの例

5週に亘り、基本的に毎週対人魅力評定（順序尺度）が成員に課せられた。結果として、2集団の縦断的ソシオマトリックスの収集には2年がかかっている貴重なデータである。表 1.11 は、この実験の2年目に得られた第2集団の15週分（正確には、第9週目のデータがないので、14週分）のソシオマトリックスの内の第0週目のデータである。各集団の全データについては、Nordlie (1958) を参照されたい。

表 1.12: 中川 (1986) による単語連想データ

提示語 \ 連想語	Ll	Fs	C	Hn	R	K	J	Ns	Y	Pn	Hp	M	S	T	Fg	I	U	Nm	Py	Lr
Ll: label		5	2	3	3	2	1	4	4	5	2	3	6	4	2	3	1	6	2	3
Fs: fish	6		1	2	4	1	1	7	6	6	3	5	4	6	4	1	1	4	2	2
C : class	4	1		4	1	7	1	3	7	2	4	2	3	2	7	5	3	3	5	7
Hn: honor	4	2	4		1	5	1	2	4	2	4	1	1	2	6	2	4	3	3	3
R : relief	2	4	1	3		4	5	4	2	4	5	5	5	4	2	4	4	4	4	5
K : knight	2	3	4	6	4		2	3	2	3	3	1	1	4	7	3	2	4	5	2
J : jack	2	1	1	1	5	3		1	2	2	4	1	2	2	2	6	1	2	2	3
Ns: nest	4	6	2	1	2	2	1		2	4	3	4	2	7	5	2	1	4	3	3
Y : yacht	5	7	5	3	2	2	2	3		2	4	1	4	5	5	4	3	6	6	2
Pn: plant	5	7	1	2	4	2	1	6	3		2	2	3	5	7	3	2	1	4	2
Hp: hope	3	4	4	3	6	4	4	2	5	4		4	5	2	6	2	2	2	3	5
M : mother	3	4	2	2	5	1	1	2	1	3	3		3	3	4	6	1	2	4	7
S : scale	6	3	4	2	4	1	2	2	5	4	2	3		5	4	6	3	7	3	4
T : tree	5	6	1	1	4	4	2	7	4	7	3	2	6		4	5	1	4	5	2
Fg: fight	2	4	7	6	3	7	4	6	5	3	6	4	4	6		4	4	3	5	7
I : iron	4	2	6	2	5	6	6	2	4	6	2	5	6	7	5		1	4	4	6
U : umpire	4	1	2	4	4	4	1	2	1	3	1	3	2	6	3		3	4	2
Nm: number	5	6	4	3	3	2	2	4	6	5	5	1	7	4	3	4	5		5	4
Py: play	3	2	5	3	4	6	1	4	6	5	4	3	4	6	6	5	3	6		3
Lr: labor	4	2	7	3	4	2	4	3	5	1	4	7	7	2	7	6	1	4	3	

1.3.13 単語連想の非対称性

ここでは、千野 (1997) に掲載された中川 (1986, 私的交信) による単語連想のデータを再掲する。表 1.12 は、これを示す。被験者は単語間の連想の大きさを7点尺度で評定するよう求められた。得点は、1点から7点にわたり、それぞれ連想価が最も弱いから最も強いことを意味する。

1.3.14 ニューラルネットワークにおける非対称性

Amari (1971) は、ニューラルネットワークの自己組織化ランダムネット系 (self-organizing random net system) の結合係数 (coupling coefficient) 行列の初期行列の1つの例として、非対称行列を考察している。また、例えば Valova et al. (2004) は、嗅（神経）球 (olfactory bulb) の非線形ダイナミックスを扱う脳神経系のモデルを議論する中で、非対称なシナプス間結合 (asymmetric synaptic connections) を持つ系を考察している。また、Li (2008) は、神経系のみならず伝染病拡散ネットワークやメタボリックネットワークなどのネットワークで**非対称結合行列** (asymmetrical coupling matrix) を持つ系を考察している。

いずれにせよ、伝統的な対称シナプス結合を仮定する Hopfield model (Hopfield, 1982) に対して、例えば Parisi (1986)、Fukai and Shiino (1990)、Kree and Zippelius (1995) らも指摘しているように、学習過程のような広範な現象において、非対称シナプス結合を仮定するモデルの方が有効であることが近年のニューラルネットワーク研究でも明らかになっている。ただし、ニューラルネットワークモデルでは、伝統的には、このような非対称な関係を計量心理学の分野で発展してきた非対称 MDS のようにいわばネットワークの構成要素（対象）を潜在空間の中に投影するわけではない。

1.4 非対称 MDS の基礎

対称 MDS の定義については、1.2.1 節で述べたように、これまで幾人かによる定義がなされてきているが、それほど定義にバリエーションがあるわけではない。しかし、非対称 MDS の場合、定義如何によっては、これまで主として統計学や計量心理学の分野で開発されてきた多くの方法がすべて含まれることになり、その範囲がわかりにくくなる。とりわけ、非対称関係データの分析方法の中には、尺度構成をした場合に得られる対象の位置座標すなわち布置が必ずしも距離空間の点とみなせるかどうかがが明確でない、距離空間の仮定をしない、あるいはできない方法もある。

1.4. 非対称 MDS の基礎

また、非対称関係データにおける対象の布置として1種類ではなく2種類仮定する方法もある。千野 (1997) では、これらの点を明確に区別していない。しかし、ここでは、これを避けるために、Chino (2012) に従い非対称 MDS をつぎのように定義する。この定義は、1.2.1 節で述べた対称 MDS の定義をそのまま非対称関係データの場合に拡張するものである。ただし、Chino (2012) では、定義を狭義と広義に分け、さらに狭義の場合を最も狭義、より狭義、狭義の定義の3つに分けている。つぎの定義は、まず最も狭義のそれである：

1.4.1 非対称 MDS の定義

定義 1.4.1 (最も狭義な非対称 MDS)

1. データ行列は類似度あるいは非類似度測度を要素とする**1相2元正方非対称行列** (one-mode, two-way square asymmetric matrix) もしくは1相2元正方非対称行列から成る特別な**2相3元行列** (two-mode, three-way matrix) である。

2. （非）類似度は順序尺度レベルかそれ以上で測定されている。

3. 非対称 MDS は、低次元の実距離空間、**複素距離空間** (complex metric space)、あるいは**実非対称距離空間** (real asymmetric metric space) 内に対象を表す点を埋め込む方法である。

4. 空間内の点は（複数の）対象を表し、それぞれの点は1つの対象を表す。

5. 実距離空間の場合には、幾つかの距離以外のパラメータが仮定される。

6. 空間内の点間距離は、可能な限りもとの非類似度にマッチする。

ここで、実距離空間としては、対称 MDS の場合と同様、the Minkowski r-metric が、複素距離空間としては**ヒルベルト空間** (Hilbert space) (Chino

& Shiraiwa, 1993) が、実非対称距離空間としては**非対称 Minkowski 空間** (asymmetric Minkowski space) (Sato, 1988) が、それぞれ仮定される。

うえの最も狭義な非対称 MDS の定義では、カウントデータは除外される。こちらについてはつぎのより狭義な非対称 MDS の定義に含まれる。また、うえの定義では Gower (1977) の **CASK** (canonical analysis of skew-symmetry) は除外される。なぜなら、CASK はいわゆる**シンプレクティック構造** (symplectic structure) は持つが、ユークリッド構造を持たないからである (Chino & Shiraiwa, 1993)。また、計量心理学の分野で開発されたいわゆる展開法も除外される。なぜなら、展開法では、一般にはデータは矩形行列が仮定されるし、たとえ正方行列であっても、2種類の布置が必要であるからである。最近では、熊谷 (2010) や Okada and Tsurumi (2012) も非対称正方行列に対して2種類の布置を仮定する興味深いモデルを提案しているが、共に当該データ行列に対する2種類の布置を必要とするモデルであるので、ここでは狭義の非対称 MDS からは除外し、第6章で紹介する。もちろん、展開法やこれら最近のモデルも、広義の意味では非対称 MDS とみなせよう。

一方、Chino (2012) は、より狭義の非対称 MDS として、最も狭義な非対称 MDS の第2条件にカウントデータを追加している。また、彼はより狭義の非対称 MDS では、狭義の非対称 MDS の第3条件に、のちに述べる不定計量空間を、また第1条件に対して**1相3元非対称正方行列** (one-mode, three-way square asymmetric matrix) を加えている。ただし、**1相3元非対称 MDS モデル** (one-mode, three-way asymmetric MDS models) の場合、1相3元対称 MDS の多くと同様、3者間の関係を2者間の関係に帰着し2者間の距離を3者間の距離に拡張するが、そのような拡張された3者間の距離が、1相3元非対称正方行列が与えられた場合真の距離空間の点間距離であるための必要十分条件については、現時点では明らかではない。このような理由から、本書では不定計量空間モデルや1相3元対称・非対称 MDS モデルについては、第4章「非対称 MDS の方法」では取り上げず、第6章の「非対称 MDS の今後の展開」で取り上げることにする。

1.4.2 非対称 MDS の基礎定理

まず最初の定理は、Eckart and Young (1936) の定理の基礎となっている実矩形行列の特異値分解、すなわち $A = USV^t$ の複素版である。これは、複素正方行列の Autonne (1913) の SVD を、矩形行列の場合に拡張したもので、Eckart and Young (1939) によるが、ここでは、Lancaster and Tismenetsky (1985) の表記法を用いた。ここで、定理中の数体 F は、一般には**複素数体** (complex field) を表すものとする：

定理 1.4.1 （*Eckart-Young*）

$F^{m \times n}$ 上の任意の行列を A とし、$s_1, s_2, \cdots, s_r$ は A の非ゼロ特異値とする。この時、行列 A の特異値分解は、$\tilde{A} = U\tilde{D}V^*$ で与えられる。ここで、行列 $U \in F^{m \times m}$ 及び $V \in F^{n \times n}$ は、ユニタリ行列であり、また $m \times n$ 行列 D は (i,i) 要素 $(1 \leq i \leq r)$ が s_i で、それ以外はゼロである。

ここで、**ユニタリ行列** (unitary matrix) については、後続の 2.2.1 節を参照されたい。

つぎの定理は、既に 1.1.3 節で簡単に紹介した Chino and Shiraiwa (1993) の定理であり、対称 MDS の基礎定理の 1 つとしてやはり 1.2.2 節等で述べた Young-Householder の定理の複素版である。原著では、Chino and Shiraiwa の定理は、対象間のヒルベルト空間上の距離の定義やその性質から始められていて長くなっているので、ここではこれを Young-Householder の定理と同様、切りつめて表現することにする。そのために、まず定理の提示に先立ち、任意の非対称行列 S から一意的に構成できるエルミート行列 H を定義しておく。

一般に任意の実非対称正方行列を S と書けば、まずこの行列をつぎのような**エルミート行列** (Hermitian matrix) に変換することができる。明らかに、この変換は一意的である。また、式中の i は純虚数を表す：

$$H = S_s + iS_{sk}, \quad \text{ここで} \quad S_s = \frac{1}{2}(S + S^t), \quad S_{sk} = \frac{1}{2}(S - S^t). \quad (1.6)$$

つぎに、後続の 2.7.1 節の固有値問題のところで詳しく述べるように、一般に $N \times N$ エルミート行列 H は、$N \times N$ 型ユニタリ行列の N 本の固

有ベクトルのうちの n ($n < N$ として) 個の非ゼロ固有値を大きい順に対角要素に並べた対角行列 $\mathbf{\Lambda}$ と、対応する n 本の固有ベクトルを縦に並べた $N \times n$ 型行列 $\mathbf{U}_1$ を用いて、$\mathbf{H} = \mathbf{U}_1 \mathbf{\Lambda} \mathbf{U}_1^*$ に書ける。ここで、2.7.2 節にあるように、一般のエルミート行列の固有値はすべて実数であるのに対して、対応する固有ベクトルは一般にすべて複素ベクトルである。ここで、このようにして得られた $\mathbf{H}$ は、その第 i 行第 j 列要素を h_{ij} と書けば、$h_{ij} = \mathbf{v}_i \mathbf{\Lambda} \mathbf{v}_j^*$ のように書ける。この h_{ij} は、明らかにエルミート形式 (Hermitian form) $\varphi(\boldsymbol{\zeta}_i, \boldsymbol{\tau}_j)$ の特性 (Cristescu, 1977; Lancaster & Tismenetsky, 1985) を満たす。さらに、一般にエルミート形式は、もし如何なる $\boldsymbol{\zeta}$ に対しても $\varphi(\boldsymbol{\zeta}, \boldsymbol{\zeta}) \geq 0$ が成り立ち、かつ如何なる $\boldsymbol{\zeta} \neq \mathbf{0}$ に対しても $\varphi(\boldsymbol{\zeta}, \boldsymbol{\zeta}) > 0$ であるならば、エルミート内積 (Hermitian scalar product) と呼ばれる。エルミート内積は、明らかに通常の内積を一般化したものである。これらの点を踏まえると、つぎの定理が成り立つ。

定理 1.4.2 (*Chino-Shiraiwa*)

N 個の対象に対して、対象 i と j 間の距離 $d_{ij} = d_{ji}$ の組がヒルベルト空間の真の点の集合 (組) 間の相互距離であるための必要十分条件は、エルミート行列 $\mathbf{H}$ が正の半定符号であることである。ここで、行列 $\mathbf{H}$ の第 i 行第 j 列要素は、$h_{ij} = \frac{1}{2}(d_{i0}^2 + d_{j0}^2 - d_{ij}^2) + \frac{1}{2}i(d_{i0}^2 + d_{j0}^2 - \bar{d}_{ij}^2)$ である。また、d_{ij}, d_{i0}, 及び $\bar{d}_{ij}$ は、順にそれぞれ、$d_{ij} = \|\mathbf{v}_i - \mathbf{v}_j\|$, $d_{i0} = \|\mathbf{v}_i\|$, $\bar{d}_{ij} = \|\mathbf{v}_i - i\mathbf{v}_j\|$, $1 \leq i, j \leq N$ を表す。

明らかに、定理 1.4.2 は、1.2.2 節の定理 1.2.2 の複素空間 (正確にはヒルベルト空間) への拡張になっている。ここで、ヒルベルト空間は、その特別なケースとしてユークリッド空間を含むことに注意したい。また、この定理では、対象 i 及び j 間に 2 種類の距離 d_{ij} 及び $\bar{d}_{ij}$ が定義されており、両者はこの定理にとって不可欠のものである。Saito and Yadohisa (2005) は、千野・白岩の定理を十分条件と必要条件の部分に分けることにより、うえの定理がより明確になるとしているが、十分条件にかかわる定理では千野・白岩の定理の核心である後者の距離 $\bar{d}_{ij}$ への言及がない。

第2章　数学的基礎 I

この章では、読者が非対称MDSの各種方法を理解するための数学的基礎知識の中で、とりわけ中核となるものについて概説する。それらは、行列、**行列式** (determinant)、**ノルム** (norm)、**各種距離空間** (metric space)、**固有値問題** (eigenvalue problem)、特異値分解、**対称行列** (symmetric matrix)、**非対称行列** (asymmetric matrix)、エルミート行列、**循環行列** (circulant matrix 又は cyclic matrix)、**テップリッツ行列** (Toeplitz matrix) などの定義や基礎知識である。

2.1　行列・行列式

既に 1.1.3 節で述べたように、対称 MDS や非対称 MDS のための観測データは、複数の対象間の（非）対称な関係を表す何らかの量を縦横に並べたものであり、MDS の出発点を理解するには、数学の分野の行列の定義や基礎知識が不可欠である。

2.1.1　行列

この節での行列の数学的基礎については、朝野 (1966)、Bowen and Wang (1976)、千野 (1997)、Horn and Johnson (1985)、Lancaster and Tismenetsky (1985)、奥川 (1966) を参考にした。なお、特異値分解、及び本書ではふれなかったが行列の理論では重要な役割を果たすところの**射影行列** (projection matrix) や**一般化逆行列** (generalized inverse) については、本書の内容に直接はかかわらないので省略するが、これらに関しては例えば、竹内・柳井 (1972) や、Yanai et al. (2011) を参照されたい。

行列の定義

行列とは、日常的な言葉を用いるならば、数字を行 (row) と列 (column) に並べたものであり、つぎのように表すことが多い:

$$\boldsymbol{A} = \begin{pmatrix} a_{11} & a_{12} & \cdots & a_{1n} \\ a_{21} & a_{22} & \cdots & a_{2n} \\ \vdots & \vdots & \ddots & \vdots \\ a_{m1} & a_{m2} & \cdots & a_{mn} \end{pmatrix}. \tag{2.1}$$

$\boldsymbol{A}$ は、時にはその第 j 行第 k 列要素 a_{jk} を用いて、つぎのようなより簡単な形で書かれることもある:

$$\boldsymbol{A}_{m \times n} = \{a_{jk}\}. \tag{2.2}$$

ただし、この場合には行列 $\boldsymbol{A}$ の行数と列数をうえのように $\boldsymbol{A}$ の下付き添え字として $m \times n$ と明示することがある。

行列の定義は、日常的な言葉を用いるならば上のような定義でよいが、数学的にはこれでは不十分であり、正確には行列の各要素 a_{ij} は任意の**数体** (number field) に属していないといけない。そこで、行列の議論に先だき、Bowen and Wang (1976) に従い、以下しばらくの間数体に関係する**二項演算** (binary operation)、**半群** (semi group)、**群** (group)、**可換群** (commutative or Abelian group)、**環** (ring)、**整域** (integral domain)、および**体** (field) の定義を行っておく。

まず、集合 G 上の二項演算を、**空でない集合** (nonempty set) G に関する $G \times G \to G$ への関数であり、$a, b \in G$ として、一般に $a * b$ で表すものとする。そのような演算は、$a, b \in G$ ならば、$a * b$ も G に含まれないといけない。

つぎに、半群とは空でない集合 G から成る対 $(G, *)$ で、**結合的二項演算** (associative binary operation) $*$

$$(a * b) * c = a * (b * c),$$

が成り立つようなものをいう。

2.1. 行列・行列式

　一方、群とは、うえの半群、対 $(G, *)$ であり、なおかつすべての $a \in G$ に対して、$a * e = e * a = a$ なる $e \in G$、すなわち、**単位元** (identity element) が存在し、さらに、$a * a^{-1} = a^{-1} * a = e$ なる $a^{-1} \in G$、すなわち**逆元** (inverse element) が存在するようなものをいう。

　つぎに、可換群とは、群の二項演算がさらに**交換的** (commutative) であるようなものをいう。可換群はアーベル群とも呼ばれる。

　つぎに、二種類の二項演算を考えよう。1つは、加法であり + 記号で、他方は乗法であり ● 記号で表すとする。また、環を $(D, +, •)$ で表すとする。この時、

定義 2.1.1 （環）
　環とは、集合 D とつぎのような二種類の二項演算からなる三つ組み $(D, +, •)$ をいう：

1. D は加法 + に関してアーベル群をなす。

2. 乗法 ● は結合的である。

3. D は、乗法に関して、すべての元に対して単位元を持つ。

4. 加法、乗法共に**分配公理** (distributive axioms) を満たす。すなわち、

    (a) $a • (b + c) = a • b + a • c,$

    (b) $(b + c) • a = b • a + c • a.$

　整域とは、環に対して、さらに2つの公理を加えたものをいう。すなわち、

定義 2.1.2 （整域）
　整域とは、環 D でさらにつぎの2つの公理を満たすものをいう：

1. 二項演算が交換的である。

2. a, b, c が $c \neq 0$ を満たす D の任意の元とする。このとき、$a • c = b • c \Rightarrow a = b.$

ここで、交換的環は、もし $a=0$ 又は $b=0$ でなければ、すべての元 $a,b \in D$ に対して $a \bullet b \neq 0$ であるときに限り、整域であることが証明できる。

また、体とは、一つ以上の要素を含み、零でない任意の元 $a \in F$ が乗法に関して逆元を持つような整域をさす。数体とは体の1つである。数体の例としては、例えば有理数体、実数体、複素数体、などがある。本書では、数体は実数体もしくは複素数体に限定することとする。実数体もしくは複素数体を要素とする行列は、**実行列** (real matrix) もしくは**複素行列** (complex matrix) と呼ばれる。つぎに示すのは、Horn and Johnson (1985) による行列の定義である：

定義 2.1.3 (行列)

行列とは、体 F 上の数値の m 行 n 列の配列である。

ただ、本書で扱うデータの中には既に第1章でふれたカウントデータがあり、このもとの形は実数体や複素数体には属さず、より一般的な環や整域に属する。しかし、のちの章で見るように、対称・非対称 MDS の文脈では、カウントデータをもとの度数の形ではなく比率の形でモデル化したり、度数の対数の形で扱う場合が多く、本書で扱う行列は実数体か複素数体に絞ることにする。

本書で扱うデータ行列は一般に実行列であるが、のちに見るように、とりわけ非対称 MDS が扱う（非対称）行列の性質を理論的に検討するための1つの魅力的な方法は、これを複素行列に変換することである。

行列の特殊形とベクトル

うえの (2.1) 式のような行列は、その要素が実数であろうが複素数であろうが、一般に**矩形行列** (rectangular matrix) と呼ばれる。また矩形行列のすべての要素がゼロの時、そのような行列は**ゼロ行列** (zero matrix) と呼ばれ、O と表記される。これに対して、行数と列数が等しい行列は、正方行列と呼ばれる。正方行列の要素のうち、対角部分の要素、$a_{11}, a_{22}, \cdots$ は、**主対角要素** (main diagonal element) と呼ばれる。例えば、本書での

2.1. 行列・行列式

狭義の対称・非対称 MDS における N 個の対象相互の (非) 類似度 (判断) データのうち、1相2元データ行列については、正方行列 $\boldsymbol{S} = \{s_{jk}\}$ にまとめられる。ここで、一般に n 行 n 列の正方行列のことを n **次の正方行列** (square matrix of order n) と呼ぶことがある。

正方行列 $\boldsymbol{A}$ の第 j 行 k 列の値 a_{jk} と第 k 行 j 列の値 a_{kj} は、一般的には必ずしも等しくない。このような行列を、非対称行列と呼ぶ。本書の主題である非対称 MDS における N 次の正方行列は、まさにこの非対称行列に他ならない。一方、正方行列の要素のすべての対 (a_{jk}, a_{kj}) について $a_{jk} = a_{kj}$ が成り立つ行列は、対称行列と呼ばれる。

ここで、任意の正方行列 $\boldsymbol{A}$ は、一意的につぎのように分解できる:

$$\boldsymbol{A} = \boldsymbol{A}_s + \boldsymbol{A}_{sk}. \tag{2.3}$$

ここで、

$$\boldsymbol{A}_s = \left\{\frac{a_{jk} + a_{kj}}{2}\right\}, \tag{2.4}$$

$$\boldsymbol{A}_{sk} = \left\{\frac{a_{jk} - a_{kj}}{2}\right\}. \tag{2.5}$$

もちろん、$\boldsymbol{A}_s$、$\boldsymbol{A}_{sk}$ の定義 (2.4) 式及び (2.5) 式から、$\boldsymbol{A}_s$ は対称行列であり、$\boldsymbol{A}_{sk}$ は非対称行列であることは明らかである。

(2.5) 式より、$\boldsymbol{A}_{sk}$ は非対称行列であるばかりでなく、その第 j 行 k 列要素と第 k 行 j 列要素は符号が反対になっていることがわかる。そのような行列は一般的に、**歪対称行列** (skew-symmetric matrix 又は anti-symmetric matrix) と呼ばれる。本書で複素行列を定義する場合、それに先立ち、類似度行列 $\boldsymbol{S}$ を (2.3) 式によりその対称部と歪対称部に分解する。

(2.1) 式で書かれる任意の行列のすべての行をすべての列に置き換えた行列は、(行列 $\boldsymbol{A}$ の) **転置行列** (transposed matrix) と呼ばれ、$\boldsymbol{A}^t$ もし

くは A' と書かれることが多い。A^t を (2.1) 式のように表現すると

$$A^t = \begin{pmatrix} a_{11} & a_{21} & \cdots & a_{m1} \\ a_{12} & a_{22} & \cdots & a_{m2} \\ \vdots & \vdots & \ddots & \vdots \\ a_{1n} & a_{2n} & \cdots & a_{mn} \end{pmatrix}. \tag{2.6}$$

となる。A^t は n 行 m 列の行列となる。

n 次の正方行列で、つぎに示す A_l, A_u のように、その主対角要素の上側および下側がすべてゼロである行列は、それぞれ**下側三角行列** (lower triangular matrix) および**上側三角行列** (upper triangular matrix) と呼ばれる：

$$A_l = \begin{pmatrix} a_{11} & 0 & \cdots & 0 \\ a_{21} & a_{22} & \ddots & \vdots \\ \vdots & & \ddots & 0 \\ a_{n1} & a_{n2} & \cdots & a_{nn} \end{pmatrix}, \tag{2.7}$$

$$A_u = \begin{pmatrix} a_{11} & a_{12} & \cdots & a_{1n} \\ 0 & a_{22} & \cdots & a_{2n} \\ \vdots & \ddots & \ddots & \vdots \\ 0 & \cdots & 0 & a_{nn} \end{pmatrix}. \tag{2.8}$$

もし、行列 A が対称行列ならば、つぎの関係が成り立つことは自明である：

$$A^t = A. \tag{2.9}$$

また、同じく n 次の正方行列のうち、非対角部分はすべてゼロのような行列、すなわち

$$A = \begin{pmatrix} a_{11} & & & \\ & a_{22} & & \\ & & \ddots & \\ & & & a_{nn} \end{pmatrix}, \tag{2.10}$$

2.1. 行列・行列式

は、**対角行列** (diagonal matrix) と呼ばれる。もちろん、(2.10) 式で空白になっている要素は、すべてゼロを表すものとする。

対角行列は、しばしば (2.10) 式の形でなく

$$\boldsymbol{A} = \mathrm{diag}(a_{11}, a_{22}, \cdots, a_{nn}), \tag{2.11}$$

と書かれる。

対角行列の特別なケースの1つは、対角要素がすべて1なる行列で、**単位行列** (unit matrix) もしくは**恒等行列** (identity matrix) と呼ばれ、$\boldsymbol{I}$ と表されることが多い。

対称行列の定義のところでは、それが実行列であるか複素行列であるかを問題にしなかった。もちろん複素行列でも対称行列は可能なのだが、実対称行列にはもう1つの複素領域への拡張の方法があり、理論的にはこちらの方が重要である。さて一般に n 次の複素行列 $\boldsymbol{C}$ を考えてみよう。その第 j 行 k 列要素 c_{jk} は、それが複素数であることを明示すれば、

$$c_{jk} = \alpha_{jk} + i\,\beta_{jk}, \tag{2.12}$$

と書ける。ここで、α_{jk} 及び β_{jk} は、複素数 c_{jk} の**実部** (real part) 及び**虚部** (imaginary part) であり、共に実数である。もちろん、$i^2 = -1$ である。この時、c_{jk} の**共役複素数** (complex conjugate number) は、

$$\bar{c}_{jk} = \alpha_{jk} - i\,\beta_{jk}, \tag{2.13}$$

と書ける。

つぎに、(2.13) 式で、定義される $\bar{c}_{jk}$ を要素とする行列を $\bar{\boldsymbol{C}}$ と書くことにする。すなわち、

$$\bar{\boldsymbol{C}} = \{\bar{c}_{jk}\}. \tag{2.14}$$

この時、

$$\bar{\boldsymbol{C}}^t = \boldsymbol{C}, \tag{2.15}$$

なる性質をもつ行列は、エルミート行列と呼ばれる。(2.15) 式を言葉で表現すると、エルミート行列とは、(正方複素) 行列の共役複素数を要素と

する行列の転置行列がもとの行列に等しい行列である、ということになる。$\bar{C}^t$ は、行列 C の**共役転置** (conjugate transpose) と呼ばれる。行列 C の共役転置行列 $\bar{C}^t$ は、しばしば C^* と書かれる。

エルミート行列は、もしその要素がすべて実数、すなわち実行列とすれば、対称行列に等しい。なぜならば、実数の共役複素数は、もとの実数そのものであるからである。

(2.1) 式の行列 A で、$m = 1$ のケース及び $n = 1$ のケース、すなわち

$$\underset{1 \times n}{A} = (a_{11}, a_{12}, \ldots, a_{1n}), \tag{2.16}$$

及び

$$\underset{m \times 1}{A} = \begin{pmatrix} a_{11} \\ a_{21} \\ \vdots \\ a_{m1} \end{pmatrix}, \tag{2.17}$$

は、ベクトル (vector) と呼ばれることもある。(2.16) 式のベクトルは**行ベクトル** (row vector)、(2.17) 式のベクトルは**列ベクトル** (column vector) と呼ばれる。このようにベクトルは行列の特別なケースにあたるが、ベクトルであることを明示する場合には大文字でなく小文字で

$$\boldsymbol{b}^t = (b_1, b_2, \cdots, b_n), \qquad \boldsymbol{c} = \begin{pmatrix} c_1 \\ c_2 \\ \vdots \\ c_m \end{pmatrix}, \tag{2.18}$$

のように表記することが多い。

ベクトルの各要素が、多次元空間の座標値を表す場合には、そのベクトルは**位置ベクトル** (position vector) と呼ばれる。行列の定義からは、任意のベクトルは必ずしも位置ベクトルである必要はない。

2.2 行列の演算と逆行列

2.2.1 行列の加減乗除

スカラー (scalar) 量に加減乗除が定義されるように、行列同士の加減乗除の定義も可能である。一般に、m 行 n 列の行列を $\boldsymbol{A} = \{a_{jk}\}$, $\boldsymbol{B} = \{b_{jk}\}$ とする時、まず加算減算は

$$\boldsymbol{A} \pm \boldsymbol{B} = \{a_{jk} \pm b_{jk}\}, \tag{2.19}$$

のように定義される。すなわち、それは m 行 n 列の 2 つの行列の対応する要素の和（差）を取ることと定義される。より正確には、減算（差）は加算より定義される。

3 つ以上の行列の加算減算については、その順序は問題にならない。すなわち、

$$(\boldsymbol{A} + \boldsymbol{B}) + \boldsymbol{C} = \boldsymbol{A} + (\boldsymbol{B} + \boldsymbol{C}). \tag{2.20}$$

ここで、もちろん $\boldsymbol{C}$ も、m 行 n 列でなければならない。

2 つの行列の積については、加算減算の場合と異なり、掛けるべき 2 つの行列 $\boldsymbol{A}$、$\boldsymbol{B}$ それぞれの行数、列数につぎの制約が必要となる。ここで、$\boldsymbol{C}$ は、$\boldsymbol{A}$ と $\boldsymbol{B}$ の掛算の結果得られる行列とする：

$$\underset{m \times n}{\boldsymbol{A}} \underset{n \times l}{\boldsymbol{B}} = \underset{m \times l}{\boldsymbol{C}}. \tag{2.21}$$

すなわち、(2.21) 式で明示した各行列の型から、掛算の左側の行列の列数（この場合 n）と、同右側の行列の行数は同じでなければならない。この制約からただちにわかることは、行列の掛算では一般には $\boldsymbol{AB}$ は定義できても $\boldsymbol{BA}$ は必ずしも定義できないことがあり得る、ということである。

(2.21) 式は、行列の掛算における各行列の型すなわち行数及び列数の制約について述べているのみである。実際の掛算では、行列の要素をつぎのように計算しなければならない。ここで c_{jk} はもちろん、行列 $\boldsymbol{C}$ の第 j 行 k 列の要素の値とする：

$$c_{jk} = \sum_{p=1}^{n} a_{jp} b_{pk}. \tag{2.22}$$

(2.21) 式の行列の積の特別の場合の 1 つは、**行列のべき乗** (power of a matrix) を定義する。たとえば、(2.21) 式で B が A と同じ型すなわち m 行 n 列の矩形行列であり、かつ A に等しいとする。この時、

$$AA = A^2, \tag{2.23}$$

と書く。これを p 回繰り返せば、A^p が定義できる。A^p は、行列 A の p 乗 (p-th power of A) と呼ばれる。通常 p は整数である（ここまでのところでは、正の整数まで）が、行列 A が対角行列の場合、

$$XX = X^2 = A, \tag{2.24}$$

となる行列 X のことを、$A^{\frac{1}{2}}$ と書く。行列 A が (2.11) 式なる対角行列で、すべての対角要素が非負ならば、

$$A^{\frac{1}{2}} = \mathrm{diag}(\sqrt{a_{11}}, \sqrt{a_{22}}, \cdots, \sqrt{a_{nn}}), \tag{2.25}$$

と書ける。

より一般的には、任意の正方行列 A が正の半定符号ならば、その平方根 $A_0 = A^{\frac{1}{2}}$ が存在する。

(2.21) 式及び (2.22) 式の定義から、AB も BA も共に定義できるためには、この式での行列 B の型は n 行 m 列でなければならないことがわかる。この時、さらに (2.22) 式より、一般に

$$AB \neq BA. \tag{2.26}$$

すなわち、行列の積演算では、一般に**交換律** (commutative law) が成り立たないことが明らかである。

行列の差が行列の和を用いて定義できるように、行列の除算すなわち行列の**逆行列** (inverse matrix) の定義は、(2.21) 式の行列の乗算（積）を用いて定義できる。通常行列の逆行列は、正方行列の場合にのみ定義され、つぎのようになる。すなわち、任意の正方行列 A の逆行列 X は、

$$AX = XA = I, \tag{2.27}$$

2.2. 行列の演算と逆行列

なる X を満たす行列で、もしそのような X が存在するとき、それを A^{-1} と表す。ここで、I は、単位行列である。(2.27) 式の逆行列の定義は、スカラー量 a の逆数の定義

$$ax = xa = 1, \tag{2.28}$$

を一般化したものになっていることがわかる。

(2.27) 式の定義は、行列の逆行列の形式的な定義であり、代数的な定義は、

$$A^{-1} = \widetilde{A}/\mid A \mid, \tag{2.29}$$

で与えられる。ここで、$\widetilde{A}$ は行列 A の**余因子行列** (adjoint of a matrix)、$\mid A \mid$ は行列 A の行列式である。余因子行列及び行列式については、のちの 2.2.4 節で定義する。実際の逆行列の計算は、数値解法が確立されており、(2.29) 式を用いることはまずない。

(2.29) 式から明らかなように、正方行列の逆行列は行列式の値がゼロの場合計算できない。

一般に、逆行列がある種の特別な形をしている行列で、基本的に重要なものが 2 つある。それらは、**直交行列** (orthogonal matrix) とユニタリ行列である。

直交行列とは、

$$A^t A = I, \quad \text{もしくは} \quad A^{-1} = A^t, \tag{2.30}$$

なる実正方行列のことをいう。

一方、ユニタリ行列とは、

$$A^* A = I, \quad \text{もしくは} \quad A^{-1} = A^*, \tag{2.31}$$

なる複素正方行列のことをいう。これら 2 つの定義から、直交行列はユニタリ行列の特別なケースとなっていることが容易にわかる。

2.2.2 行列とスカラーとの積

前節では、行列同士の加減乗除演算の定義について述べた。これらの定義及び数（number）の定義から、つぎのような行列とスカラーとの積に関する演算法則が導かれる：

(1) $0\boldsymbol{A} = \boldsymbol{O}$,
(2) $(\alpha + \beta)\boldsymbol{A} = \alpha\boldsymbol{A} + \beta\boldsymbol{A}$,
(3) $\alpha(\boldsymbol{A} + \boldsymbol{B}) = \alpha\boldsymbol{A} + \alpha\boldsymbol{B}$,
(4) $\alpha(\beta\boldsymbol{A}) = (\alpha\beta)\boldsymbol{A}$.

ここで、α, β は実数もしくは複素数であるとする。

ここで、上の演算法則を用いると、われわれは、本書の後半で最も重要なエルミート行列を定義できる。すなわち、

$$\boldsymbol{H} = \boldsymbol{S}_s + i\,\boldsymbol{S}_{sk}. \tag{2.32}$$

ここで、行列 $\boldsymbol{H}$ の共役複素行列 $\bar{\boldsymbol{H}}$ は、共役複素数の定義から、

$$\bar{\boldsymbol{H}} = \boldsymbol{S}_s - i\,\boldsymbol{S}_{sk}, \tag{2.33}$$

と書ける。ここでさらに、行列 $\bar{\boldsymbol{H}}$ の転置行列 $\bar{\boldsymbol{H}}^t$ を作ると、転置行列の性質等から、

$$\bar{\boldsymbol{H}}^t = \boldsymbol{S}_s^t - i\,\boldsymbol{S}_{sk}^t, \tag{2.34}$$

が導かれる。ここで、

$$\boldsymbol{S}_s^t = \boldsymbol{S}_s, \qquad \boldsymbol{S}_{sk}^t = -\boldsymbol{S}_{sk}, \tag{2.35}$$

に注意すると、

$$\bar{\boldsymbol{H}}^t = \boldsymbol{H}, \tag{2.36}$$

すなわち、行列 $\boldsymbol{H}$ は、(2.15)式を満たすので、エルミート行列であることがわかる。

2.2.3 行列の基本操作と階数

任意の m 行 n 列の行列 A は、その前や後からある種の行列を掛ける操作により、幾つかの基本的な形に帰着でき、それらは行列の基本特性の1つを示す。これらの操作は、**行列の基本操作** (elementary operation of matrix) と呼ばれ、つぎの3つからなる：

1. 行列の1つの行または列に、左又は右から 0 と異なる F の元を掛ける。

2. 行列の1つの行または列に、他の行又は列を加える。

3. 行列の2つの行又は列を入れ換える。この操作は、1及び2の操作を組み合わせれば可能になる。

これらの操作を行うための行列は簡単で特別な形をしているが、ここでは本書の内容に直接関係しないので、省略する。いずれにせよ、これらの基本操作により、任意の行列 A は、つぎのいずれかの**正準形** (canonical form) に帰着されることがわかっている：

$$(I_m, O_{m \times (n-m)}), \quad \begin{pmatrix} I_n \\ O_{(m-n) \times n} \end{pmatrix},$$

$$\begin{pmatrix} I_r & O_{r \times (n-r)} \\ O_{(m-r) \times r} & O_{(m-r) \times (n-r)} \end{pmatrix}, \quad I_n.$$

ここで、うえの幾つかの単位行列の右下の添字は、単位行列の次数を表す。また、r は $1 \leq r \leq min(m, n)$ である。

上の正準形における単位行列の次数は、行列 A の階数と呼ばれる。例えば、n 次の行列 A の階数は、A が**正則** (nonsingular) の時に限り、n である。ここで、一般に正方行列が正則とは、次節で述べる行列式が非ゼロであることをさす。

2.2.4 行列式

前節の逆行列の定義のところで、任意の正方行列の行列式及び余因子行列の概念を述べたが、そこではそれらの定義はしなかった。ここでは、それらの定義を行う。行列式は、任意の正方行列、すなわち複数個の数値に対して1つのスカラーを与える規則の1つといえる。

行列式の定義

よく知られているように行列式の起源は連立一次方程式の解法にあるが、ここではそれにはふれず、次数の低い行列の行列式、すなわち、**小行列式** (minors) を用いた定義を紹介する。この定義では以下に示すように、任意の n 次の正方行列を任意の行または列の要素と対応する小行列式を用いて展開することにより得られ、小行列式による**ラプラス展開** (Laplace expansion) と呼ばれる（例えば、Hohn & Johnson, 1985）：

定義 2.2.1（行列式）
一般に任意の n 次の正方行列

$$A = \begin{pmatrix} a_{11} & a_{12} & \ldots & a_{1n} \\ a_{21} & a_{22} & \ldots & a_{2n} \\ \vdots & \vdots & \ddots & \vdots \\ a_{n1} & a_{n2} & \ldots & a_{nn} \end{pmatrix}, \tag{2.37}$$

の行列式 $|A|$ は、第 j 行要素で展開すると、

$$|A| = \sum_{k=1}^{n} a_{jk} \tilde{a}_{jk}, \tag{2.38}$$

あるいは、第 k 列要素で展開すると、

$$|A| = \sum_{j=1}^{n} a_{jk} \tilde{a}_{jk}, \tag{2.39}$$

2.2. 行列の演算と逆行列

で与えられる。ここで、これらの式における $\tilde{a}_{jk}$ は、a_{jk} の**余因子** (cofactor) と呼ばれ、

$$\tilde{a}_{jk} = (-1)^{j+k} D_{jk}. \tag{2.40}$$

ここで、(2.40) 式の D_{jk} はもとの行列 $\boldsymbol{A}$ の第 j 行と第 k 列のすべての要素を除いてできる $n-1$ 次の小行列式である。

一方、逆行列のところで出てきた余因子行列 $\tilde{\boldsymbol{A}}$ は、(2.40) 式の余因子を使ってつぎのように定義される：

$$\tilde{\boldsymbol{A}} = \begin{pmatrix} \tilde{a}_{11} & \tilde{a}_{21} & \ldots & \tilde{a}_{n1} \\ \tilde{a}_{12} & \tilde{a}_{22} & \ldots & \tilde{a}_{n2} \\ \vdots & \vdots & \ddots & \vdots \\ \tilde{a}_{1n} & \tilde{a}_{2n} & \ldots & \tilde{a}_{nn} \end{pmatrix}. \tag{2.41}$$

行列式の例

まず、つぎの 2 次の行列 $\boldsymbol{A}_2$ の行列式を計算してみよう：

$$\boldsymbol{A}_2 = \begin{pmatrix} a_{11} & a_{12} \\ a_{21} & a_{22} \end{pmatrix}. \tag{2.42}$$

ここで、$\boldsymbol{A}_2$ の例えば第 1 列要素 a_{11}, a_{21} を用いてこれを表現すると、定義より

$$|\boldsymbol{A}_2| = a_{11}\tilde{a}_{11} + a_{21}\tilde{a}_{21}. \tag{2.43}$$

ここで余因子の定義から

$$\tilde{a}_{11} = (-1)^{1+1} a_{22} = a_{22}, \tag{2.44}$$

$$\tilde{a}_{21} = (-1)^{2+1} a_{12} = -a_{12}. \tag{2.45}$$

したがって、

$$|\boldsymbol{A}| = \begin{vmatrix} a_{11} & a_{12} \\ a_{21} & a_{22} \end{vmatrix} = a_{11}a_{22} - a_{21}a_{12}. \tag{2.46}$$

つぎに、3 次の行列 $\boldsymbol{A}_3$ の場合、

$$\boldsymbol{A}_3 = \begin{pmatrix} a_{11} & a_{12} & a_{13} \\ a_{21} & a_{22} & a_{23} \\ a_{31} & a_{32} & a_{33} \end{pmatrix}. \tag{2.47}$$

今度は、この行列の例えば第 2 行要素 a_{21}, a_{22}, a_{23} を使って、この行列式を計算してみよう。この時、定義より

$$|\boldsymbol{A}_3| = a_{21}\tilde{a}_{21} + a_{22}\tilde{a}_{22} + a_{23}\tilde{a}_{23}. \tag{2.48}$$

ここで、余因子の定義及び (2.46) 式で与えられる 2 次の行列式に注意すると、

$$\tilde{a}_{21} = (-1)^{2+1} \begin{vmatrix} a_{12} & a_{13} \\ a_{32} & a_{33} \end{vmatrix} = -(a_{12}a_{33} - a_{32}a_{13}), \tag{2.49}$$

$$\tilde{a}_{22} = (-1)^{2+2} \begin{vmatrix} a_{11} & a_{13} \\ a_{31} & a_{33} \end{vmatrix} = a_{11}a_{33} - a_{31}a_{13}, \tag{2.50}$$

$$\tilde{a}_{23} = (-1)^{2+3} \begin{vmatrix} a_{11} & a_{12} \\ a_{31} & a_{32} \end{vmatrix} = -(a_{11}a_{32} - a_{31}a_{12}). \tag{2.51}$$

これらより、

$$\begin{aligned} |\boldsymbol{A}_3| &= \begin{vmatrix} a_{11} & a_{12} & a_{13} \\ a_{21} & a_{22} & a_{23} \\ a_{31} & a_{32} & a_{33} \end{vmatrix} \\ &= a_{11}a_{22}a_{33} + a_{12}a_{23}a_{31} + a_{13}a_{21}a_{32} \\ &\quad - a_{13}a_{22}a_{31} - a_{12}a_{21}a_{33} - a_{11}a_{23}a_{32}. \end{aligned} \tag{2.52}$$

定義 2.2.1 では、n 次の正方行列の行列式を $n-1$ 次の小行列式の言葉で定義したが、行列式をより低次の小行列式を用いて定義することができ、**ラプラスの定理** (Laplace theorem) と呼ばれる (例えば、朝野、1966)。定義 2.2.1 は、ラプラスの定義の特別なケースである。ただし、ラプラスの定理は本書では省略する。

非対称 MDS の文脈での行列式

前節での行列式の定義は、任意の正方行列についての初等的・一般的知識に過ぎないが、非対称 MDS の文脈では、一般的な逆行列の定義における役割とは別に、特別な役割がある。その理由は、一般に n 次の正方行列の各列（あるいは各行）を n 個の対象の位置ベクトルとみなせる場合には、行列式は n 次元の**向きづけられた平行体** (oriented parallelopiped, or parallelotope) の体積を与え（例えば、Courant & John, 1974）、2、3 の非対称 MDS のモデルの中の一部となっているからである。つぎの定理は、当該行列式の絶対値が平行体の体積であることを示す（例えば、朝野、1966）：

定義 2.2.2 n 次元ユークリッド空間において、一次独立なベクトル $\boldsymbol{a}_1, \boldsymbol{a}_2, \cdots, \boldsymbol{a}_n$ の定める n 次元平行体の体積は、行列式 $D(\boldsymbol{a}_1, \boldsymbol{a}_2, \cdots, \boldsymbol{a}_n)$ の絶対値に等しい。

ここで、行列式 $D(\boldsymbol{a}_1, \boldsymbol{a}_2, \cdots, \boldsymbol{a}_n)$ の n 本のベクトル $(\boldsymbol{a}_1, \boldsymbol{a}_2, \cdots, \boldsymbol{a}_n)$ は、(2.37) 式で定義された正方行列の例えば各列を表すものとする。また、ベクトルの一次独立性については、のちの 2.5.1 節を参照されたい。

非対称 MDS のモデルの中で、これまで上記の概念を応用したものが幾つかあげられる。まず、のちの第 4 章で紹介する Chino の ASYMSCAL (千野, 1977; Chino, 1978) では、(4.16) 式のモデルの右辺第 2 項は、2 次元平行体すなわち**平行四辺形** (parallelogram) の面積を表している。また、Gower (1977) のモデルの 1 つ (CASK もしくは Gower ダイアグラム) では、データの歪対称部のみを分析しているが、彼の言う 3 角形の面積は Chino の ASYMSCAL における平行四辺形の面積の半分に該当する。

一方、Chino の ASYMSCAL の 3 次元モデルでは、のちの第 4 章で述べるように、3 次元空間上の任意の 2 つの対象の位置ベクトルを考えた場合、3 次元空間上での 2 つのベクトルが作る平行四辺形の面積を 3 次元空間上の 3 つの平面上に投影したものを対象間の関係をとらえるために利用する。さらに、Chino の ASYMSCAL を 4 次元以上の場合に拡張した GIPSCAL では、一般の q 次元空間上での任意の 2 つのベクトルが作る

q 次元上の平行四辺形の面積を $q(q-1)/2$ 個の異なる平面上に投影したものを利用する。

このように行列の行列式を空間的な視点から眺めると、多次元空間上の平行体の体積とみなせる。しかし、この種の体積を、行列理論とは別の角度から議論することもできる。ここで、定義 2.2.2 における行列式の表現 $D(\boldsymbol{a}_1, \boldsymbol{a}_2, \cdots, \boldsymbol{a}_n)$ に注意してみよう。このような行列式の表現は、D が n 個のベクトルの関数であることを連想するに十分である。実際、D は n 次元ベクトル空間 V から一次元実数 R への関数、ないしは**写像** (mapping) とみることが可能である。このような角度からの議論は、一般的には**外部形式** (exterior forms) やテンソル (tensor) の概念にかかわるが、これらの概念については、のちの第 3 章の 3.13 節でふれる。

2.3 双一次形式、二次形式、エルミート形式とその符号

2.3.1 双一次形式の定義

$m \times n$ の行列を $\boldsymbol{A}$、m 次ベクトルを $\boldsymbol{x} \in V^m$、及び n 次のベクトル $\boldsymbol{y} \in V^n$ とする。この時、

$$f_A(\boldsymbol{x}, \boldsymbol{y}) = \boldsymbol{x}^t \boldsymbol{A} \boldsymbol{y}, \tag{2.53}$$

は、**双一次形式** (bilinear form) と呼ばれる。双一次形式は、その定義から明らかなように、スカラーである。(2.53) 式の行列 $\boldsymbol{A}$ は**生成行列** (generating matrix) と呼ばれる。

2.3.2 二次形式とその符号

n 次の実対称行列 $\boldsymbol{A}$ 及び n 次ベクトル $\boldsymbol{x} \in V^n$ から作られるつぎの形式

$$f_A(\boldsymbol{x}, \boldsymbol{x}) = \boldsymbol{x}^t \boldsymbol{A} \boldsymbol{x}, \tag{2.54}$$

2.3. 双一次形式、二次形式、エルミート形式とその符号

は、双一次形式の特別なもので、**二次形式** (quadratic form) と呼ばれる。二次形式も双一次形式と同様スカラーであり、その符号に応じてつぎのように呼ばれる (例えば、Wilkinson, 1965)：

$$x^t \boldsymbol{A} x = \begin{cases} > 0 \text{ の時,} & \text{正の定符号 (positive definite),} \\ < 0 \text{ の時,} & \text{負の定符号 (negative definite),} \\ \geq 0 \text{ の時,} & \text{非負の定符号 (non-negative definite),} \\ \leq 0 \text{ の時,} & \text{非正の定符号 (non-positive definite),} \end{cases}$$

ここで、うえの4つは、順に正（定）値、負（定）値、非負（定）値、非正（定）値、とも呼ばれる。また、非負の定符号及び非正の定符号は、それぞれ正の半定符号及び**負の半定符号** (negative semi-definite) とも呼ばれる。

もし、二次形式の符号がうえのいずれにも属さぬ、すなわち正にも負にもなる時、**不定符号** (indefinite) と呼ばれる。

さらに、二次形式の生成行列 $\boldsymbol{A}$ は、二次形式の符号が、正、負、非負、非正、に応じて、正の定符号又は正（定）値、負の定符号又は負（定）値、非負の定符号又は非負（定）値、非正の定符号又は非正（定）値、と呼ばれる。生成行列 $\boldsymbol{A}$ がこれらのいずれにも属さぬ時、不定符号と呼ばれる。

2.3.3 エルミート形式とその符号

n 次の実対称行列 $\boldsymbol{A}$ 及び n 次の実ベクトル x から二次形式が作られるのと同様にして、n 次のエルミート行列 $\boldsymbol{H}$ 及び n 次の複素ベクトル z から作られる形式

$$f_H(z, z) = z^* \boldsymbol{H} z, \qquad (2.55)$$

は、エルミート形式と呼ばれる。ここで、ベクトル z^* は、ベクトル z の共役転置すなわち、

$$z^* = \bar{z}^t, \qquad (2.56)$$

であり、$z = (z_1, z_2, \cdots, z_n)^t$ とすると、

$$\bar{z}^t = (\bar{z}_1, \bar{z}_2, \cdots, \bar{z}_n), \qquad (2.57)$$

と書ける。ここで、$\bar{z}_i, i = 1, 2, \cdots, n$ はもちろん z_i の共役複素数である。

エルミート形式の文脈では、(2.55) 式の「*」すなわち共役転置の記号は、「H」と書かれることもある (例えば、Wilkinson, 1965)。

エルミート形式は、(2.55) 式から明らかなように、その構成要素が z も H も共に複素数から成るにもかかわらず、(2.15) 式のエルミート行列の性質に注意すると、

$$(z^* H z)^* = z^* H z, \tag{2.58}$$

が成り立つので、実数（のスカラー）である。

さらに、定義から明らかなように、エルミート形式は二次形式の拡張になっている。

エルミート形式はその値が実数であるので、二次形式と同様その符号の正負を議論できる。すなわち、

$$z^* H z = \begin{cases} > 0, & \text{正の定符号又は正（定）値,} \\ < 0, & \text{負の定符号又は負（定）値,} \\ \geq 0, & \text{非負の定符号又は非負（定）値,} \\ \leq 0, & \text{非正の定符号又は非正（定）値,} \end{cases}$$

もし、エルミート形式の符号がうえのいずれにも属さぬ、すなわち正にも負にもなる時、不定符号と呼ばれる。

さらに、エルミート形式の生成行列 H は、エルミート形式の符号が、正、負、非負、非正、に応じて、正の定符号又は正（定）値、負の定符号又は負（定）値、非負の定符号又は非負（定）値又は正の半定符号、非正の定符号又は非正（定）値又は負の半定符号、と呼ばれる。生成行列 H がこれらのいずれにも属さぬ時、不定符号と呼ばれる。

エルミート形式は、既に本書第 1 章 1.4.2 節で述べたように、非対称 MDS の非距離モデルを統一的に解釈するために筆者らが開発した新たな非対称 MDS である HFM の数学的基礎を与える。

2.4 非対称 MDS の分野での関連行列の役割と話題

2.4.1 対称行列と非対称行列

2.1.1 節で述べたように、一般に行列が非対称行列か対称行列かは、行列代数的には正方行列の非対角要素の対 (a_{jk}, a_{kj}) の中に 1 対でも値の異なるものがあるかどうか、により定義される。のちの第 4 章で見るように、これまでの多くの非対称 MDS の方法では、観測された 1 つの非対称行列に対して特定のモデルが最小 2 乗的に当てはまるかどうかを検討してきた。しかし、現実のデータは、観測誤差にまみれており、行列代数的な定義では非対称でも、そのことは必ずしも直ちに複数の対象相互の非対称性を意味しない。

4.7 節で紹介する非対称 MDS の分野で 1980 年代の中ごろから提案されつつある非対称 MDS の推測統計的方法や、1940 年代に Kendall らにより提案されたカウントデータの循環性検定などの方法では、この点を考慮して、対象相互の(非)類似度データを反復観測することにより、各種の対称性の有無の判定を行う。

従来の記述的非対称 MDS に比べた推測統計的方法のメリットは明白であるが、現象によっては、(非)類似度データの反復観測が通常の方法では決して容易ではない。例えば、1.3 節で紹介した、クラス集団における成員相互の好悪関係や親近度関係などの判断を同一評定者が複数回独立に行う(つまり自分以外あるいは自分を含めたクラスメートをクラスの成員の各々が評定する)ことは、非常に難しいであろう。

この問題点を回避するには、例えばある一定期間、クラスメート相互の相互作用の過程をビデオで収録し、それを再生してクラスメートとは異なる多くの評定者にそのビデオを見せて、クラスメート各々の相互の好悪関係や親近度関係を測定する必要がある。例えば、Chino and Saburi (2006b) は、ある映画をたくさんの評定者に鑑賞させ、数名の登場人物相互の好悪関係とその変化を評定させたデータを彼らの方法により分析している。

2.4.2 エルミート行列

本書の主題である非対称 MDS の理論の中で中心的な役割を果たすのが、エルミート行列であり、既に、第1章 1.4.2 節の (1.6) 式 で定義した。第2章 2.7.2 節でも紹介するように、エルミート行列は複素行列であるが、その固有値はすべて実数で、固有ベクトルは一般に複素数から成る。

非対称 MDS の研究の歴史の中で、最初にエルミート行列を導入したのは、のちの第4章 4.4.4 節で詳しく述べる Escoufier and Grorud (1980) である。彼らは、エルミート行列を、本書で定義する「最も狭義な」非対称 MDS の1つのモデル、すなわち HCM の導出に際して利用したが、それにより得られる対象の布置の空間構造については考察しなかった。

これに対して、Chino and Shiraiwa (1993) は、彼らとは独立に非対称 MDS の中核をなす1相2元類似度行列 S をエルミート化し、彼らとは別の方法で1つのモデル、すなわち HFM を導出した（第4章 4.5 節参照）。また、それにより得られる対象の多次元布置の空間構造が、当該エルミート行列が**半正定値** (positive semi-definite) の場合に限りヒルベルト空間構造を持つことも証明した。

Chino and Shiraiwa (1993) は、さらに他の3つの非対称 MDS のモデルである DEDICOM、GIPSCAL、HCM も、その複素版を考えるならば観測データ行列 S が半正定値の場合にはヒルベルト空間構造を持つことも証明した。これに対して、第4章で紹介するほとんどの非対称 MDS モデルは、S に対する特別なモデルであるが、モデルの如何を問わず、1.4.2 節の (1.6) 式 で S をエルミート化すれば、非対称データは半正定値というゆるい条件下で常にヒルベルト空間構造を持つことになる。より一般的には、如何なる非対称データも、HFM の固有値の特徴により、データの持つ各種空間構造をチェック出来るのである。もちろん、固有値の特徴によっては、対象の布置は必ずしもヒルベルト空間構造をもつとは限らない。この辺の議論については、次の節や第6章 6.3 節を参照のされたい。

最後に、エルミート行列は非対称 MDS の分野とは関係なく、統計学や物理学などの分野でも取り上げられていることに注意したい。その1つは第6章 6.7 節で紹介するランダムエルミート行列の研究である。また、エルミート行列は、量子力学の分野でも重要な役割を果たしている（例え

ば、Blank et al., 1994; Debnath & Mikusiński, 1990)。

2.4.3 循環行列とテップリッツ行列

非対称 MDS における布置の空間構造に関わる興味深い行列の例が、この節で紹介する循環行列とテップリッツ行列である。まず、循環行列とは、つぎの形をした行列をいう：

$$M_c = \begin{pmatrix} c_1 & c_2 & c_3 & \cdots & c_{N-1} & c_N \\ c_N & c_1 & c_2 & \cdots & c_{N-2} & c_{N-1} \\ c_{N-1} & c_N & c_1 & \cdots & c_{N-3} & c_{N-2} \\ \multicolumn{6}{c}{\dotfill} \\ c_2 & c_3 & c_4 & \cdots & c_N & c_1 \end{pmatrix}. \quad (2.59)$$

この行列の固有値・固有ベクトルの構造は、のちの第6章6.3節の循環行列の研究の歴史や今後に残された課題のところでで詳しく述べるように、Berlin and Kac (1952) が明らかにしている。また、第4章4.9.2節や第5章5.2節でもその例を紹介し再度この行列にふれる。

もともとは循環行列の一部ともみられ、一方では循環行列よりも広い範囲をカバーするのが、テップリッツ行列である（例えば、Horn & Johnson, 1985）：

$$M_t = \begin{pmatrix} t_0 & t_1 & t_2 & \cdots & t_{N-1} & t_N \\ t_{-1} & t_0 & t_1 & \cdots & t_{N-2} & t_{N-1} \\ t_{-2} & t_{-1} & t_0 & t_1 & \cdots & t_{N-2} \\ \multicolumn{6}{c}{\dotfill} \\ t_{-N} & t_{-N+1} & t_{-N+2} & \cdots & t_{-1} & t_0 \end{pmatrix}. \quad (2.60)$$

ここで、与えられた系列 $t_{-N}, t_{-N+1}, \cdots, t_{-1}, t_0, t_1, t_2, \cdots, t_{N-1}, t_N \in C$ に対して、$t_{ij} = t_{j-i}$ であり、C は複素数体を指す。

この行列は一般には複素行列であるが、その実数版はのちの第6章でもふれる循環的階層構造や**不定計量** (indefinite metric) の分析の中でより重要な役割を果たす。詳細については、6.3節を参照されたい。

循環的階層構造や不定計量がらみで、対象相互の間に上記とは異なる度数情報（カウントデータ）が得られている場合もある。この種のデータの場合の循環的階層構造の話題では、Berlin and Kac (1952) よりかなり前から既に第 1 章 1.3.9 節で紹介した表 1.8 のような行動生物学の分野でつつきの順序が議論されている（例えば、Masure & Allee, 1934; Schjelderup-Ebbe, 1922)。

さらに、循環的階層構造に関しては、一対比較データという限定的な仮定のもとではあるが、統計学的検定も古くから知られている（例えば、Kendall, 1962; Kendall & Babington Smith, 1940)。検定の詳細については、第 4 章の 4.9.2 節を参照されたい。

2.5 ベクトル空間、ノルム、と内積

一般に MDS では、各対象を多次元距離空間の点として位置づけるので、空間の次元数を n と書くとすれば、各対象の位置座標は $\boldsymbol{x} = (x_1, x_2, \cdots, x_n)$ のように表すことになる。このような数値を縦もしくは横に並べたものは、既に 2.1 節で述べたように、数学では一般にベクトルと呼ばれる。正確には、この種のベクトルは対象の位置を表すので、位置ベクトルである。

しかし、通常、ベクトルという言葉を聞いたとき、文系の読者であれば、多くの場合それは「長さ」と「方向」を持った「矢」をイメージするのではなかろうか。こちらのベクトルは、位置ベクトルのように対象の位置を必ずしも表すために用いられていないので、むしろ、**自由ベクトル** (free vector) の部類に属するといえよう。

いずれにせよ、それでは、例えば位置ベクトルは何の制約条件もなく、いつも多次元距離空間の点を表すと言えるのであろうか。答えはノーである。また、うえのような自由ベクトルは何の限定もなく、常に「長さ」という特性を備えているといえるであろうか。答えはノーである。一般に、このようなベクトルの集まりは、**（抽象的）ベクトル空間** (abstract vector space) を構成する。

より厳密には、次節の定義から明らかなように、一般的（抽象的）ベク

2.5. ベクトル空間、ノルム、と内積

トル空間は、簡略化していえば、距離の概念を定義することなしに、n 個の数値を並べた（抽象的）ベクトル間の元（要素）の間に 2 種類の代数的演算さえ保障されればよい。また、すぐ後で見るように、例えば矢のイメージとは一見ほど遠い実数、複素数、さらには（既に 2.1 節で議論した）行列でさえ、抽象的ベクトル空間を構成する。その他の例については、例えば Bowen and Wang (1976) を参照されたい。

（抽象的）ベクトル空間の構成要素はベクトルとスカラーであるのに対して、これらにさらに点の集合が与えられると、のちに述べる線形空間を構成できる。また、ベクトル空間上のベクトルの特別な変換を考えると、一次変換を定義できる。

抽象的ベクトル空間は、そのままでは距離空間とは言えないが、当該空間上の元に対しては、「矢」の長さのイメージに近い概念であるノルムなる概念を定義することができる。ノルムが定義されるような空間は、**ノルム空間** (normed space) と呼ばれる。抽象的ベクトル空間に一旦ノルムが定義されると、後続の節で見るように、任意の 2 つの元 X 及び Y の間に距離関数を定義できるので、距離空間を構成することが可能となる。

ベクトルを用いて距離空間を構成するためのもう 1 つの例は、抽象的ベクトル空間に対して最初にノルムではなく、**内積** (inner product) を定義する方法である。後続の節で見るように、ベクトル空間の任意の 2 つの元の内積を定義すると、その特別なケースは、ベクトルのノルムや角度を定義することを可能にするので、距離空間を構成する。

2.5.1 抽象的ベクトル空間

この節では、抽象的ベクトル空間の定義（例えば、新井、1997; Chino, 1998; Pinkus & Zafrany, 1997）を紹介し、その性質や関連する幾つかの定義について議論する。

定義 2.5.1 （ベクトル空間）F を実数体 (real number field) または複素数体 (complex number field) とする。体 F 上のベクトル空間とは、ベクトルと呼ばれる複数の元（要素）からなる**空でない集合** (nonempty set) V

の任意の要素に対して、2種類の演算、すなわちベクトルの**加法** (addition) と**スカラー乗法** (scalar multiplication) が定義される空間である。

ここで、(ベクトルの) 加法とは写像 $V \times V \to V$ であり、われわれは $X_1, X_2 \in V$ に対して $X_1 + X_2$ と表記する。同様に、スカラー乗法とは写像 $F \times V \to V$ であり、$\lambda \in F$, $X \in V$ に対して λX を意味するものとする。また、これら2つの算法は、次の特性を満たさねばならない:

- (ベクトル) 加法

  1. すべての $X_1, X_2 \in V$ に対して、$X_1 + X_2 = X_2 + X_1$ (交換法則)、
  2. すべての $X_1, X_2, X_3 \in V$ に対して、$X_1 + (X_2 + X_3) = (X_1 + X_2) + X_3$ (結合法則)、
  3. すべての $X \in V$ に対して、$X + O = X$ なる元 $O \in V$ が存在する (加法的恒等性の存在)、
  4. どんな $X \in V$ に対しても、$X + (-X) = O$ なる元 $-X \in V$ が存在する (加法的逆元の存在)。

- スカラー乗法
  すべての $\lambda, \mu \in F$ 及び $X_1, X_2 \in V$ に対して、

  1. $\lambda(\mu X) = (\lambda \mu) X$ (結合法則),
  2. $(\lambda + \mu) X = \lambda X + \mu X$ (ベクトルに関する分配法則),
  3. $\lambda(X_1 + X_2) = \lambda X_1 + \lambda X_2$ (スカラーに関する分配法則),
  4. $1 X = X$ (恒等性)。

ベクトル空間の理論で基本的な役割を果たす概念に、**一次(線形)結合** (linear combination)、**スパン** (span)、**一次(線形)独立性** (linear independence)、**部分空間** (subspace)、**次元数** (dimensionality) がある。

定義 2.5.2 (一次(線形)結合)
V をベクトル空間とし、$X_1, X_2, \cdots, X_n \in V$ が成り立つとする。この時、ベクトル Y は、もしベクトル $Y = \sum_{j=1}^{n} \lambda_j X_j$ なるスカラー

2.5. ベクトル空間、ノルム、と内積

$\lambda_1, \lambda_2, \cdots, \lambda_n \in F$ が存在するならば、$X_1, X_2, \cdots, X_n$ の一次結合であると呼ばれる。

定義 2.5.3 （スパン）

ベクトル $X_1, X_2, \cdots, X_n$ の一次結合であるすべてのベクトル Y の全体（集合）は、ベクトル $X_1, X_2, \cdots, X_n$ のスパンと呼ばれ、$\mathrm{span}\{X_1, X_2, \cdots, X_n\}$ と表記される。

定義 2.5.4 （一次独立）

ベクトル空間 V における n ($n \geq 1$) 個のベクトル $X_1, X_2, \cdots, X_n$ から成る有限集合は、もし $\sum_{j=1}^{n} \lambda_j X_j = 0$ がすべての j に対して $\lambda_j = 0$ を意味するならば、**一次独立** (linearly independent) であると呼ばれる。さもなければ、それらは**一次従属** (linearly dependent) と呼ばれる。

定義 2.5.5 （部分空間）

ベクトル空間 V の部分空間 W とは、ベクトル空間 V の部分集合であり、それ自体、V の加法及びスカラー乗法に関して、ベクトル空間となっているものをいう。

定義 2.5.6 （次元数）

ベクトル空間 V は、もしそれが有限で最大の一次独立な集合を含むならば、**有限次元（の）** (finite dimensional)（空間）であると呼ばれる。さもなければ、**無限次元（の）** (infinite dimensional)（空間）であると呼ばれる。

定義 2.5.7 （基）

ベクトル空間 V の次元が p の時、V 中の一次独立な p 個のベクトル組 $\boldsymbol{b}_1, \boldsymbol{b}_2, \cdots, \boldsymbol{b}_p$ を V の**基** (basis) という。

例えば、p 次元実ベクトル空間上の p 個のベクトル

$$\boldsymbol{e}_1 = (1, 0, 0, \cdots, 0)^t, \quad \boldsymbol{e}_2 = (0, 1, 0, \cdots, 0)^t, \quad \cdots, \quad \boldsymbol{e}_2 = (0, 0, 0, \cdots, 1)^t,$$

は、1つの基を構成する。特に、この基は**標準基** (standard basis) と呼ばれる。

2.5.2 線型空間と一次変換

線型空間の定義

前節ではベクトル空間の定義を行ったが、そこでの構成要素はベクトルの集合と体を成すスカラーの集合の2種類であった。

これに対して、**線型空間** (linear space) は、これら2種類の集合にさらに「点」と呼ばれる元 $A, B, C, \cdots$ から成る集合 L を持つ特別な空間である。

一般に、何らかの可換体 K 上のベクトル空間 V に、点の集合 L ($A, B, C, \cdots$) が与えられ、つぎの公理を満たす時、L は体 K 上の線型空間もしくは**アフィン空間** (affine space) と呼ばれる:

1. L の任意の2点 A, B に対して、$\overrightarrow{AB} = \boldsymbol{a} \in L$ なるベクトルが一意的に定まる。

2. L の任意の点 A と V の任意のベクトル $\boldsymbol{a}$ に対して、$\overrightarrow{AB} = \boldsymbol{a}$ なる点 $B \in L$ が一意的に定まる。

3. A, B, C を L の任意の点とするとき
$$\overrightarrow{AB} + \overrightarrow{BC} = \overrightarrow{AC}.$$

線型空間 L に付属するベクトル空間 V の次元は、L の次元と呼ばれ、$dim(L)$ で表される。

O を p 次元線型空間 L^p 上で任意に固定された点とする。この時、L^p に付属するベクトル空間 V^p の1組の基 ($\boldsymbol{b}_1, \boldsymbol{b}_2, \cdots, \boldsymbol{b}_p$) を用いると、われわれは

$$\overrightarrow{OX} = x_1 \boldsymbol{b}_1 + x_2 \boldsymbol{b}_2 + \cdots, x_p \boldsymbol{b}_p, \quad X \in L^p, \quad x_1, x_2, \cdots, x_p \in K, \tag{2.61}$$

により、L^p 上の点 X と p 個の K の元の組 $(x_1, x_2, \cdots, x_p)$ とを一対一に対応させることができる。

この時、1点 $O \in L^p$ と基 ($\boldsymbol{b}_1, \boldsymbol{b}_2, \cdots, \boldsymbol{b}_p$) の組 $S(O; \boldsymbol{b}_1, \boldsymbol{b}_2, \cdots, \boldsymbol{b}_p)$ を**座標系** (coordinate system)、点 O をその**原点** (origin)、K の元の組 $(x_1, x_2, \cdots, x_p)$ を座標系 S に関する点 X の**座標** (coordinate) と呼ぶ。

一次変換

V_1, V_2 を体 F 上のベクトル空間とする。変換 $T: V_1 \to V_2$ は、つぎの関係を満たす時、一次変換もしくは**線型変換** (linear transformation) と呼ばれる。すなわち、任意の $\bm{x}_1, \bm{x}_2 \in V_1$ 及び任意のスカラー $c \in K$ に対して、

$$T(\bm{x}_1 + \bm{x}_2) = T(\bm{x}_1) + T(\bm{x}_2), \tag{2.62}$$

$$T(c\,\bm{x}_1) = c\,T(\bm{x}_1). \tag{2.63}$$

(2.62) 式及び (2.63) 式は、T がそれぞれ**加法的** (additive) 及び**斉次** (homogeneous) であることを示す。

例えば、2 次元空間で位置ベクトル $\bm{x} = (x_1, x_2)^t$ に対するつぎの変換

$$T(\bm{x}) = \bm{A}\,\bm{x}, \tag{2.64}$$

$$\bm{A} = \begin{pmatrix} \cos\theta & -\sin\theta \\ \sin\theta & \cos\theta \end{pmatrix}, \tag{2.65}$$

は、明らかに (2.62) 式及び (2.63) 式を満たすので、一次変換である。これにより生成されるベクトルを $\bm{x}'$ とすると、$\bm{x}'$ は $\bm{x}$ をその平面上で反時計廻りに θ だけ回転したものになる。

また、例えば n 次元空間の位置ベクトル $\bm{x}$ に対する m 行 n 列行列 $\bm{A}$ を用いたつぎの変換

$$T_A(\bm{x}) = \underset{m \times n}{\bm{A}}\ \underset{n \times 1}{\bm{x}}, \tag{2.66}$$

は、n 次元ベクトル $\bm{x}$ を m 次元ベクトルに変換する一次変換である。

とりわけ、$\bm{A}$ が正方行列でありかつ直交行列の場合、(2.66) 式の行列 $\bm{A}$ の行列式は 1 又は -1 であり、対応する一次変換はそれぞれ正回転、負回転であるという。

これまでの抽象的ベクトル空間の議論では、われわれはベクトルの**長さ** (length) や**大きさ** (magnitude) の概念には全く触れてこなかった。つぎの節では、それらを導入する。

2.5.3 ノルム、ノルム空間、及び距離空間

この節では、抽象的ベクトル空間に一種の長さの概念であるノルムを定義することにより、ノルム空間を導入し、そのような空間と距離空間との関係について考察する。

定義 2.5.8 (ノルム)

ベクトル空間 V 上のノルムとは、V のいずれの要素 X に対しても、すべてのスカラー λ とすべてのベクトル X 及び Y に対して、

1. $\|X\| > 0$, if $X \neq O$,

2. $\|\lambda X\| = |\lambda| \|X\|$,

3. $\|X + Y\| \leq \|X\| + \|Y\|$ (三角不等式 (triangle inequality)).

となるような量 $\|X\|$ (X のノルム)を割り付ける**実数値関数** (real-valued function) である。

もし、うえのノルムが定義されるようなベクトル空間が、通常のベクトルならば、そのようなノルムは**ベクトルノルム** (vector norm) と呼ばれる。一方、もしベクトル空間として $m \times n$ 行列の集合を考えるならば、そのようなノルムは**行列ノルム** (matrix norm) と呼ばれる。

以下に、まず代表的なベクトルノルムの例をあげる。ここで、X は C^n (複素空間)あるいは R^n (実空間)上の典型的なベクトル、すなわち $\boldsymbol{x} = (x_1, \cdots, x_n)^t$ であるとする:

1. $\|\boldsymbol{x}\|_\infty = \max_{1 \leq j \leq n} |x_j|$ (**無限遠ノルム** (infinity norm)),

2. $\|\boldsymbol{x}\|_1 = \sum_{j=1}^n |x_j|$,

3. $\|\boldsymbol{x}\|_2 = \left(\sum_{j=1}^n |x_j|^2\right)^{1/2}$ (**ユークリッドノルム** (Euclidean norm)),

4. $\|\boldsymbol{x}\|_p = \left(\sum_{j=1}^n |x_j|^p\right)^{1/p}$, $p \geq 1$ (**ヘルダーノルム** (Hölder norm)).

2.5. ベクトル空間、ノルム、と内積

つぎに、代表的な行列ノルムの例をあげる。ここで、X は典型的な行列 $\boldsymbol{A} = \{a_{ij}\}$, $a_{ij} \in C^{n \times n}$ であるとする。すなわち、X は複素数体上の正方行列であるとする：

1. $\|\boldsymbol{A}\|_E = \left(\sum_{i,j=1}^n |a_{ij}|^2\right)^{1/2} = \sqrt{\mathrm{tr}(\boldsymbol{A}\boldsymbol{A}^*)}$ （ユークリッド（行列）ノルム (Euclidean (matrix) norm)），

2. $\|\boldsymbol{A}\|_{E_p} = \left(\sum_{i,j=1}^n |a_{ij}|^p\right)^{1/p}$ （ヘルダー（行列）ノルム (Hölder (matrix) norm)），

ここで、$\boldsymbol{A}^*$ は行列 $\boldsymbol{A}$ の共役転置行列であるとする。

ユークリッド（行列）ノルムは、時々フロベニウス、シュール、あるいはヒルベルト-シュミットノルム (Schur, or Hilbert-Schmidt norm) とも呼ばれる (例えば、Horn & Johnson、1985)。そこで、Stewart and Sun (1990) は、例えばこのノルムを $\|\boldsymbol{A}\|_F$ と表記している。ここで、うえの行列 $\boldsymbol{A}$ は、正方行列だけでなく、$C^{m \times n}$ の場合にも定義される。

ベクトルノルム、行列ノルムの他に良く知られたものとして、**ベクトルノルムに従属する行列ノルム** (matrix norm subordinate to a vector norm) というものもある。

定義 2.5.9 （ベクトルノルムに従属する行列ノルム）

行列 X は典型的な行列 $\boldsymbol{A} = (a_{ij})$, $\boldsymbol{A} \in M^{m \times n}$ であり、ベクトルも典型的なベクトル $\boldsymbol{x} \in C^n$ であるとする。この時、

$$\|\boldsymbol{A}\|_p = \max_{\|\boldsymbol{x}\|_p = 1} \|\boldsymbol{A}\boldsymbol{x}\|_p \quad (\text{ヘルダーノルム}). \tag{2.67}$$

ここで、(2.67) 式で、$p = 2$ の特別な場合、すなわち $\|\boldsymbol{A}\|_2$ は、しばしば**スペクトルノルム** (spectral norm) と呼ばれる。

定義 2.5.10 （ノルム空間）

ノルム空間とは、定義 2.5.8 で導入された3つの公理を満たすノルムが賦与されたベクトル空間である。

ノルム空間と似た概念がつぎの距離空間である。

定義 2.5.11 （距離空間）

距離空間とは、つぎの公理を満たすところの距離関数と呼ばれる正の実数値関数 $d: M \times M \to R$ を備えた空でない集合 M をさす：

1. $d(X, Y) \geq 0$, かつ $d(X, Y) = 0 \Leftrightarrow X = Y$ （正（定）値），
2. $d(X, Y) = d(Y, X)$ （対称），
3. すべての $X, Y, Z \in M$ に対して, $d(X, Y) + d(Y, Z) \geq d(X, Z)$ （三角不等式）．

通常の距離空間では、うえの定義のように対称律等が仮定されるが、うえの距離空間のどの公理も成り立たないようなよりひろいクラスの距離空間が存在する（例えば、Matsumoto, 1986; Sato, 1988）。

うえのノルムの定義から、ノルム空間では任意の X, Y, Z に対して次の特性が成り立つことを簡単に証明できる：

1. $\|X - Y\| \geq 0$, かつ $\|X - Y\| = 0 \Leftrightarrow Y = X$,
2. $\|X - Y\| = \|Y - X\|$,
3. $\|X - Y\| + \|Y - Z\| \geq \|X - Z\|$.

このことは、もし V がノルム空間ならば、任意の $X, Y \in V$ に対して、量 $\|X - Y\|$ は、X と Y の間の距離の測度としてみなせることを意味する。その結果、つぎの定理が成り立つ：

定理 2.5.1 （ノルム空間の距離空間特性）

ノルム空間 V は、任意の $X, Y \in V$ に対するノルム $\|X - Y\|$ で与えられる距離関数を持つ距離空間である。

2.5.4 内積と内積空間

定義 2.5.12 （内積空間）

複素ベクトル空間 V 上の**内積空間** (inner product space) とは、V 上の如何なる要素 X および Y に対しても、すべてのスカラー $\lambda, \mu \in C$ およびすべてのベクトル X、Y に対して、以下のような量 $\langle X, Y \rangle$ （X と Y の内積）を結びつけるところの関数である：

1. $\langle X, Y \rangle = \overline{\langle Y, X \rangle}$,

2. $\langle \lambda X + \mu Y, Z \rangle = \lambda \langle X, Z \rangle + \mu \langle Y, Z \rangle$, （最初の引数について線形）

3. $\langle X, X \rangle \geq 0$, かつ $\langle X, X \rangle = 0 \Leftrightarrow X = 0$,

ここで、$\overline{\langle Y, X \rangle}$ は $\langle Y, X \rangle$ の**複素共役** (complex conjugate) を表すものとする。

ここで、うえの第2の特性の解釈に際して注意が必要である。というのは、そこでの線形性は、第1引数についてのみ当てはまり、第2引数に関してはつぎの等式が成り立つからである：

$$\langle Z, \lambda X + \mu Y \rangle = \overline{\lambda} \langle Z, X \rangle + \overline{\mu} \langle Z, Y \rangle, \tag{2.68}$$

この特性は、内積は第2の引数について**共役線形** (conjugate linear) であることを意味する（例えば、Bowen & Wang, 1976）。

つぎに、内積の例を幾つか列挙する：

例 1: X 及び Y は、任意の（典型的な）（実）ベクトル $\boldsymbol{x}, \boldsymbol{y} \in R^n$ であるとする。この時、つぎの量は（標準的な）R^n 上の内積である：

$$\langle \boldsymbol{x}, \boldsymbol{y} \rangle = \boldsymbol{y}^t \boldsymbol{x} = \sum_{j=1}^{n} x_j y_j. \tag{2.69}$$

例 2: X 及び Y は任意の典型的な（複素）ベクトル $\boldsymbol{u}, \boldsymbol{v} \in C^n$ であるとする。この時、次の量は C^n 上の（標準的な複素）内積である：

$$\langle \boldsymbol{u}, \boldsymbol{v} \rangle = \boldsymbol{v}^* \boldsymbol{u} = \sum_{j=1}^{n} u_j \bar{v}_j. \tag{2.70}$$

ここで、v^* は v の共役転置 (conjugate transpose) を、$\bar{v}_j$ は v_j の複素共役を意味するものとする。

例 3: X 及び Y は、任意の典型的な（複素）ベクトル $u, v \in C^n$ であり、$\alpha_1, \cdots, \alpha_n$ は R 上の正の数値であるとする。この時、次の量は $V(= C^n)$ 上のもう 1 つの（複素）内積である：

$$\langle u, v \rangle = v^* u = \sum_{j=1}^{n} \alpha_j u_j \bar{v}_j. \tag{2.71}$$

例 4: X 及び Y は任意の 2 つの（複素）行列 $A, B \in M^{m \times n}$ であるとする。この時、次の量は $M^{m \times n}$ 上のフロベニウス内積 (Frobenius inner product) である：

$$\langle A, B \rangle = \mathrm{tr}(AB^*). \tag{2.72}$$

例 5: $V = F[a,b]$ は通常の関数の和、及びスカラー乗法の演算を伴う連続関数 $f : [a,b] \to C$ から成る空間であるとする。この空間は C 上のベクトル空間とみなすことができる。それぞれの関数対 $f, g \in F[a,b]$ に対して、次の量は $F[a,b]$ 上の 1 つの内積である：

$$\langle f, g \rangle = \int_a^b f(x) \overline{g(x)}\, dx, \tag{2.73}$$

ここで、$\overline{g(x)}$ は $g(x)$ の複素共役を表すものとする。

定義 2.5.13 （内積空間）

<u>内積空間</u> とは、定義 2.5.12 で述べられた 3 つの特性を満たす内積を付与されたベクトル空間をいう。

このようにして定義された内積空間は、**前ヒルベルト空間** (pre-Hilbert space) あるいは**ユニタリ空間** (unitary space) とも呼ばれる（例えば、Debnath & Mikusiński, 1990）。

一般にどのような内積空間であっても、そこでは何らかの内積が定義されるので、われわれはそれによりノルムの定義が可能になる。そのこと

2.5. ベクトル空間、ノルム、と内積

は、そのような空間にはベクトルの長さの定義を可能にする。ここで、それを $\|\ \|$ と表すことにしよう。この時、個々の非ゼロベクトル $X \in V$ に対して、われわれは以下のような正の実数を割り付けることができる：

$$\|X\| = \sqrt{\langle X, X \rangle}. \tag{2.74}$$

これにより、任意の内積空間には**計量（距離）** (metric) が導かれる。すなわち、

定義 2.5.14 （内積空間の距離特性）
内積空間は、任意の $X, Y \in V$ に対して、$d(X,Y) = \|X - Y\| = \sqrt{\langle X-Y, X-Y \rangle}$ で与えられる距離関数を持つ距離空間である。

内積空間を導入するもう1つの重要な帰結は、同空間上の任意の要素 X 及び Y に対して**直交性** (orthogonality) の概念を定義できることである。すなわち、

定義 2.5.15 （直交性）
内積空間上の2つのベクトル X 及び Y は、もし $\langle X, Y \rangle$ または $\langle Y, X \rangle$ がゼロならば直交すると呼ばれる。

抽象的内積空間上の直交性は、明らかに典型的な実内積空間上の**角度** (angle) の拡張となっている。すなわち、

定義 2.5.16 （2つのベクトル間の角度）
典型的な実内積空間上では、の2つのベクトル $\boldsymbol{x}$ 及び $\boldsymbol{y}$ の間の角度 θ は、つぎのように定義される：

$$\cos\theta = \frac{\langle \boldsymbol{x}, \boldsymbol{y} \rangle}{\|\boldsymbol{x}\|\,\|\boldsymbol{y}\|} \tag{2.75}$$

最後に、われわれは任意の抽象的内積空間にとって基本的な2つの不等式と3つの等式を紹介する。それらは**シュワルツの不等式** (Schwarz's inequality)、三角不等式、**平行四辺形の法則** (parallelogram law)、**ピタゴラスの公式** (Pythagorean formula)、及び **極恒等式** (polar identity) である：

定理 2.5.2 (シュワルツの不等式)

内積空間上の任意の2つの要素 X と Y に対して、つぎの不等式が成り立つ:

$$|\langle X, Y \rangle| \leq \|X\| \, \|Y\|, \tag{2.76}$$

系 2.5.1 (三角不等式) 内積空間上の任意の2つの要素 X と Y に対して、つぎの不等式が成り立つ:

$$\|X + Y\| \leq \|X\| + \|Y\|. \tag{2.77}$$

定理 2.5.3 (平行四辺形の法則)

内積空間上の任意の2つの要素 X と Y に対して、つぎの不等式が成り立つ:

$$\|X+Y\|^2 + \|X-Y\|^2 = 2\left(\|X\|^2 + \|Y\|^2\right). \tag{2.78}$$

定理 2.5.4 (ピタゴラスの公式)

内積空間上の任意の直交ベクトル対 X と Y に対して、つぎの不等式が成り立つ:

$$\|X+Y\|^2 = \|X\|^2 + \|Y\|^2. \tag{2.79}$$

定理 2.5.5 (極恒等式)

内積空間上の任意のベクトル X と Y に対して、つぎの不等式が成り立つ:

$$\langle X, Y \rangle = \frac{1}{4}(\|X+Y\|^2 - \|X-Y\|^2) + \frac{1}{4}i\,(\|X+iY\|^2 - \|X-iY\|^2). \tag{2.80}$$

なお、極恒等式という名前は例えば Bowen and Wang (1976) や Cristescu (1977) が使っているのに対して、例えば、Debnath and Mikusiński (1990) はこれを**極化恒等式** (polarization identity) と呼んでいる。

極恒等式は、第1章で既に紹介した非対称 MDS の基礎定理の1つである千野・白岩の定理を導くに際して重要な役割を果たしている。

2.6 距離空間の完備性と各種距離空間

数学では、これまで多くの距離空間、例えば、ユークリッド空間、ミンコフスキー空間、リーマン空間、**フィンスラー空間** (Finsler space)、ヒルベルト空間、**バナッハ空間** (Banach space)、**フレシェ空間** (Fréchet space) 等が知られているが、本書の対称、あるいは非対称 MDS の文脈では、対称なミンコフスキー空間、リーマン空間、ヒルベルト空間、及び非対称ミンコフスキー空間、の4つが知られている。

その中でも最も知られているのは、対称なミンコフスキー空間、とりわけその計量がミンコフスキーの $r-$ メトリックとして知られている空間であり、リーマン空間、ヒルベルト空間や非対称ミンコフスキー空間はあまりポピュラーではない。しかし、既に 1.4 節でみたように、非対称 MDS の分野では、これらのうちヒルベルト空間と非対称ミンコフスキー空間の2つは大変重要な役割を果たす。

一方、リーマン空間については、これまで非対称 MDS の分野では取り上げられていないので、ここでは省略する。リーマン空間に関しては、例えば、Arnold (1978)、Boothby (1975)、日本数学会 (2008) などを参照されたい。

つぎに、対称 MDS 及び非対称 MDS の研究で知られているうえの4つの空間のうち、リーマン空間を除く3について紹介する前に、距離空間の**完備性** (completeness) の概念の定義を行う。そのためには、まず距離空間上の**コーシー列** (Cauchy sequence) の定義が必要である。

なお、完備性については、第3章 3.7.3 節でも出てくる概念であるが、第3章の方で定義される概念は、統計学における分布や統計量に関する完備性であり、似て非なるものであることに注意したい。

定義 2.6.1 （コーシー列）

距離空間上のベクトル列 $\{X_n\}$ は、もしどんな $\epsilon > 0$ に対してもつぎのような整数 N が存在するならば、コーシー列と呼ばれる：

$$\text{すべての } m, n > N \text{ に対して}, \ d(X_m, X_n) < \epsilon. \tag{2.81}$$

ここで、コーシー列はノルム空間でも内積空間でも定義できる。なぜならば、両空間は共に距離空間であるからである。つぎの定義は、距離空間の完備性の定義である：

定義 2.6.2 (完備な距離空間)
距離空間 M は、もしその空間上のどんなコーシー列も、M のある点に収束するならば、完備である、と呼ばれる。

2.6.1 ヒルベルト空間

ヒルベルト空間は、つぎのように、距離空間の完備性の言葉によって簡潔に定義される：

定義 2.6.3 (ヒルベルト空間)
内積空間 V は、もし V 上のどんなコーシー列も V 上の要素に収束するならば完備と呼ばれる。また、完備な内積空間はヒルベルト空間と呼ばれる。

ユークリッド空間は、ヒルベルト空間の特殊ケースである。一方、つぎのバナッハ空間は、ヒルベルト空間を一般化したものである：

定義 2.6.4 (バナッハ空間)
ノルム空間 U は、もし U 上のどんなコーシー列も U 上の要素に収束するならば完備と呼ばれる。また、完備なノルム空間はバナッハ空間と呼ばれる。

以下に、ヒルベルト空間の例をあげる：

1. R、C、C^N は、共に完備であり、ヒルベルト空間である。

2. 典型的な実内積空間
   この空間では、内積 $\langle \bm{x}, \bm{y} \rangle = \bm{y}^t \bm{x} = \sum_{j=1}^n x_j y_j$ が定義されるので、有限次元実ヒルベルト空間、すなわち、ユークリッド空間である。

3. 典型的な複素内積空間 I

この空間では、エルミート内積 $\langle \boldsymbol{u}, \boldsymbol{v} \rangle = \boldsymbol{v}^* \boldsymbol{u} = \sum_{j=1}^{n} \alpha_j u_j \bar{v}_j$ が定義されるので、有限次元複素ヒルベルト空間である。この空間は、千野・白岩の定理の中で議論されるヒルベルト空間に他ならない。

4. 典型的な複素内積空間 II

この空間では、l_2 上の内積 $\langle \boldsymbol{u}, \boldsymbol{v} \rangle = \boldsymbol{v}^t \boldsymbol{u} = \sum_{j=1}^{\infty} u_j \bar{v}_j$ が定義されるので、無限次元複素ヒルベルト空間である。

5. 典型的な複素内積空間 III

この空間では、フロベニウス内積 $\langle \boldsymbol{A}, \boldsymbol{B} \rangle = \mathrm{tr}(\boldsymbol{AB}^*)$ が定義されるので、有限次元複素ヒルベルト空間である。

6. 典型的な複素内積空間 IV

この空間では、内積空間 $V = F[a,b]$ 上で特別な内積 $\langle f, g \rangle = \int_a^b f(x) \overline{g(x)}\, dx$ が定義される（$[a,b]$ 上の**ルベーグ平方可積関数の空間** (space of Lebesgue square integrable functions) ので、無限次元複素ヒルベルト空間である (Debnath & Mikusiński, 1990)。

2.6.2 ユークリッド空間

これまでの複数の節での議論から、ユークリッド空間が MDS の研究の歴史の中で大きな役割を果たして来たことは、明らかである。すなわち、ユークリッド空間は、非対称 MDS の基礎となった対称 MDS の基礎定理の1つであるショーエンバーグ・ヤング・ハウスホールダーの定理で中核的な概念として導入された。対称 MDS が扱う対象間の対称な類似度や非類似度に対して、われわれが日常生活を過ごすところのユークリッド空間を対応させるという考え方は、常識的であると言えよう。もっとも、ユークリッド空間も、4次元以上になると、われわれの日常的な感覚からは明確なイメージを描くことは困難であろう。

一方、数学的には、ユークリッド空間はミンコフスキーの r-メトリックが定義される（特別な）ミンコフスキー空間の特殊ケースとみなせるし、前節でみたようにヒルベルト空間の特殊ケースともみなすことができ

る。MDS の研究の歴史の中では、対称な（非）類似度の多様性を考慮し Kruskal (1964a, b) が彼の非計量 MDS を提案する論文の中で提唱したことは、これまた大変自然なことであると思われる。

これに対して、非対称 MDS の研究では対象間の非対称な（非）類似度を扱うモデルとしては、既に見たように、研究者により異なる距離空間の選択がなされてきている。それらのうちで、最も常識的な方略は、それまでのユークリッド距離や（特別な）ミンコフスキー空間の仮定を保持したうえで、データの非対称を説明するためにさらに何らかのパラメータを仮定するものであり、多くの研究者がこのラインに沿ったモデルを提案している。

これに対して、一見常識的ではない選択をしたのが、Chino and Shiraiwa (1993) であり、前節でみたように、それはユークリッド空間の（複素空間への）1つの拡張とみなせるヒルベルト空間を仮定するモデルである。このような拡張は、しかしながら、対称 MDS の基礎定理の1つであるショーエンバーグ・ヤング・ハウスホールダーの定理についての論理的にはきわめて自然な1つの拡張につながった。

同じく、データの非対称性を説明するための一見常識的ではない選択が、後続の第4章で紹介する佐藤の非対称ミンコフスキー空間モデル (Sato, 1988; 佐藤, 1989) である。これについては、つぎの節で、対称距離を仮定する（特別な）ミンコフスキー空間とともに簡単に紹介する。

2.6.3　ミンコフスキー空間

一口にミンコフスキー空間といっても、ミンコフスキー (Minkowski, H., 1864-1909) の提案した空間は多岐に亘る（例えば、日本数学会, 2008）が、それらのうちで、本書の扱う MDS に関連したものは、対称な距離を扱うミンコフスキーの r-メトリックによる（特別な）ミンコフスキー空間、佐藤のモデル (Sato, 1988; 佐藤, 1989) で扱う非対称ミンコフスキー空間、及び相対論が取り扱う（特別な）ミンコフスキー計量の3つである。

2.6. 距離空間の完備性と各種距離空間

まず、ミンコフスキーの r-メトリックは、つぎの式により定義される：

$$d_{ij} = \left[\sum_{a=1}^{t} |x_{ia} - x_{ja}|^r\right]^{1/r}. \tag{2.82}$$

ミンコフスキーの r-メトリックは、例えば $r=1$ の時は**市街地計量** (city block metric) または**マンハッタン計量** (Manhattan metric) とも呼ばれる。一方、$r=2$ の時は、よく知られたユークリッド計量である。

一方、非対称ミンコフスキー空間では、例えば2次元の場合、(非対称) Minkowski メトリックは、つぎのように書ける：

$$d_{ij}^* = \frac{d_{ij}}{r_\beta(\psi \mid \gamma)}. \tag{2.83}$$

ここで、d_{ij} は通常のユークリッド距離であり、$r_\beta(\psi \mid \gamma)$ は1種の変換された**インディカトリックス** (indicatrix) と呼ばれるものである。ここで、変換される前のインディカトリックスとは、つぎのように表される：

$$r(\theta \mid \gamma) = \sum_{k=1}^{m} \gamma_k \, r_k(\theta). \tag{2.84}$$

また、(2.84) 式の右辺の要素的インディカトリックス $r_k(\theta)$ は、つぎのように定義される；

$$r_k(\theta) = \mu_k + \nu_k \cos(k(\theta - \pi/4)). \tag{2.85}$$

ここで、$\mu_k = (k^2+2)/(k^2+3)$ であり、$\nu_k = 1/(k^2+3)$ である（例えば、Sato, 1988）。

これに対して、相対論が扱うミンコフスキー空間は、ミンコフスキー時空として知られているもので、空間3次元と時間の1次元を合わせた4次元空間における空間-時間間隔 ds^2 は、

$$ds^2 = dx_0^2 - dx_1^2 - dx_2^2 - dx_3^2, \tag{2.86}$$

として定義される。ここで、$x_0 = ct$ であり、c は光の速度である。明らかに、この種の空間は、のちの第6章などで議論する不定計量空間といえる。

2.7 固有値問題・特異値分解

2.7.1 固有値問題

一般に、n 次の正方行列 A は、2.5.2 節の視点からは、n 次元線型空間 V^n 上の一次変換とみれる。ベクトル $x \in V^n$ に対する一次変換がつぎの関係を満たす時、

$$Ax = \lambda x, \qquad x \neq 0, \tag{2.87}$$

x は、固有値 (eigenvalue) λ に対する A の**固有ベクトル** (eigenvector) と呼ばれる。ここで、A の要素は、実数であろうが複素数であろうがかまわない。

(2.87) 式は、

$$(A - \lambda I)x = 0, \tag{2.88}$$

の形に書け、この式が**自明でない解** (non-trivial solution) を持つためには、$A - \lambda I$ の行列式、すなわち

$$|A - \lambda I| = 0, \tag{2.89}$$

でなければならない。

(2.89) 式をスカラー表現すると、

$$(-1)^n \lambda^n + \alpha_{n-1} \lambda^{n-1} + \cdots + \alpha_1 \lambda + \alpha_0 = 0, \tag{2.90}$$

の形に書ける。(2.90) 式は行列 A の**特性方程式** (characteristic equation) 又は**固有方程式** (eigen equation) と呼ばれる。

(2.90) 式から、行列 A の固有値は n 次方程式の根となっていることがわかる。一般に、

定義 2.7.1 (固有値問題)

正方行列 A が与えられた時、(2.87) 式を満たす固有値と、対応する固有ベクトルを求める問題は、固有値問題と呼ばれる。

(2.90) 式は、n 次方程式であり、よく知られた**アーベルの定理** (Abel's theorem) により、5 次以上の場合、代数的には（累乗根によっては）解けない（例えば、奥川, 1966）が、数値解析的には多くの方法が開発されており、固有値問題というタイトルのついた本が幾つか出版されている（例えば、Wilkinson, 1965）。

一方、固有ベクトルの方は、固有値が求められると (2.88) 式の関係を用いて求めることができる。ただし、一般に固有ベクトルは、その長さを変えても (2.87) 式を満たすので、長さに関する不定性のみは避けられない。したがって、固有ベクトルはある長さを定めて求める。

これらの詳細については、Wilkinson (1965) などを参照されたい。ここではつぎに、本書にかかわる固有値問題の初等的知識（定理）を幾つか列挙するに止める。

2.7.2　固有値問題の基礎知識

ここでは、まず固有値問題の基礎的な性質について簡単に紹介する：

性質1． A の固有値は一般的には複素数である。

性質2． A と A^t は、同じ固有値を持つ。

性質3． A と A^t は、一般に異なる固有ベクトルを持つ。

性質4． A の n 個の固有値が相異なるとき、n の固有ベクトルは一次独立で n 次元空間全体に広がる。したがって、このときは n の固有ベクトルは任意のベクトルの基として用いることができる。

性質5． P が正則の時、$P^{-1}AP$ と A とは**相似** (similar) であるという。A の n 個の固有値が相異なるとき、その固有値に対応する固有ベクトルを要素とする行列 $X = (x_1, x_2, \cdots, x_n)$ により、A を対角行列に変換できる。すなわち

$$X^{-1}AX = \text{diag}(\lambda_i). \tag{2.91}$$

性質6． エルミート行列 H の固有値はすべて実数である。

性質 7. エルミート行列 H は、ユニタリ行列 U により対角化できる。すなわち、

$$U^* H U = \mathrm{diag}(\lambda_i). \tag{2.92}$$

ここで、うえの性質のうちの幾つかについては、若干注意が必要である。まず、性質 1 は、正方行列 A の要素が実数体に属そうが、複素数体に属そうが成り立つ。とりわけ、非対称 MDS が扱うデータ行列の 1 つは実非対称行列であるが、性質 1 にあるように、その固有値は一般には複素数となる。ただし、実非対称行列を、(2.32) 式を用いて一旦エルミート行列に変換すると、性質 6 によりその固有値はすべて実数となる。これに対して、対称 MDS が扱うデータ行列の 1 つは、最初から実対称行列であるため、その固有値はすべて実数となる。その理由は、実対称行列は、エルミート行列の特別な場合であり、したがって性質 6 が成り立つからである。

2.7.3 正方行列の標準形

本書で中心的役割を果す非対称（非）類似度行列は、(2.37) 式の形の正方行列 A である。したがって、A が一次変換により、どのような形に変換できるのかを見ておくことは重要である。

行列の分野では、**ジョルダンの標準形** (Jordan canonical form)、**フロベニウスの標準形** (Frobenius canonical form)、**三角標準形** (triangular canonical form)、**スミスの標準形** (Smith's canonical form)、**実標準形** (real canonical form) などが、よく知られている。Chino (1980) は当時までに提案されていた非対称MDSを概観し、DEDICOM モデルすなわち (4.22) 式の右辺第 1 項の行列 A が実数の範囲で代数的にどこまで簡潔な形にできるのかを考察し、幾つかのモデルを提案している。しかし、この時点では実非対称行列をエルミート行列に変換することの重要性については気づいていなかった。

これら 5 つの標準形のうち、スミスの標準形を除いては、すべて相似変換により達成される。一方、スミスの標準形は、**等積変換** (equivalence transformation、すなわち PAQ の形の変換) というより広い変換により達成される標準形なので、ここでは省略する。以下の A はすべて n 次

2.7. 固有値問題・特異値分解

である。また、行列 O はその要素がすべてゼロのゼロ行列を意味するものとする。

定理 2.7.1 (ジョルダンの標準形)
A の固有値は $\lambda_1, \lambda_2, \cdots, \lambda_r$ で、それぞれの**重複度** (multiplicity) は $m_1, m_2, \cdots, m_r$ とする。この時、A は相似変換により、つぎのジョルダンの標準形に帰着される：

$$P^{-1}AP = \begin{pmatrix} C_{m_1}(\lambda_1) & & & O \\ & C_{m_2}(\lambda_2) & & \\ & & \ddots & \\ O & & & C_{m_r}(\lambda_r) \end{pmatrix}. \quad (2.93)$$

ここで、$C_{m_i}(\lambda_i), i = 1, 2, \cdots, r$ は、m_i 次の行列で、

$$C_{m_i} = \begin{pmatrix} \lambda_i & 1 & & & O \\ & \lambda_i & 1 & & \\ & & \ddots & \ddots & \\ & & & \ddots & 1 \\ O & & & & \lambda_i \end{pmatrix}. \quad (2.94)$$

定理 2.7.2 (フロベニウスの標準形)
A は、相似変換により、s 個のフロベニウス行列 $B_{r_1}, B_{r_2}, \cdots, B_{r_s}$ の**直和** (direct sum) に変換できる：

$$P^{-1}AP = \begin{pmatrix} B_{r_1} & & & O \\ & B_{r_2} & & \\ & & \ddots & \\ O & & & B_{r_s} \end{pmatrix}. \quad (2.95)$$

ここで、フロベニウス行列 B_r は

$$B_r = \begin{pmatrix} b_{r-1} & b_{r-2} & \cdots & b_1 & b_0 \\ 1 & 0 & \cdots & 0 & 0 \\ 0 & 1 & \ddots & \vdots & \vdots \\ \vdots & \vdots & \ddots & \ddots & \vdots \\ 0 & 0 & \cdots & 1 & 0 \end{pmatrix}. \tag{2.96}$$

定理 2.7.3 （三角標準形）

A は相似変換により、三角行列（上側三角もしくは下側三角）に帰着できる。

つぎの実標準形は、通常の内外の行列に関する専門書でも取り上げられていない場合が多いが、後続の第 3 章 3.15 節で紹介する力学系の基礎的な議論では基本的な役割を果たすので、紹介する（例えば、Hirsch & Smale, 1974）。

定理 2.7.4 （実標準形）

A は相似変換により、つぎの 2 種類の対角ブロック（複数）からなる行列に変換できる。第 1 は、A の**固有値 λ に属する**ジョルダン行列 (Jordan matrix belonging to λ) と呼ばれ、つぎの形をとる：

$$J_\lambda = \begin{pmatrix} J & & & O \\ & J & & \\ & & \ddots & \\ O & & & J \end{pmatrix}. \tag{2.97}$$

ここで、J_λ の対角要素（行列）は、**基本的ジョルダン行列** (elementary Jordan matrices) と呼ばれ、J はつぎの形をとる。これらの J の中には $J_{1\times 1} = \lambda$ も含まれる：

$$J = \begin{pmatrix} \lambda & & & \\ 1 & \lambda & & \\ & \ddots & \ddots & \\ & & 1 & \lambda \end{pmatrix}. \tag{2.98}$$

第2のブロックは、つぎの形を持つ対角ブロックである：

$$D_b = \begin{pmatrix} D & & & \\ I_2 & D & & \\ & \ddots & \ddots & \\ & & I_2 & D \end{pmatrix}, \quad \text{または} \quad D, \tag{2.99}$$

と書くことができる。ここで、この式の右辺の行列 D 及び I_2 は

$$D = \begin{pmatrix} a & -b \\ b & a \end{pmatrix}, \quad I_2 = \begin{pmatrix} 1 & 0 \\ 0 & 1 \end{pmatrix}. \tag{2.100}$$

さらに、A の対角要素は、重複度 (multiplicity) を持つ実固有値である。一方、個々のブロック D ($b>0$) は、固有値 $a+bi$ の重複度の数だけ現れる。

2.7.4 行列の合同変換

非対称 MDS にかかわる重要な行列の変換に、**合同変換** (congruent transformation) の概念がある。2つの正方行列 A と B の合同性の定義と、それに続くエルミート行列に合同な行列としての一種の正準形は、つぎのとおりである（例えば、Lancaster & Tismenetsky, 1985）：

定義 2.7.2 （行列の合同性）2つの正方行列 A と B は、もし

$$A = PBP^*, \tag{2.101}$$

なる非正則行列 P が存在するならば、**合同的** (congruent) と呼ばれる。ここで、P^* は、行列 P の共役転置行列 $\bar{P}^t$ を表すものとする。

ここで、うえの式から、もし行列 A が**エルミート的** (Hermitian) であれば、A の**等積類** (equivalent class) のすべての行列は、エルミート的である。

つぎの定理は、エルミート行列には、とりわけ単純な**正準行列** (canonical matrix) が存在することを示しており、さらにこの定理は、非対称 MDS

の基本定理として既に 1.4.2 節で紹介した千野・白岩の定理に深くかかわる：

定理 2.7.5 （エルミート行列の正準形）
エルミート行列 H は、つぎの行列 D_0 と合同 (congruent) である：

$$D_0 = \begin{pmatrix} I_s & O & O \\ O & -I_{r-s} & O \\ O & O & O_{n-r} \end{pmatrix}, \quad (2.102)$$

ここで、r は行列 H の次数、すなわち $r = \mathrm{rank}\, H$ であり、s は多重度を考慮した行列 H の正の固有値数である。また、行列 D_0 は、合同性に関する行列 H の正準形と呼ばれる。

系 2.7.1 （エルミート行列の正定符号性）
エルミート行列 H は、もしそれが恒等行列と合同的であれば、正定符号である。

系 2.7.2 （エルミート行列の正の半定符号性）
階数 r のエルミート行列 H は、もしそれがつぎの行列と合同的であれば、正の半定符号である：

$$H = \begin{pmatrix} I_r & O \\ O & O_{n-r} \end{pmatrix}, \quad (2.103)$$

2.7.5 固有値問題と微分方程式の特異点

2.7.1 節や 2.7.2 節では、固有値問題の定義や初等的基礎知識を紹介した。第 1 章で述べたように、対称 MDS や非対称 MDS では、観測される（非）類似度判断データから複数の対象を何らかの距離空間に埋め込むことが要求され、データの持つ距離空間構造は対称もしくは非対称正方行列を何らかの手順で変換した行列の固有値の構造を検討することにより、少なくとも原理的には当該距離空間の構造的特徴を同定できる。

2.7. 固有値問題・特異値分解

このように、MDS では行列の固有値問題が基本的な役割を果たすが、対称・非対称 MDS における行列の固有値問題の役割は、対象の距離空間への埋め込みに限定されるわけではない。われわれが、縦断的ソシオマトリックスのような特別な 2 相 3 元データを手にしたとき、各時点の対象の布置は当然のことながら、変化していく。このような現象を、モデル化する 1 つの方法は、第 3 章の 3.15 節で紹介する力学系モデル、より具体的には微分・差分方程式モデルをデータにフィットさせることである。

この場合、多次元空間内の各対象の動きは微分方程式ないし差分方程式の解軌道によって記述されるが、そのような解軌道の特徴もまた方程式に特有の行列の固有値・固有ベクトルの構造によって決まるのである。より詳しい内容については、第 3 章 3.15.1 節及び 3.15.2 を参照されたい。また、その応用例の 1 つは、第 5 章 5.10 節を参照されたい。

2.7.6 特異値問題

非対称 MDS のモデル構成では、固有値問題ではなく、時々特異値問題を利用する場合がある。例えば、第 4 章 4.4.2 節でふれた Gower (1977) による Gower ダイアグラムでは、非対称関係データの歪対称部を特異値問題を解くことにより、導出している。もっとも、この方法により得られる対象の布置は、シンプレクティック構造というユークリッド構造と似て非なる構造を持ち、本書では「最も狭義の非対称 MDS」には含めていない。

また、A. Okada (2012) は最近、非対称関係データ行列自身を直接特異値問題により解き、興味深い解釈を行うモデルを提案している。

いずれにせよ、ここでは、特異値問題の定理を 2 つ紹介する。まず、1 つは、階数 k の $m \times n$ 実矩形行列の特異値分解についての定理である (例えば、Lawson & Hanson, 1974)：

定理 2.7.6 (実矩形行列の特異値分解)

行列 A は、階数 k の $m \times n$ 実矩形行列とする。このとき、以下のような $m \times m$ 直交行列 U、$n \times n$ 直交行列 V、及び $m \times n$ 対角行列 S が存在する：

$$U^t A V = S, \quad A = U S V^t. \tag{2.104}$$

ここで、行列 S の対角要素は非増加的に並べることができる。また、これらの要素はすべて非負であり、それらのうちの k 個は厳密に正である。

特異値分解は、対称非負行列 $A^t A$ 及び AA^t の固有値分解により得られる。他方は、階数 k の $m \times n$ 複素矩形行列の特異値分解についての定理である (例えば、Lancaster & Tismenetsky, 1985)：

定理 2.7.7 （複素矩形行列の特異値分解）

行列 A は、階数 k の $m \times n$ 複素矩形行列とする。また、$s_1, s_2, \cdots, s_k$ は A の特異値とする。このとき、以下のような $m \times m$ ユニタリ行列 U、$n \times n$ ユニタリ行列 V、及び $m \times n$ 行列 D が存在する：

$$A = UDV^*. \qquad (2.105)$$

ここで、行列 D はその (i,i) 要素が s_i $(i = 1, \cdots, k)$ であり、それ以外はゼロである。

この場合特異値分解は、対称非負行列 $A^* A$ 及び AA^* の固有値分解により得られる。

第3章 数学的基礎 II

この章では、読者が非対称 MDS を理解するために必要な周辺的な定義や基礎知識について解説する。それらは、統計量の持つべき性質、分布と確率、統計的過誤と統計的独立性、最尤法、ベイズ推定法、分割表の検定、微分・積分、目的関数の最適化、テンソル、情報量基準、微分・差分方程式などの定義や基礎知識である。

3.1 事象、確率、と標本空間・母数空間

3.1.1 事象・余事象

統計学では、実験や観測結果のことを**事象** (event) と呼ぶ。例えば、さいころを投げると、1 から 6 の目のいずれかが出るが、それぞれは 1 つの事象である。事象 E に対して、E が起こらないという事象を E の**余事象** (complementary event) と呼ぶ。「2 つの事象 E_1 と E_2 が同時に起こる」という事象は $E_1 \cap E_2$ と表される。これに対して、「2 つの事象 E_1 と E_2 のいずれかが起こる」という事象は、$E_1 \cup E_2$ と表される。また、同時に 2 つの事象 E_1 と E_2 が起こることが決してない時、両者は**排反的** (exclusive) と呼ばれる。また、「事象 E_1 が起これば必ず事象 E_2 も起こる」ということを、$E_1 \subset E_2$ と書く。この時、集合論では E_1 は E_2 の**部分集合** (subset) であるという。

3.1.2 確率、標本空間・母数空間、と確率変数

大ざっぱには、ある事象 E が起こる確からしさのことを**確率** (probability) と呼び、$P(E)$ と書くことにする。例えば、さいころが理想的に作られていれば、1から6の目の出る事象を $E_1, E_2, \cdots, E_6$ とすれば、

$$P(E_1) = P(E_2) = \cdots = P(E_6), \tag{3.1}$$

である。

ここで、一般に起こりうるすべての異なる数の集合から成る事象を**標本空間** (sample space) と呼ぶことがある。さいころの場合、それは 1, 2, 3, 4, 5, 6 である。これを Ω と表せば、一般に $P(\Omega) = 1$ である。

これに対して、任意の統計的(確率)モデルの仮定するすべての母数の可能な値の集合は、**母数空間** (parameter space) と呼ばれる。例えば、よく知られた誤差分布の1つである正規分布の形を決める母数は平均 μ と標準偏差 σ であるが、(μ, σ) は2次元の母数空間 $(-\infty < \mu < \infty, \sigma \geq 0)$ を構成する。

確率をより正確に定義すると、つぎのようになる(例えば、竹内, 1989):

定義 3.1.1 (確率)

1. 2つの事象 E_1、E_2 を考えたとき、$E_1 \cap E_2$、$E_1 \cup E_2$ もまた事象である。事象が無限個あれば、$E_1 \cup E_2 \cup \cdots$ もまた事象である。

2. 起こりうるすべての異なる数の集合からから成る事象 Ω も考える。

3. 各事象 E には、確率 $P(E)$ が対応しており、つぎの条件を満足する:

    (a) $P(\Omega) = 1$,

    (b) $P(E) \geq 0$,

    (c) $E_1, E_2, \cdots$ が排反事象ならば、$P(E_1 \cup E_2 \cup \cdots) = P(E_1) + P(E_2) + \cdots$.

3.1. 事象、確率、と標本空間・母数空間　　　　　　　　　　　　85

一般に、標本空間 Ω は、さいころのような整数値を取る場合と、実数値を取る場合がある。

このようにして定義される確率は、標本空間またはその部分集合に対して定義できるので、一種の変数（変量）とみなすことができる。つまり、確率を標本空間の部分集合の関数とみなす時、われわれはこれを**確率変数** (random variable) と呼ぶ。

3.1.3　条件付確率と事象の独立性

一般に 2 つの事象 E_1、E_2 に対して、

$$P(E_1 \cap E_2) = P(E_1)P(E_2|E_1), \tag{3.2}$$

が成り立つ。したがって、

$$P(E_2|E_1) = \frac{P(E_1 \cap E_2)}{P(E_1)}. \tag{3.3}$$

この式での $P(E_2|E_1)$ は、E_1 のもとで E_2 の生起する**条件付確率** (conditional probability) と呼ばれる。

(3.2) 式、及び (3.3) 式の E_1 と E_2 を交換すると、次の式が得られる：

$$P(E_1 \cap E_2) = P(E_2)P(E_1|E_2), \tag{3.4}$$

が成り立つ。したがって、

$$P(E_1|E_2) = \frac{P(E_1 \cap E_2)}{P(E_2)}. \tag{3.5}$$

ここで、もし例えば (3.2) 式の $P(E_2|E_1)$ が $P(E_2)$ に等しければ、

$$P(E_1 \cap E_2) = P(E_1)P(E_2), \tag{3.6}$$

が成り立つ。この時、2 つの事象は**独立** (independent) という。

3.1.4 度数分布、母集団分布、標本分布

われわれが手にする (観測する) データは、それらが 1 変量であれ多変量であれ、観測対象となる数値の集まり (これを、統計学では**母集団** (population) と呼ぶ) の中から抽出される。ここで、対象となる母集団の数値の数が有限である場合、**有限母集団** (finite population)、無限である場合、**無限母集団** (infinite population) と呼ばれる。また、抽出された N 個のデータは、サイズ (大きさ) N の**標本** (sample) と呼ばれる。

標本抽出の仕方についての 2 つの重要な概念に、復元・非復元、及び作為・無作為がある。前者は、サイズ N の標本を選ぶに際して、一度抽出した個体を戻すかどうかで、戻さない抽出法を**非復元抽出** (sample without replacement)、戻した後再度抽出する方法を**復元抽出** (sample with replacement) とそれぞれ呼ぶ。後者は、標本抽出を作為的に行うかどうかで、統計学の理論は**無作為抽出** (random sampling) による**無作為標本** (random sample) を前提にする。

さて、母集団での数値の集まりの特徴を見るためには、それらの値のそれぞれを取る度数なり確率がどれだけあるかがわかればよい。それぞれの数値を横軸に取り、対応する度数なり確率を縦軸にして、数値のばらつき具合を示したものは、**母集団分布** (population distribution) と呼ばれる。

有限母集団であれば、時間と費用をいとわなければ全数抽出すれば母集団分布は正確に得られるが、多くの場合それは不可能で、母集団から適当なサイズの標本を抽出し、それについての分布を描き母集団分布の特徴を推論する。いずれにせよ、サイズ N の標本における数値を横軸に、度数を縦軸に取って、数値のばらつき具合を示したものを、**度数分布** (frequency distribution) と呼び、通常母集団分布と区別する。

最後に、統計学ではこれらの他に、**標本分布** (sampling distribution) なる概念も用いる。例えば、ある母集団からのサイズ N の標本を 1 つ得たとする。また、その平均値を $\bar{x}$ とする。この $\bar{x}$ は、異なる標本では一般に異なる値を取る。つまり $\bar{x}$ は標本を変えると、同一母集団からからの標本であるにもかかわらずいろいろな値を取る、すなわちある分布を持つことになる。通常標本平均は定数と考えるが、上の意味では定数ではなく確率変数とも考えることができる。そこでそのような場合、われわれは $\bar{X}$

3.1. 事象、確率、と標本空間・母数空間　　　　　　　　　　　87

と書き、$\bar{x}$ と区別する。一般に、$\bar{x}$ のように標本から作られる量を**統計量** (statistic) と呼ぶ。また、その分布は標本分布と呼ばれ、上述の度数分布や母集団分布と区別する。

3.1.5 確率密度と分布関数

　如何なる確率変数 X の分布も、分布が離散的であれ連続的であれ、標本空間の各要素に対する確率が特定できれば決まる。そこで、これを

$$P(X = x) = f(x), \tag{3.7}$$

と書くものとする。この式の $f(x)$ を確率変数が離散型の時には単に**確率関数** (probability function) と、連続型の時には確率変数 X の**確率密度関数** (probability density function) と呼ぶ。確率密度関数は、**確率密度** (probability density) あるいは単に**密度** (density) と呼ばれることもある。

　一方、X が離散型か連続型かにより、

$$P(X \leq x) = \sum_{y \leq x} f(y) = F(x), \tag{3.8}$$

あるいは

$$P(X \leq x) = \int_{-\infty}^{x} f(y)\,dy = F(x), \tag{3.9}$$

なる関数を、**累積分布関数** (cumulative distribution function) もしくは単に**分布関数** (distribution function) と呼ぶ。例えば、連続分布の１つとしてよく知られた**正規分布** (normal distribution) の確率密度（または密度関数）、及び分布関数は、それぞれつぎのように書ける。ここで、正規分布の形を決める母数である平均値と分散は、それぞれ μ 及び σ^2 であるとする：

$$f(x) = \frac{1}{\sqrt{2\pi}\sigma} \exp\left\{-\frac{(x-\mu)^2}{2\sigma^2}\right\}, \tag{3.10}$$

$$\varphi(x) = \frac{1}{\sqrt{2\pi}\sigma} \int_{-\infty}^{x} \exp\left\{-\frac{(y-\mu)^2}{2\sigma^2}\right\} dy. \tag{3.11}$$

3.1.6 確率変数の期待値と分散

確率変数 X の分布の特徴を表すための最も基本的な指標に、**期待値** (expectation) 及び**分散** (variance) がある。前者の期待値は平均値とも呼ばれ、X が離散型か連続型かにより、それぞれ

$$E(X) = \sum_i x_i f(x_i), \tag{3.12}$$

あるいは

$$E(X) = \int_{-\infty}^{\infty} x f(x) dx, \tag{3.13}$$

と定義される。

期待値については、つぎのような性質がある：

定理 3.1.1 （期待値の性質）

1. n 個の確率変数 $X_1, X_2, \cdots, X_n$ に対して、

$$E(X_1 + X_2 + \cdots + X_n) = E(X_1) + E(X_2) + \cdots E(X_n), \tag{3.14}$$

2. 定数 a 及び b に対して、

$$E(aX + b) = a E(X) + b, \tag{3.15}$$

3. もし、X と Y が独立ならば、

$$E(XY) = E(X)E(Y). \tag{3.16}$$

これに対して後者の分散は、X が離散型か連続型かにより、つぎのように定義される。ここで、$E(X) = \mu$ とする：

$$V(X) = E((X - E(X))^2) = \sum_i (x_i - \mu)^2 f(x_i), \tag{3.17}$$

あるいは

$$V(X) = E((X - E(X))^2) = \int_{-\infty}^{\infty} (x - \mu)^2 f(x)\, dx. \tag{3.18}$$

分散については、つぎのような性質がある：

定理 3.1.2 （分散の性質）

1. 定数 a 及び b に対して、

$$V(aX + b) = a^2 V(X), \tag{3.19}$$

2. もし、n 個の確率変数 $X_1, X_2, \cdots, X_n$ が独立ならば、

$$V(X_1 + X_2 + \cdots + X_n) = V(X_1) + V(X_2) + \cdots V(X_n), \tag{3.20}$$

3. n 個の確率変数 $X_1, X_2, \cdots, X_n$ に対して、

$$P(|X - E(X)| > \epsilon) \leq \frac{V(X)}{\epsilon^2}. \tag{3.21}$$

ここで、最後の不等式は、**チェビシェフの不等式** (Chebyshev's inequality) と呼ばれる。

3.2 推定量とその性質

この節では、Kendall and Stuart (1973) に従い、推定量とその性質についてまとめる。

3.2.1 母数と推定量

われわれが何らかの統計的モデルを考えるとき、それを特徴づける未知数（母数）のことを、統計学ではすべて母数 (parameter) と呼ぶ。母数は

3.1.4 節における何らかの理論分布のそれであることもあるし、3.1.2 節で既にふれた何らかの統計的モデルの未知数であることもある。

いずれにせよ、統計学の基本的な課題は**観測値** (observation) としての標本を手にしたとき、それを用いて標本が得られた母集団における未知の母数を推定したり、母数についての何らかの帰無仮説が正しいかどうかを検討したりすることである。後者は、検定の問題となる。

一般に、このような課題における標本から作られる量（関数）のことを統計量と呼ぶことは、既に 3.1.4 節で述べた。そこで述べた $\bar{X}$ をここでは s と書くものとする。もちろん、

$$s = \bar{X} = \frac{1}{N} \sum_{i=1}^{N} X_i, \tag{3.22}$$

であり、s は 1 つの統計量である。

さて、確率変数 X が平均 θ、で分散 σ^2 に従うとすれば、互いに独立なサイズ N の標本に対する確率変数の平均値 s は、

$$E(s) = E(\bar{X}) = \theta, \quad V(s) = V(\bar{X}) = \frac{1}{N} \sigma^2, \tag{3.23}$$

なる正規分布に従うので、母平均 θ の**推定値** (estimate) として $\bar{X}$ の実現値 $\bar{x}$ を用いることは、1 つの合理的な方法と言える。

ここで、一般に s のような統計量が推定のために用いられる時、これを**推定量** (estimator) と呼ぶ。また、一般に何らかの母数をうえのような1 つの値で推定する方法を、**点推定** (point estimation) と呼ぶ。

これに対して、母数をある区間に入る確率の言葉で推定する方法を**区間推定** (interval estimation) と呼ぶ。

3.2.2 推定量の持つべき性質

標本にもとづき母数 θ の推定を行う場合、θ の推定量がどのような性質を持つことが望ましいであろうか。これについては、従来から数理統計学の分野では幾つかの特性が提案されてきた。1 つは、推定量またはその期待値と、その母数との一致・不一致に関する特性である。2 つ目は、推定

3.2. 推定量とその性質

量の**精度** (precision) とりわけ、推定量の**ばらつき** (dispersion) に関するものである。3つ目は、推定量の持つ情報量に関するものである。4つ目は、推定量の、母数からのばらつきに関するものである。

第1の性質には、**一致性** (consistency) と**不偏性** (unbiasedness) の2つがある。前者は、推定量の値が**漸近的に** (asymptotically) (すなわちサンプル数が無限大になった時に) 母数 θ に一致するかどうか、という性質である。これに対して、後者は、有限のサンプル数の場合、すなわち**正確に** (exactly) 推定量の期待値が母数に一致するかどうかという性質である。

第2の性質についても、**最小分散** (minimum variance、略して MV) 性に、2種類がある。1つは、推定量の漸近的な最小分散性で、他方は有限サンプルの場合のそれ (この場合には、さらに、MV の場合と**最小分散限界** (minimum variance bound、略して MVB の場合がある) である。漸近的な MV は古典的、有限サンプルの場合は近代的な意味での**有効性** (efficiency) の定義である。

第3の性質は、推定量の持つ情報の多さに関するもので、**充足性**とか**十分性** (sufficiency) と呼ばれる。

第4の性質は、推定量の、母数からのばらつきの小ささであり、**最小平均平方誤差** (minimum mean-square-error) である。

3.2.3 一致性と不偏性

推定量 s の値が漸近的に母数 θ に等しい、すなわち**確率的に** (θ に) **収束する** (converge in probability or stochastically) ケースには2通りある。このことから、一致性にも2通り考えられている。すなわち、1つは**弱い意味での一致性** (consistency in the weak sense) で、

定義 3.2.1 (弱い意味での一致性)

任意の $\epsilon > 0$ に対して、サンプル数 $N \to \infty$ の時、

$$P(|s - \theta| \geq \epsilon) = 0. \tag{3.24}$$

もう1つは、**強い意味での一致性** (consistency in the strong sense) で、

定義 3.2.2 （強い意味での一致性）

$$P(N \to \infty \text{ の時}、s \to \theta) = 1. \tag{3.25}$$

いずれの場合も、一致性を持つ推定量は、**一致推定量** (consistent estimator) と呼ばれる。

例えば、(3.21) 式のチェビシェフの不等式を推定量 $\bar{X}$ に対して適用すると、

$$P(|\bar{X} - \theta| > \epsilon) \leq \frac{\sigma^2}{n\epsilon^2}. \tag{3.26}$$

が得られるので、$n \to \infty$ の時 $\sigma^2/(n\epsilon^2) \to 0$ となり、したがって $s = \bar{X}$ は母平均の一致推定量である。

しかし、一般にある s が一致推定量でも、簡単な変換、例えば、$\frac{n-c_1}{n-c_2} s$ もまた一致推定量にできる。ここで、c_1, c_2 は定数とする。そこで、一致推定量と異なり、有限のサンプル数でも言及できる推定量の望ましい特性を考案する必要がある。

定義 3.2.3 （不偏推定量）

一般に、推定量 s の期待値が母数 θ に等しいとき、この推定量は不偏性を持つといい、そのような推定量は、**不偏推定量** (unbiased estimator) と呼ばれる。正確には：

$$E(s) = \theta. \tag{3.27}$$

ならば、s は母数 θ の不偏推定量であるという。

3.2.4 有効性と最小分散性

推定量 s の精度は、しばしばその分散

$$V(s) = E[s - E(s)]^2, \tag{3.28}$$

で表される。推定量の多くは、中心極限定理により、漸近的には正規分布になるので、$n \to \infty$ の時、分布は平均と分散の 2 つの母数により決まる。ここで、中心極限定理については、本書での範囲を超えるのでふれないが、例えば柴田 (1981) が詳しい。

3.2. 推定量とその性質

 古典的には、漸近的に最小分散になるような推定量は、有効性があるといい、そのような推定量を**有効推定量** (efficient estimator) と呼ぶ。

 いずれにせよ、古典的有効性が推定量の漸近的特性に関するものであるのに対して、有限のサンプルの場合にも推定量 s の分散、すなわち精度に最小値が存在することがわかったのは、比較的新しい。

 Rao (1945) や Cramér (1946) により証明された**クラメール・ラオの不等式** (Cramér-Rao inequality)

$$V(s) = E[s - E(s)]^2 \geq [\partial \tau(\theta)/\partial \theta]^2 / \left\{ \left(\frac{\partial \ln L}{\partial \theta} \right)^2 \right\}, \tag{3.29}$$

は、推定量 s が母数 θ の関数 $\tau(\theta)$ の不偏推定量である場合に、推定量の最小分散限界 MVB を与える。

 ここで、(3.29) 式の L は、互いに独立で同一な分布に従う (independent and identically distributed, 略して i.i.d.) 母集団からの標本 $x_1, x_2, \cdots, x_N$ の尤度関数で、母数 θ のもとでの $x_1, x_2, \cdots, x_N$ の密度を $f(x_1/\theta), f(x_2/\theta), \cdots, f(x_N/\theta)$ とすれば、のちの 3.4 節の データの尤度として表せる。また、$\tau(\theta)$ は、推定量 s の期待値すなわち、

$$\tau(\theta) = \int \int \cdots \int sL \, dx_1 dx_2 \cdots dx_N = E(s), \tag{3.30}$$

である。

 (3.29) 式は、**正則条件** (regularity conditions) と呼ばれるかなり一般的な条件下で成り立つことがわかっている。この条件下では

$$E\left\{ \left(\frac{\partial \ln L}{\partial \theta} \right)^2 \right\} = -E\left(\frac{\partial^2 \ln L}{\partial \theta^2} \right), \tag{3.31}$$

が成り立つので、(3.29) 式は

$$V(s) \geq -[\partial \tau(\theta)/\partial \theta]^2 / E\left(\frac{\partial^2 \ln L}{\partial \theta^2} \right), \tag{3.32}$$

とも書ける。

(3.29) 式の特別な場合は、$\tau(\theta) = \theta$ すなわち推定量 s が θ の不偏推定量の場合で、この時には、

$$V(s) \geq \frac{1}{E\left\{\left(\frac{\partial \ln L}{\partial \theta}\right)^2\right\}} = I^{-1}(\theta), \tag{3.33}$$

が成り立つ。ここで、

$$I(\theta) = E\left\{\left(\frac{\partial \ln L}{\partial \theta}\right)^2\right\}, \tag{3.34}$$

は、標本における**情報量** (amount of information) と呼ばれる。この式から明らかなように、推定量 s の最小分散限界は標本における情報量が増えると、小さくなる。

MVB は、常に存在するとは限らないが、それより大きい最小分散 MV を持つ推定量は存在し、一意的に定まることがわかっている。この MV **推定量** (minimum variance estimator) は、近代的な意味での有効推定量と言える。詳細については、Kendall and Stuart (1973) を参照されたい。

3.2.5 充足性（十分性）

これまで述べてきた推定量の持つべき特性とは異なり、推定量の持つ情報量に関する特性が充足性（十分性）の概念である。正確には、

定義 3.2.4 （充足性）
 推定量 s は、母数 θ について、サンプルのすべての情報を含むとき、充足性（十分性）がある、

という。また、そのような特性を持つ推定量は、**充足（十分）推定量** (sufficient estimator) と呼ばれる。

一般に、ある推定量が充足（十分）推定量であるかどうかの判定には、つぎの**分解基準** (factorization criterion) もしくは**ネイマン基準** (Neyman criterion) を用いる：

3.2. 推定量とその性質

定義 3.2.5 （ネイマン基準）

$$f(x_1, x_2, \cdots, x_N/\theta) = L(x_1, x_2, \cdots, x_N/\theta) = g(s/\theta)\, h(x_1, x_2, \cdots, x_N). \tag{3.35}$$

つまり、この定義からは、ある推定量 s は、もし母数 θ のもとでの N 個の標本の同時確率、すなわちデータの尤度が当該母数のもとでの推定量 s の関数と、母数とは関係のないデータのみの関数の積に分解できるとき、充足性を持つ、といえる。

つぎの**同時充足（十分）性** (joint sufficiency) の定義は、うえの充足性（十分性）の定義を多変量・多次元の場合に拡張したものである：

定義 3.2.6 （同時充足（十分）性）

$\boldsymbol{x}$ を p 次元ベクトルとする標本 $\boldsymbol{x}_1, \cdots, \boldsymbol{x}_N$ に対して、$\boldsymbol{t}$ を s 次元統計量（ベクトル）、$\boldsymbol{\theta}$ を k 次元母数ベクトルとして、$\boldsymbol{\theta}$ のもとでの標本の尤度 $L(\boldsymbol{x}_1, \cdots, \boldsymbol{x}_N/\boldsymbol{\theta})$ が、

$$L(\boldsymbol{x}_1, \cdots, \boldsymbol{x}_N/\boldsymbol{\theta}) = g(\boldsymbol{t}/\boldsymbol{\theta})\, h(\boldsymbol{x}_1, \cdots, \boldsymbol{x}_N). \tag{3.36}$$

を満たすとき、$\boldsymbol{t}$ の s 個の要素は、$\boldsymbol{\theta}$ の一組の**同時充足（十分）統計量** (set of jointly sufficient statistics) と呼ばれる。

同時充足性の定義からは、例えば、$t_1 = x_1, \cdots, t_N = x_N$ は、母数 θ の充足統計量である。しかし、節約の原理からは、そのような統計量の数は少ない程よい。この考えに沿う概念が、つぎの**最小充足統計量** (minimal sufficient statistic) である (Kendall & Stuart, 1973)：

定義 3.2.7 （最小充足性）

統計量ベクトルは、もし分布の母数に対する充足性を持つ統計量の他のすべてのベクトルの単一値関数であるならば、**最小充足な** (minimal sufficient)、と呼ばれる。

3.2.6 同時充足性のための条件

前節で述べた統計量の同時充足性は、どのような条件下で成り立つのであろうか。また、最尤推定量と充足性の間には、どのような関係があるのであろうか。以下に、それらにかかわる定理や性質の幾つかにふれる。

最初に、同時充足性についての Darmois (1935)、Pitman (1936)、Koopman (1936) による2つの定理を紹介し、つぎに同時充足性についての5つの性質を紹介する：

定理 3.2.1 (*Darmois-Pitman-Koopman-1*)

充足統計量が存在するための必要条件は、母数 θ のもとでの変量 X の分布が**指数族分布** (exponential distribution)、

$$f(x/\theta) = \exp\{A(\theta)B(x) + C(x) + D(\theta)\}, \tag{3.37}$$

に従うことである。

上の定理を k 個の母数に対する k 個の充足統計量の組の場合に拡張したのがつぎの定理である：

定理 3.2.2 (*Darmois-Pitman-Koopman-2*)

充足統計量が存在するための必要条件は、母数 $\boldsymbol{\theta}$ のもとでの変量 X の分布がつぎの分布、

$$f(x/\boldsymbol{\theta}) = \exp\left\{\sum_{j=1}^{k} A_j(\boldsymbol{\theta})B_j(x) + C(x) + D(\boldsymbol{\theta})\right\}, \tag{3.38}$$

に従うことである。

つぎに、充足統計量に関する基本的な5つの性質を紹介する（例えば、Kendall & Stuart, 1973）：

性質1. 母数 $\boldsymbol{\theta}$ に対する $\boldsymbol{t}$ の同時充足性は、必ずしも $\boldsymbol{t}$ の要素、すなわち、個々の統計量 t_i, $i = 1,\cdots,s$ が対応する θ_i に対して充足性を持つとは限らない。

性質 2. 個々の統計量 t_i がすべて充足性を持っていても、t が同時充足性を持つとは限らない。

性質 3. もし母数 θ に対する単一充足統計量が存在するならば、θ の最尤推定量はその関数でなければならない。

性質 4. もし、母数 $\theta_1,\cdots,\theta_k$ に対する同時充足性を持つ s 個の統計量 $t_1,\cdots,t_s$ の組が存在するならば、これらの母数の最尤推定量 $\hat{\theta}_1,\cdots,\hat{\theta}_k$ は、それらの充足統計量の関数でなければならない。

性質 5. 最尤推定量は充足統計量の組の一対一関数である必要はなく、それ故に必ずしもそれら自身が充足統計量の組である必要はない。

3.3　線形モデルと最小2乗法

統計的モデルの母数の推定法のうち、歴史的に最も古い方法が、モデルとデータの誤差を最小化することにより母数を推定する**最小2乗法** (least squares method) であり、それによる母数の推定量は、**最小2乗推定量** (least squares estimator, 略して **LS 推定量**) と呼ばれる。

3.3.1　古典的線形モデル

古典的線形モデル (classical linear model) は、つぎのように表される：

定義 3.3.1　（古典的線形モデル）

$$y = X\beta + \varepsilon. \tag{3.39}$$

ここで、$y = (y_1, y_2, \ldots, y_N)^t$ は N 次の基準変数（従属変数）ベクトル、$X = \{x_{ij}\}$ は $N \times p$ 説明ないし予測変数（独立変数）行列、$\beta = (\beta_1, \beta_2, \ldots, \beta_p)^t$ は p 次の重みベクトル、$\varepsilon = (\varepsilon_1, \varepsilon_2, \ldots, \varepsilon_N)^t$ は N 次の誤差ベクトルとする。

McCullagh and Nelder (1989) によれば、(3.39) 式の古典的線型モデルは、Legendre (1805) が提案したものである。この式の未知ベクトル β に対する**最小二乗推定値** (least squares estimates) は、$\varepsilon^t \varepsilon \to min$ なる $\beta = \hat{\beta}$ である。

なお、$\varepsilon^t \varepsilon$ を最小にするような β は、誤差平方和

$$SSE = (y - X\beta)^t(y - X\beta) \qquad (3.40)$$

を β で微分してゼロと置くことにより、**正規方程式** (normal equation)

$$X^t X \beta = X^t y, \qquad (3.41)$$

が導かれる。

(3.39) 式のモデルでは、

$$E(\varepsilon) = 0, \; Cov(\varepsilon) = \sigma^2 I \qquad (3.42)$$

でもあり、β の LS 推定量 $\hat{\beta}$ は、正規方程式における行列 $X^t X$ が正則 (nonsingular) の時、

$$\hat{\beta} = (X^t X)^{-1} X^t y. \qquad (3.43)$$

である。

Gauss (1809/1857) は、誤差項 ε に対して、正規性及び一定分散 σ^2、すなわち

$$\varepsilon \sim N(0, \; \sigma^2 I) \qquad (3.44)$$

を導入した (McCullagh & Nelder, 1989)。

しかし、その後 Gauss (1823) は、誤差項 ε の正規性の仮定を破棄し、一定分散 σ^2 の仮定のみで $\hat{\beta}$ は、MV (minimum variance) unbiassed (いわゆる BLUE、best linear unbiassed estimator) であることを証明した (同上、1989)。

なお、LS estimator は、一般には必ずしも不偏性を持たないが、小サンプルの場合でも、1) linear model、2) constant variance about (possibly differing) mean、3) uncorrelated observation の条件下では、MV unbiassed。また、この時、ε の正規性は不要である (Kendall & Stuart, 1973, Vol.2)。

3.3. 線形モデルと最小 2 乗法

さらに、$\hat{\boldsymbol{\beta}}$ のみでなく、$\hat{\boldsymbol{\beta}}$ の任意の線形関数の LS estimator も MV unbiassed であり、誤差項 $\boldsymbol{\varepsilon}$ の正規性が成り立てば、LS 推定量は ML 推定量と一致し、それにより**最小十分性** (minimal sufficiency) を持つ (同上、1973, Vol.2)。

また、LS estimator $\hat{\boldsymbol{\beta}}$ は、$\boldsymbol{\beta}$ の線形推定量に対する**一般化分散** (generalized variance) を最小にする (Aitken, 1948)。また、この結果は ML 推定量の場合は、漸近的にしか成り立たないが、LS 推定量の場合には、exact、つまり有限のサンプルで成り立つ (同上、1973, Vol.2)。なお、一般化分散とは、複数の変数の分散・共分散行列の行列式の値として定義される量である。

最後に、(3.39) 式では、定数項 β_0 は含まれないが、定数項を含むモデルは、スカラー表現では

$$y_i = \beta_0 + \beta_1 x_{i1} + \cdots + \beta_p x_{ip} + \varepsilon_i, \tag{3.45}$$

となる。

しかし、$\boldsymbol{\varepsilon}^t \boldsymbol{\varepsilon}$ を最小にするような $\boldsymbol{\beta}$ は、

$$\beta_0 = \bar{y} - \sum_{j=1}^{p} \beta_j \bar{x}_j, \tag{3.46}$$

と書けるので、

$$y_i - \bar{y} = \sum_{j=1}^{p} \beta_j (x_{ij} - \bar{x}_j) + \varepsilon_i, \tag{3.47}$$

と書ける。したがって、(3.39) 式の $\boldsymbol{y}$ 及び $\boldsymbol{X}$ の各列は、最初からそれぞれの変数の平均を引いてあると見なしてよい。

3.3.2 その他の線形モデル

Gauss-Markov モデル

Rao (1973) によれば、Markoff (1900/1912) は古典的線形モデルとは若干異なる線形モデルの提案をした。以下に、その定義を行う。

ちなみに、文献上では、マルコフの姓の表記に Markov と Markoff の2種類が使われておりわかりにくいが、マルコフはロシア人であり、正確な姓はロシア語で書かれるが、これをラテン表記すると Markov となり (Wikipedia)、この著書をドイツ語に訳した H. Hiebmann による表記は、Markoff となっている。たとえば、Rao は後者の表記を使ってマルコフを引用している:

定義 3.3.2 (*Markov*)

Gauss-Markov モデル (y, $X\beta$, $\sigma^2 I$)

$$y = X\beta + \varepsilon, \quad E(y) = X\beta, \ Cov(y) = \sigma^2 I. \tag{3.48}$$

ここで、β の LS 推定量、$\hat{\beta}$ ((3.43) 式) は、

$$E(\varepsilon) = 0 \to \hat{\beta} = \beta, \tag{3.49}$$

つまり不偏性を持ち、$Cov(\varepsilon) = \sigma^2 I$ (観測値間の相関なし) の仮定は不要であることに注意したい (Kendall & Stuart, 1973, Vol.2)。

一方、$\hat{\beta}$ の共分散行列は、

$$V(\hat{\beta}) = \sigma^2 (X^t X)^{-1}. \tag{3.50}$$

と表されるが、この結果には $E(\varepsilon) = 0$ 及び $Cov(\varepsilon) = \sigma^2 I$ なる2つの仮定が必要である (同上, 1973, Vol.2)。

また、$t = Ty$ が β の線形関数 $C\beta$ の不偏推定値 (すなわち $E(t) = C\beta$) ならば (この時、$C = TX$)、$Cov(t) = \sigma^2 TT^t$ であり、さらに

$$\hat{t} = C\hat{\beta} = C(X^t X)^{-1} X^t y, \tag{3.51}$$

は MV、を証明できる。つまり、$\hat{\beta}$ のみでなく、$\hat{\beta}$ の任意の線形関数の LS 推定量も MV. (同上、1973, Vol.2)。

最後に、σ^2 の不偏推定量 s^2 は、

$$s^2 = \frac{1}{N-p}(y - X\hat{\beta})^t (y - X\hat{\beta}). \tag{3.52}$$

(同上、1973, Vol.2, p.86)。

3.3. 線形モデルと最小2乗法

Aitken モデル

誤差項 ε に相関があり $(y, X\beta, \sigma^2 G)$、G が正則 (nonsingular) の場合が、つぎの Aitken (1935) のモデルである (Rao, 1973)：

定義 3.3.3 （*Aitken*）

$$y = X\beta + \varepsilon, \quad E(y) = X\beta, \ Cov(y) = \sigma^2 G, \ |G| \neq 0. \tag{3.53}$$

この時、$z = G^{-\frac{1}{2}} y$ なる線形変換により

$$E(z) = G^{-\frac{1}{2}} X\beta, \quad , Cov(z) = \sigma^2 I. \tag{3.54}$$

ここで、上式の G は既知の行列であり、この特殊形が共分散行列 Σ である。この場合、最小化すべき量 Q は、$\varepsilon^t \varepsilon = (y - X\beta)^t (y - X\beta)$ ではなく、

$$Q = (y - X\beta)^t G^{-1} (y - X\beta), \tag{3.55}$$

である。なぜならば、(3.53) 式の両辺に $G^{-\frac{1}{2}}$ を掛けると、$G^{-\frac{1}{2}}(y - X\beta) = G^{-\frac{1}{2}}\varepsilon$。ここで、$\left(G^{-\frac{1}{2}}\varepsilon\right)^t G^{-\frac{1}{2}}\varepsilon$ を計算すればよい。

上記モデルの正規方程式は、

$$X^t G^{-1} X\beta = X^t G^{-1} y, \tag{3.56}$$

となる。また、$X^t G^{-1} X$ が非正則ならば、

$$\hat{\beta} = (X^t G^{-1} X)^{-1} X^t G^{-1} y, \quad V(\hat{\beta}) = \sigma^2 (X^t G^{-1} X)^{-1}. \tag{3.57}$$

この場合、一般の y の線形変換 $t = Ty$ が β の線形関数 $C\beta$ の不偏推定値（すなわち $E(t) = C\beta$）ならば（この時、$C = TX$）、$Cov(t) = \sigma^2 TGT^t$ であり、さらに $\hat{t} = C\hat{\beta} = C(X^t G^{-1} X)^{-1} X^t G^{-1} y$ は MV である (Kendall & Stuart, 1973, Vol.2)。

もし、G が未知の場合には、観測値からその推定値 $\hat{G}$ を計算し、G の代わりに用いればよいが、その場合には上記 $\hat{t}$ の最適特性は必ずしも成り立たない (Rao, 1967)。この点に関しては幾つかの研究がある (Bement

& Williams, 1969; Chew, 1970; Rao, 1970) (Kendall & Stuart, 1973, Vol.2)。

$G = \Sigma$ の場合の LS 推定量は、**一般化最小 2 乗推定量** (generalized least squares estimator) と呼ばれる（例えば、竹内編、1989）。

従属変数が多変量の場合

線形モデルの従属変数が多変量の場合、**多変量線形モデル** (multivariate linear model) が知られている (Muirhead, 1982)：

定義 3.3.4 （多変量線形モデル）

$$Y = XB + E, \quad Y \sim N(XB, I_N \otimes \Sigma). \tag{3.58}$$

ここで、Y 及び E は N 行 m 列の確率（変数）行列 (random matrices)、X は N 行 p 列の既知行列、B は p 行 m 列の回帰係数行列である。また、rank$X = p$ で、$N \geq m + p$ とする。

3.4 ベイズの定理と最尤法

一般に、ある情報 H のもとで、ある言明 p が真の時、N 個の排反的言明 $q_1, q_2, \cdots, q_N$ のうちの q_r が真である確率は、どのようになるであろうか。この答えは、つぎのようになり、**ベイズの定理** (Bayes' theorem) と呼ばれる：

定理 3.4.1 （ベイズの定理）

$$P(q_r/p, H) = \frac{p(q_r/H)\, p(p/q_r, H)}{\sum_r p(q_r/H)\, p(p/q_r, H)} = \frac{p(q_r, p/H)}{\sum_r p(q_r, P/H)}. \tag{3.59}$$

ベイズの定理は、情報 H のもとで言明 p が真の時、N 個の排反的言明のうち q_r が真である確率は、q_r が真である確率に q_r が真の時に言明 p が真である確率を掛けたものに比例することを意味している。

3.4. ベイズの定理と最尤法

うえの (3.59) 式は、つぎのようにも書ける:

$$P(q_r/p, H) \propto p(q_r/H) \, L(p/q_r, H). \tag{3.60}$$

ここで、(3.60) 式の右辺の $L(p/q_r, H)$ は (3.59) 式の $p(p/q_r, H)$ をそのように書き直したにすぎない。

さて、ここで p を広義のデータとみなしてみよう。この時、(3.60) 式の左辺 $p(q_r/p, H)$ は、情報 H のもとでデータ p が与えられた時、N 個の排反的仮説 $q_1, q_2, \cdots, q_N$ のうちの q_r が真である確率で、**事後確率** (posterior probability) と呼ばれる。

一方、(3.60) 式の右辺の $p(q_r/H)$ は、データ p に無関係に、情報 H のもとで仮説 q_r が真である確率と考えられ、**事前確率** (prior probability) と呼ばれる。

最後に、(3.60) 式の $L(p/q_r, H)$ は、情報 H のもとで仮説 q_r が真の時、データ p を手にする確率であり、**尤度** (likelihood) と呼ばれる。

このように (3.60) 式を解釈すると、(3.59) 式の Bayes の定理は、つぎのようにも言える:

定理 3.4.2 (ベイズの定理)

事後確率は、事前確率と尤度の積に比例する。

3.4.1 ベイズの提案と最尤原理

事前確率が未知の場合の仮説選択の第 1 の方法は、**ベイズの提案** (Bayes' postulate)、または**不可知均等分布の原理** (principle of equidistribution of ignorance) と呼ばれ、統計的推論の理論の中で、最も大きな論点の 1 つである。

定義 3.4.1 (ベイズの提案)

複数の仮説の事前確率が共に未知の場合は、それらはすべて等しいとみなす。

これに対して、第 2 の方法はつぎの**最尤原理** (maximum likelihood principle) である:

定義 3.4.2 （最尤原理）

複数の仮説の事前確率が共に未知の場合は、尤度最大の仮説を選ぶ。

なお、ベイズの提案に対して、その後多くの代替方法の提案がなされている。これについては、のちの 3.8 節でふれる。

3.4.2 最尤原理と ML 推定量

一般に、サイズ N の標本 $x_1, x_2, \cdots, x_N$ から、それらが得られた母集団の特徴を表す未知数、すなわち母数 θ を特定する問題を考えてみよう。この場合、帰無仮説 $H_0 : \theta = \theta_{0r}$ は、(3.60) 式では、仮説 q_r にあたる。

もし、θ の事前確率、すなわち $p(\theta = \theta_{0r})$ が既知であれば、ベイズの定理を用いてすべての仮説 r 個のそれぞれの事後確率を計算し、データのもとで事後確率が最大になるような仮説 $(\theta = \theta_{0r}/H)$ を選べばよい。

しかし、一般には θ の事前確率は未知の場合が多い。このような時、(3.60) 式の尤度 $L(p/q_r, H)$、すなわち仮説 $H_0 : \theta = \theta_{0r}$ のもとでデータが得られる尤度を最大にする仮説を選ぶことにするのが、最尤原理のこの問題への適用である。

さて、情報 H のもとでは、θ を母数とする密度関数が $f(x/\theta)$ であることがあらかじめわかっているとする。この時、標本 $x_1, x_2, \cdots, x_N$ の得られる尤度は、データがうえの分布に従う母集団からの互いに独立な標本であるとすれば、

$$L(x_1, x_2, \cdots, x_N/\theta) = f(x_1/\theta)f(x_2/\theta)\cdots(x_N/\theta), \qquad (3.61)$$

と書ける。

(3.61) 式は、$x_1, x_2, \cdots, x_N$ の**同時分布** (joint distribution) を与えるもので、正確には**標本の尤度関数** (likelihood function of the sample)、略して**標本の LF** (LF of the sample) と呼ばれる。

最尤原理からは、θ の取りうる値の範囲（値域）で、LF を可能な限り大きくするような $\theta = \hat{\theta}$ を選ぶのがよいことになる。そのような $\theta = \hat{\theta}$ は、**最尤推定量** (maximum likelihood estimator) と呼ばれる。

3.4.3 最尤推定量の望ましい性質

前節で紹介した最尤推定量は、統計的に幾つかの望ましい性質を持っている。この節では、これらについて簡単に紹介する（例えば、Kendall & Stuart, 1973）：

性質1. 最尤推定量は、（非常に一般的な条件下で）一致性を持つ。

性質2. 最尤推定量は、正則条件下で漸近的に正規分布に従う。

性質3. 最尤推定量は、正則条件下で有効推定量である。

性質4. 最尤推定量 $\theta = \hat{\theta}$ は、充足統計量の関数である。

なお、性質3についてはより正確にはつぎの2つの定理がある：

定理 3.4.3 （単一最尤推定量の漸近正規性）

単一母数 θ の最尤推定量 $\hat{\theta}$ は、漸近的に平均 θ_t、分散 $I^{-1}(\theta_t)$ の正規分布に従う。すなわち、

$$\hat{\theta} \sim N(\theta_t, I^{-1}(\theta_t)). \tag{3.62}$$

ここで、

$$I^{-1}(\theta_t) = 1/R^2(\theta_t), \tag{3.63}$$

また、

$$I(\theta_t) = R^2(\theta_t) = -E\left\{\frac{\partial^2 \ln L}{\partial \theta^2}\right\}_{\theta=\theta_t} = E\left\{\frac{\partial \ln L}{\partial \theta}\right\}^2. \tag{3.64}$$

うえの定理を複数母数の場合に拡張したのが、つぎの定理（例えば、Wald, 1943）である：

定理 3.4.4 （同時最尤推定量の漸近正規性）

正則条件下では、一次独立な母数 $\boldsymbol{\theta}_t = (\theta_{t1}, \cdots, \theta_{tk})^t$ に対する同時最尤推定量 $\hat{\boldsymbol{\theta}} = (\hat{\theta}_1, \cdots, \hat{\theta}_k)^t$ は、漸近的に平均 $\boldsymbol{\theta}_t$、共分散行列 $\boldsymbol{I}^{-1}(\boldsymbol{\theta}_k)$ を持つ多変量正規分布となる。すなわち、

$$\hat{\boldsymbol{\theta}} \sim N(\boldsymbol{\theta}_t, \boldsymbol{I}^{-1}(\boldsymbol{\theta}_t)). \tag{3.65}$$

ここで、

$$I(\boldsymbol{\theta}_t) = E\left\{\frac{\partial \ln L(\boldsymbol{\theta})}{\partial \theta_r}\frac{\partial \ln L(\boldsymbol{\theta})}{\partial \theta_s}\right\}_{\boldsymbol{\theta}=\boldsymbol{\theta}_t}. \quad (3.66)$$

また、うえの性質1から3を満たすような推定量は、一般に**最良漸近正規推定量** (best asymptotically normal estimator、略して BAN 推定量) として知られている (例えば、Kendall & Stuart, 1973; Neyman, 1949)。

なお、最尤推定量にも弱点がないわけではない。よく知られた2つはつぎのものである。

性質1. 最尤推定量は、不偏性を持たない。

性質2. n 個の標本が必ずしも同一母集団分布からのものでない場合、最尤推定量は一致性を持たない。

ここで、性質2の特別なケースは、**ネイマン・スコット問題** (Neyman-Scott problem) として古くから知られている (Neyman and Scott, 1948)。

3.5 仮説検定と2種類の過誤

Kendall and Stuart (1973) によれば、一般に**科学的仮説** (scientific hypothesis) と呼ばれるものは、データに基づいてその真偽を検証するための言明である。この特別な場合を、われわれは**統計的仮説** (statistical hypothesis) と呼ぶ。

統計的仮説検定におけるデータは、何らかの母集団からのサイズ N の標本 $x_1, x_2, \cdots, x_N$ であり、これを1つのベクトル $\boldsymbol{x}$ と考える時、N 次元空間の点として表せる。したがって、この空間を標本空間と呼ぶ。この標本空間の定義は、3.1.2 節で述べたそれと若干異なるので、注意が必要である。

ベクトル $\boldsymbol{x}$ を確率変数とみなすと、それは一定の分布を持つ。したがって、われわれがもし標本空間の中のある領域 w を選ぶとすれば、標本点 $\boldsymbol{x}$ が w に入る確率 $P(\boldsymbol{x} \in w)$ を計算することができる。これに関する仮説が統計的仮説である。

3.5. 仮説検定と2種類の過誤

統計的仮説にはいろいろなものがある。1つは、分布の**母数** (parameter) に関するものであり、他方は分布の形に関するものである。前者は**パラメトリック仮説** (parametric hypothesis)、後者は**ノンパラメトリック仮説** (non-parametric hypothesis) と呼ばれる。

3.5.1 単純仮説と複合仮説

前節で述べたパラメトリック仮説にも、2種類を考えることができる。ここで、ある分布の母数を $\theta_1, \cdots, \theta_I$ と書くものとする。この母数の組 $(\theta_1, \cdots, \theta_I)$ は、母数空間を構成する。

ある仮説が、この母数空間のうちの k 個を指定するものとする。もし、$k = I$ ならば、その仮説は**単純仮説** (simple hypothesis) であると言い、もし、$k < I$ であれば、**複合仮説** (composite hypothesis) であると言う。

幾何学的には、もし仮説が母数空間内の点を指定するものならば単純仮説であり、**部分領域** (sub-region) を指定するものであれば複合仮説である。

3.5.2 棄却域と対立仮説

観測値に基づいて、ある仮説を検定するためには、われわれは標本空間を2つの領域に分けなければならない。もし、標本点 x がそれらのうちの1つ例えば w に落ちるならば、われわれは仮説を**棄却** (reject) する。これに対して、もし標本点 x が補領域 $W - w$ に落ちるならば、われわれは仮説を**採択** (accept) する。また、ここで w を検定の**棄却域** (critical region of the test) と呼び、領域 $W - w$ を**採択域** (acceptance region) と呼ぶ。また、検定される仮説を、**帰無仮説** (null hypothesis) と呼ぶ。

さて、帰無仮説のもとでの観測値の分布がわかれば、われわれは帰無仮説 H_0 を棄却する確率があらかじめ設定された値 α に等しいような領域 w を決めることができる。すなわち、

$$P(\boldsymbol{x} \in w / H_0) = \alpha. \tag{3.67}$$

この式の α を**有意水準** (level of significance) と呼ぶ。これを**検定のサイズ** (size of the test) と呼ぶこともある。

3.5.3　2種類の過誤と検出力

帰無仮説と対立仮説の議論からは、統計的検定に際して2種類の過誤 (error) が存在することがわかる。それらは、つぎの2つである。

1. 帰無仮説が正しい時に、それ（帰無仮説）を棄却する。
2. 対立仮説が正しい時に、それ（対立仮説）を棄却する（帰無仮説が間違っている時に、それ（帰無仮説）を採択する）。

これらの過誤を、それぞれ**第1種** (Type I) **の過誤** (error of the first kind)、**第2種** (Type II) **の過誤** (error of the second kind) と呼ぶ。

第1種の過誤の確率は、**有意水準** (level of significance) （または危険率）に等しい。第2種の過誤の確率を β と書くとして、$1-\beta$ を**検出力** (power of the test) と呼ぶ。統計的検定における帰無仮説は、多くの場合、何らかの母数間に差がないことを意味するので、検出力が高い（$1-\beta$ の値が大きい）検定とは、母数間に差がある時それを検出する確率の大きい検定である、と言える。

一般に、帰無仮説の検定に際して同じ有意水準を持つような棄却域のうち、いずれを選ぶかという時には、第2種の過誤の確率が最小、すなわち検出力が最大になるような棄却域が望ましいと言える。このような棄却域は、**最良棄却域** (best critical region 略して BCR) と呼ばれる。また、BCR に基づく検定は**最強力検定** (most powerful test, 略して MP 検定) と呼ばれる。

3.6　尤度比検定

一般に、サイズ N の標本 $x_1, x_2, \cdots, x_N$ から、それらが得られた母集団の未知数すなわち母数 θ についての何らかの仮説の検定を行う問題を

3.6. 尤度比検定

考えてみよう。ここでは、N 個の標本も母数も共にベクトル量である一般形を考えるものとする。

さて、母数 $\boldsymbol{\theta}$ は $\boldsymbol{\theta} = (\boldsymbol{\theta}_r^t, \boldsymbol{\theta}_s^t)^t$ なる列ベクトルとする。また、$r \geq 1, s \geq 0$ であるとする。さらに、3.4.2 節で述べた標本の尤度関数を (3.61) 式とする。ここで、3.4.2 節では標本はベクトル量でなくスカラー量であったことに注意せよ。

この時、帰無仮説

$$H_0: \boldsymbol{\theta}_r = \boldsymbol{\theta}_{r0}, \tag{3.68}$$

を、対立仮説

$$H_1: \boldsymbol{\theta}_r \neq \boldsymbol{\theta}_{r0}, \tag{3.69}$$

に対して検定したいとする。うえの帰無仮説は、もし $s = 0$ ならば単純仮説、もし $s \geq 1$ ならば、複合仮説である。

尤度比検定 (likelihood ratio test) とは、一般につぎの尤度の比の分布を用いて上述の帰無仮説を検定する方法である：

$$l = \frac{L(\boldsymbol{x}_1, \boldsymbol{x}_2, \cdots, \boldsymbol{x}_N / \boldsymbol{\theta}_{r0}, \tilde{\boldsymbol{\theta}}_s)}{L(\boldsymbol{x}_1, \boldsymbol{x}_2, \cdots, \boldsymbol{x}_N / \hat{\boldsymbol{\theta}}_r, \hat{\boldsymbol{\theta}}_s)}. \tag{3.70}$$

ここで、分母は尤度

$$L(\boldsymbol{x}_1, \boldsymbol{x}_2, \cdots, \boldsymbol{x}_N / \boldsymbol{\theta}_r, \boldsymbol{\theta}_s)$$

の無条件最大値を与える ML 推定量 $\hat{\boldsymbol{\theta}}_r, \hat{\boldsymbol{\theta}}_s$、一方分子は (3.68) 式の帰無仮説が正しい時の尤度

$$L(\boldsymbol{x}_1, \boldsymbol{x}_2, \cdots, \boldsymbol{x}_N / \boldsymbol{\theta}_{r0}, \boldsymbol{\theta}_s)$$

の、$\boldsymbol{\theta}_s$ の条件付き最大値を与える ML 推定量 $\tilde{\boldsymbol{\theta}}_s$ を必要とする。

ただし、特定の場合を除き、一般的には尤度比の正確な分布はわかっていないので、

$$Z = -2 \ln l,$$

が帰無仮説のもとで、漸近的に自由度 r の χ^2 分布に従うことを利用して検定を行う。ここで、r は全母数 $k = r + s$ から局外母数の数 s を差し引いたものである。

3.7 統計量の独立性

3.1.3 節の (3.6) 式では、条件付き確率との関連で 2 つの事象間の独立性を定義したが、この節ではまずこれを 3 つ以上の場合に拡張し、さらに分布の独立性、統計量の独立性の定義へと広げた場合の定義を紹介する（例えば、Kendall & Stuart, 1973; 丸山, 1967; 統計学辞典, 1989）。

統計量の独立性の問題は、第 6 章の 6.1 節で紹介する非対称 MDS における尺度構成を行う前の広い意味での事前検定における、複数の検定の逐次的適用時に生じるものである。もちろん、統計量の独立性の問題は非対称 MDS の分野とは無関係に、数理統計学の分野で古くから議論されてきた基本的なものである。

3.7.1 3 つ以上の事象や確率変数の独立性

定義 3.7.1 （事象間の独立性）

n 個の事象 $A_1, \cdots, A_n \in S$ に対して、

$$P(X_1 \in A_1, \cdots, X_k \in A_n) = P(X_1 \in A_1) \cdots P(X_k \in A_n),$$

が成り立つとき、$X_1 \in A_1, \cdots, X_k \in A_n$ は互いに独立である。

定義 3.7.2 （確率変数間の独立性）

n 個の確率変数 $X_1, \cdots, X_n$ は、以下の関係が成り立つとき、独立である：

$$\begin{aligned}\phi(t_1, \cdots, t_n) &= \int_{-\infty}^{\infty} e^{i t_1 x_1} dF_1(x_1) \cdots \int_{-\infty}^{\infty} e^{i t_n x_n} dF_n(x_n) \\ &= \phi(t_1) \cdots \phi(t_n), \end{aligned} \quad (3.71)$$

ここで、F_j $(j = 1, \cdots, n)$ は確率変数 X_j の分布関数であり、ϕ_j $(j = 1, \cdots, n)$ は、F_j の**特性関数** (characteristic function) である。

3.7.2 統計量間の独立性

この節では、統計量間、とりわけ階層的な関係にある複数の**尤度比統計量** (likelihood ratio statistic) 間の独立性について述べる（例えば、Hogg, 1961）。まず最初に、**Hogg の定理** (Hogg's theorem) について述べる：

定理 3.7.1 （*Hogg*）

全母数空間を $\Omega = \omega_0$ に対して、k 個の部分集合 ω_i, $i = 1, 2, \cdots, k$ が、$\Omega = \omega_0 \supset \omega_1 \supset \omega_2 \supset \cdots \supset \omega_k$ であるとする。ここで、帰無仮説 $H_0^i : \theta \in \omega_i$ を、対立仮説 $H_1^i : \theta \in \omega_{i-1} - \omega_i$, $i = 1, 2, \cdots, k$、に対して検定したいとする。

なお、H_0^i の検定は H_0^{i-1} が採択されたときのみ行うとする。この時、H_0 は、すべての仮説 $H_0^1, \cdots, H_0^k$ が採択された時のみ、採択される。この時、H_0^i を H_1^i に対して検定するための尤度比検定統計量は、

$$\lambda_i = \frac{L(\hat{\omega}_i)}{L(\hat{\omega}_{i-1})}, \quad i = 1, \cdots, k. \tag{3.72}$$

そこで、H_0 を H_1 に対して検定するための尤度比 λ は、

$$\lambda = \frac{L(\hat{\omega}_k)}{L(\hat{\omega}_0)} = \prod_{i=1}^{k} \left\{ \frac{L(\hat{\omega}_i)}{L(\hat{\omega}_{i-1})} \right\} = \prod_{i=1}^{k} \lambda_i. \tag{3.73}$$

一般に、λ のこのような分解方法は幾通りか考えられるが、分解を適切に選べば、上記 逐次検定を行うための統計量相互がすべて統計的に独立であるようにすることがしばしば可能である。

ここで、次に $H_0^i : \theta \in \omega_i$ のもとで、その局外母数に対する**完備充足統計量** (complete sufficient statistic) が存在するとする。この時、Basu (1955) 及び Hogg and Craig (1956) の独立性定理より、λ_i はこれらの完備充足統計量と**確率的に独立** (stochastically independent) である。通常、λ_i に続く尤度比 $\lambda_{i+1}, \cdots, \lambda_k$ は、これらの完備充足統計量の関数なので、λ_i と確率的に独立である （i=1,2, ..., k-1）。これらより、上記の条件が満たされるならば、尤度比 $\lambda_1, \cdots, \lambda_k$ は、確率的に相互に独立である。

ここで、充足統計量の完備性については、つぎの節で述べる。また、Basu (1955) の定理については、3.7.4 節で紹介する。

3.7.3 分布の完備性と統計量の完備性

統計量の完備性は、分布の完備性の概念に基づくので、まず分布の母数族の完備性の定義を示す（例えば、Kendall & Stuart, 1973）。

分布の母数族の完備性

定義 3.7.3 （分布の完備性）

母数ベクトル $\boldsymbol{\theta}$ の値に依存する1変量もしくは多変量分布 $f(x/\boldsymbol{\theta})$ の**母数族** (parametric family) に対して、$h(x)$ は $\boldsymbol{\theta}$ と独立な任意の統計量とする。もし、すべての $\boldsymbol{\theta}$ に対して、

$$E\{h(x)\} = \int h(x)\,f(x/\boldsymbol{\theta})\,dx = 0, \tag{3.74}$$

が、恒等的に

$$h(x) = 0, \tag{3.75}$$

を意味するならば、母数族 $f(x/\boldsymbol{\theta})$ は、完備と呼ばれる。また、(3.74) 式がすべての**有界な** (bounded) $h(x)$ に対してのみ (3.75) 式を意味するならば、$f(x/\boldsymbol{\theta})$ は**有界的完備な** (boundedly complete) と呼ばれる。

これに対して、つぎに示すように、統計量の完備性は、その分布の完備特性を当該統計量に対して付与したものである (Kendall & Stuart, 1973)。

統計量の完備性

定義 3.7.4 （統計量の完備性）

すべての $\boldsymbol{\theta}$ に対して $E\{h(t)\} = 0$ が、すべての（有界な関数）$h(t)$ に対して恒等的に $h(t) = 0$ を意味するならば、統計量 $t = g(t/\boldsymbol{\theta})$ は完備（有界的完備）と呼ばれる。

3.7. 統計量の独立性

統計量の組の完備性の条件

最後に、統計量の組が完備性を持つための条件に関する重要な基礎的な定理について述べる（Lehmann, 1983; 1986）：

定理 3.7.2 (*Lehmann*)
もし、X が指数族分布

$$p(x,\eta) = \exp\left\{\sum_{i=1}^{s} \eta_i T_i(x) - A(\eta)\right\} h(x) \tag{3.76}$$

に従い**最大階数** (full rank) ならば、統計量の組 $T = [T_1(x), \cdots, T_s(x)]$ は完備である。

なお、Lehmann (1986) はうえの定義を、一部別の概念、すなわち「$k-$次元矩形 (a k-dimensional rectangle) を含む」という表現により、行っている。

3.7.4 補助統計量

Lehmann (1983) によれば、何が充足性を本質的なデータの情報の縮約へと導くかを議論することが重要であるという。彼によれば、そのような縮約を達成するための充足統計量の力は、それが含む**補助情報** (ancillary information) の量にかかわるという。ここで、**補助統計量** (ancillary statistic) の定義はつぎのとおりである：

定義 3.7.5 （補助統計量、一次補助統計量）
統計量 $V(X)$ は、もしその分布が母数 θ に依存しなければ、**補助的** (ancillary) であるという。また、もしその期待値 $E_\theta(V(X))$ が母数 θ に依存せず定数であるならば、**一次補助的** (first-order ancillary) であるという。

最後に、補助統計量との関連で、2つの統計量間の独立性に関する Basu (1955) による基礎定理を紹介する。ここでは、Lehmann (1983) が述べているところの Basu の定理を示す：

定理 3.7.3（*Basu*）

もし T が族 $P = \{P_\theta, \theta \in \Omega\}$ に対する完備充足統計量であるならば、この時任意の補助統計量 V は、T と独立である。

実は、Basu (1955) のもとの定理では、補助統計量という概念は使われておらず、その代わりに「θ と独立な任意の統計量 T」なる表現が使われている。また、Lehmann では単に「完備充足統計量」と言っているが、Basu ではこれを「有界的完備充足統計量」という表現が使われている。

3.8 ベイズ推定法

3.8.1 頻度論的確率とベイズ確率

3.1 節で与えた確率の定義は、数学的に抽象化されたものであった。一方、確率を現実の世界に適用し、実際のデータについて確率モデルを用いた分析を行って議論するにあたっては、この確率をどのように解釈するのかということが問題となる。

伝統的な統計学における主流の解釈のひとつは、確率を相対頻度の極限として考えるものである。つまり、試行数を n_t、そのうち事象 E が生起した回数を n_e によって表すとすれば、事象 E の生起確率は

$$p(E) = \lim_{n_t \to \infty} \frac{n_e}{n_t} \tag{3.77}$$

によって与えられると考える。このような考え方は**頻度論的確率**（frequency probability）と呼ばれ、すでに Laplace (1814) に見られる。また、こうした確率の解釈に基づくこととから、最尤法などの伝統的な統計学の立場からの推論を頻度論的推論（frequentist inference）と呼ぶこともある。

一方、しばしばこれと対比される考え方に**ベイズ統計学**(Bayesian statistics) がある。ベイズ統計学ではより広義に確率をとらえ、不確実さの程度を表現する基本的・合理的な量として確率という尺度があると考える。これを**ベイズ確率**（Bayesian probability）呼び、さらに個人固有の確率を認めるか否かによって**主観ベイズ確率**（subjective Bayesian probability）と**客観ベイズ確率**（objective Bayesian probability）に大別されることがある。

3.8. ベイズ推定法

これらを含む様々な確率の解釈については、Press (2003) や Williamson (2009) などを参照されたい。

伝統的な統計学とベイズ統計学との、統計的推論における考え方の違いは母数の解釈において典型的にみることができる。以下ではこれを説明する。

伝統的な統計学においては、母数 $\boldsymbol{\theta}$ は未知であるものの、分析者には知ることのできない真の値に固定された量と考える。一方で、データ $\boldsymbol{x}$ は母集団分布から確率的に抽出された標本であり、確率変数であると考える。そのため、得られたデータに基づく母数の推定値 $\hat{\boldsymbol{\theta}} = \hat{\boldsymbol{\theta}}(\boldsymbol{x})$ も、確率的に変動する。しかしながら、$\boldsymbol{\theta}$ 自体はただひとつの真値に固定されている。

一方、ベイズ統計学の考え方は、分析時に既知な量を固定し、未知な量について確率的な推論を行うというものである。分析時に未知な量は分析者にとって不確実であり、その不確かさが確率によって表現される。したがって、未知な量である母数 $\boldsymbol{\theta}$ は確率変数である。一方、データ $\boldsymbol{x}$ は分析時に既知であるため、これは固定された値である。このように、伝統的な統計学とベイズ統計学の間では、データ $\boldsymbol{x}$ と母数を $\boldsymbol{\theta}$ のうち、どちらを固定して考えどちらを確率変数と考えるかが、ちょうど逆になっている。

3.8.2 事前分布

ベイズ統計学の大きな特徴として、データを得る前の状態を表す事前分布を考えること、また場合によってはこれを積極的に利用することが挙げられる。ベイズ推論は、事前分布をデータの情報によって更新することによって、分析の主要な目的である事後分布を得るという枠組みを持つ。

データ $\boldsymbol{x}$ を得る以前の、母数 $\boldsymbol{\theta}$ についての不確実さを、確率分布を使って

$$\boldsymbol{\theta} \sim p(\boldsymbol{\theta}) \tag{3.78}$$

と表し、これを母数の**事前分布** (prior distribution; prior) と呼ぶ。事前分布は (3.59) 式の事前確率 $p(q_r/H)$ を確率分布によって表したものであり、仮説 H はたとえばこの分布族の選択や母数への制約などによって表現される。伝統的な統計学の分析では一般に事前分布は利用されないため、

事前分布を用いることは伝統的な統計学とベイズ統計学の最も顕著な、そしてしばしば論議の対象となる相違点である。

事前分布としてどのような分布を利用するのがよいだろうか。一般的な基準のひとつに、**共役事前分布**（conjugate prior）となる分布のクラスを選択するというものがある。たとえばモデル分布が分散既知の1変量正規分布である場合、平均母数の事前分布に正規分布を利用すると、事後分布もまた正規分布となる。したがって、分散既知の正規分布モデルでの平均母数に対する正規事前分布は共役事前分布である（詳しくは 繁桝, 1985 などを参照）。なお、自然共役事前分布（natural conjugate prior）と呼ばれることもある。

ベイズ統計学では、検討したい問題についての先行研究の結果や専門家による知見が利用できる場合には、それを積極的に活用していこうと考える。これらを適切に反映した事前分布を構築するために、さまざまな方法論が提案され、また利用されている。こうした、情報のある事前分布（informative prior）を構築するための手続きを**顕在化**（elicitation）と呼ぶ。顕在化について、詳しくは Kadane and Wolfson (1998), O'Hagan (1998), Kynn (2008), Lombardi and Nicoletti (2011) を参照されたい。しかし、顕在化によって構築した事前分布が完全に現実に即しているとは限らない。そこで、事前分布にある程度の誤設定があることを想定し、それが推定結果にどれほど影響を与えてしまうかが問題となる。つまり、事前分布を多少変えても結果はあまり変わらないのか、それとも大きく変化するのかということである。こうした検討はベイズ頑健分析と呼ばれ、とくに情報のある事前分布を利用する場合には重要な手続きとなる。ベイズ頑健分析については、Ruggeri, Insua, and Martín (2005, 岡田 (訳) 2011) を参照されたい。

一方で、母数についての情報がとくに利用できない場合には、分析に対してほとんど事前情報を与えない、**客観事前分布**（objective prior）を利用した推論を行うことができる。とくに後述するBUGSを用いたMCMC法による推定では、共役事前分布の中で、できるだけ情報をもたないような事前分布のパラメータ（**超パラメータ** (hyper-parameter) と呼ばれる）値の設定がしばしば利用される。たとえば先に例として挙げた分散既知の

1変量正規分布における推論では、共役事前分布である正規事前分布の分散を非常に大きく（よく利用される設定としては、10^6 など）設定することにより、推論に事前分布がほとんど影響を与えない状況を作り出すことができる。

客観事前分布にはほかにもさまざまなものが提案されている。よく知られた設定のひとつに **Jeffreys の事前分布**（Jeffreys prior；Jeffreys, 1946）がある。これは、$\boldsymbol{\theta}$ のフィッシャー情報行列を $I(\boldsymbol{\theta})$ とするとき、事前分布を

$$p(\boldsymbol{\theta}) \propto |I(\boldsymbol{\theta})|^{1/2} \tag{3.79}$$

と、Fisher 情報行列の行列式の平方根に比例するように設定するものである。Jeffreys の事前分布は、$\boldsymbol{\theta}$ の再パラメータ化に対して不変な事前分布を与える。また、位置母数について無情報な状況を表すという観点からも正当化されうる (Box & Tiao, 1973)。これとは別の考え方として、エントロピーを最大化する事前分布を採用する方法がある。Bernardo (1979) はこの考え方を発展させ、**参照事前分布** (reference prior) と呼ばれるクラスの事前分布を提案した。詳しくは Bernardo (2005, 繁桝・小谷野 (訳) 2011) を参照されたい。

3.8.3 ベイズ推論

ベイズ推論にあたっては、事前分布のほかに、母数 $\boldsymbol{\theta}$ を所与としたときデータ $\boldsymbol{x}$ がしたがう同時確率分布 $p(\boldsymbol{x}|\boldsymbol{\theta})$ を定める必要がある。これをデータ発生モデル分布、もしくは単に**モデル分布**（model distribution）、**抽出分布**（sampling distribution）などと呼ぶ。通常、各データは $\boldsymbol{\theta}$ を所与としたとき独立同一分布 $p(x_i|\boldsymbol{\theta})$, $i = 1,...,n$ にしたがう（independent and identically distributed, i.i.d）ことが仮定される。このモデル分布 $p(\boldsymbol{x}|\boldsymbol{\theta})$ は未知母数 $\boldsymbol{\theta}$ を所与としたときのデータ $\boldsymbol{x}$ の生成プロセスを表しており、伝統的な統計学における通常の意味での統計モデルに対応する。一方、この $p(\boldsymbol{x}|\boldsymbol{\theta})$ においてデータ $\boldsymbol{x}$ が所与であると考え、母数 $\boldsymbol{\theta}$ についての確率分布の関数を表したものと見ることもできる。このように考えるとき、

$p(\boldsymbol{x}|\boldsymbol{\theta})$ を 3.3 節で述べたように**尤度**もしくは**尤度関数**と呼ぶ。ここでは尤度を $L(\boldsymbol{\theta}|\boldsymbol{x})$ によって表記する。

事前分布とモデル分布（尤度）が設定されれば、そこから関心の対象である母数 $\boldsymbol{\theta}$ についての**事後分布** (posterior distribution; posterior) を導出することができる。事後分布は (3.59) 式の事後確率 $p(q_r/p, H)$ を確率分布で表したものであり、データ $\boldsymbol{x}$ を観測したもとでの、母数 $\boldsymbol{\theta}$ についての知識を表現する。このとき、(3.59) 式のベイズの定理から、事前分布 $p(\boldsymbol{\theta})$ と尤度 $L(\boldsymbol{\theta}|\boldsymbol{x})$ を用いて、事後分布を

$$p(\boldsymbol{\theta}|\boldsymbol{x}) = \frac{p(\boldsymbol{\theta})L(\boldsymbol{\theta}|\boldsymbol{x})}{p(\boldsymbol{x})} \tag{3.80}$$

と表現することができる。

ここで、(3.80) 式は、実際のデータ分析においては

$$p(\boldsymbol{\theta}|\boldsymbol{x}) = \frac{p(\boldsymbol{\theta})L(\boldsymbol{\theta}|\boldsymbol{x})}{\int_{\boldsymbol{\Theta}} p(\boldsymbol{\theta})L(\boldsymbol{\theta}|\boldsymbol{x})d\boldsymbol{\theta}} \tag{3.81}$$

という形で用いられる。(3.81) 式において (3.80) 式の分母を置き換えた

$$p(\boldsymbol{x}) = \int_{\boldsymbol{\Theta}} p(\boldsymbol{\theta})L(\boldsymbol{\theta}|\boldsymbol{x})d\boldsymbol{\theta} \tag{3.82}$$

は、分子の母数空間における積分になっている。この項を、**周辺尤度** (marginal likelihood)、もしくは**正規化定数** (normalizing constant) などと呼ぶ。後者の名称は、この項によって、事後分布 $p(\boldsymbol{\theta}|\boldsymbol{x})$ が積分して 1 とできる（したがって確率とできる）ことに由来する。

正規化定数の計算のためには高次の積分を評価する必要があり、母数の次元数が大きくなると、これを解析的に求めることはしばしば現実的に不可能となってしまう。そのため歴史的には、ベイズ統計学の枠組みは魅力的ではあるものの、実際の問題には役に立たないという批判が続いてきた。しかし、3.12 節で述べるマルコフ連鎖モンテカルロ法に代表される数値的な方法によって、この問題を解決できることが Gelfand and Smigh (1990) に端を発する研究によって示された。同時期に数値的な方法に不可欠な計算機能力が飛躍的に高まったことと相まって、ベイズ統計学の枠組みは現在では広く受け入れられるようになっている。

ここで、データ x をモデリングする際に2つの競合する仮説 H_i, H_j があるとする:

$$\begin{cases} H_i & \text{データ } x \text{ のモデル分布は } L_i(\theta_i|x) \text{ である.} \\ H_j & \text{データ } x \text{ のモデル分布は } L_j(\theta_j|x) \text{ である.} \end{cases}$$

このどちらがより適切かというモデル選択の問題を考える。このためにベイズ推論において通常用いられる量として、**ベイズファクター** (Bayes factor ; Jeffreys, 1935)

$$BF_{ji} = \frac{p_j(x)}{p_i(x)} = \frac{\int_{\Theta_j} p_j(\theta_j) L_j(\theta_j|x) d\theta_j}{\int_{\Theta_i} p_i(\theta_i) L_i(\theta_i|x) d\theta_i} \tag{3.83}$$

がある。この式からわかるとおり、ベイズファクター BF_{ji} は2つのモデルの周辺尤度の比である。ベイズファクターの値は、データ x から得られた、仮説 H_i に対して仮説 H_j を支持する証拠の大きさを表すと解釈できる。尤度比検定と異なり、ベイズファクターは1方の仮説が他方に包含されるというネストした関係がない場合にも利用できる。また、複雑すぎるモデルに対するペナルティを内包しており、オーバーフィッティングが避けられると期待できる。こうした利点についておよび解釈の基準に関する議論は、Kass and Raftery (1995) を参照されたい。なお、ベイズファクターは仮説のモデル分布のみならず、事前分布にも依存することに注意したい。

このほか、ベイズ統計学についてはデータを所与とした将来の予測値を与える予測分布や、意思決定との関連など、多くの特徴的な話題が指摘できる。ベイズ統計学についてより詳しくは、本節でこれまで引用した書物をはじめ、Gill (2008), O'Hagan and Foster (2004), Dey and Rao (2006 繁桝・岸野・大森 監訳 2011), 松原 (2010), 安道 (2010) などを参照されたい。

3.9　分割表の検定

分割表 (contingency table) あるいは**クロス表** (cross table) とは、よく

知られているように、N 人のサンプルを r 個及び s 個からなる 2 つの属性により分類する場合に得られるつぎのような度数表をいう：

表 3.1: 2 つの名義尺度データについての分割表

A\B	B_1	B_2	$\cdots$	B_s	計
A_1	f_{11}	f_{12}	$\cdots$	f_{1s}	$f_{1\bullet}$
A_2	f_{21}	f_{22}	$\cdots$	f_{2s}	$f_{2\bullet}$
$\vdots$	$\vdots$	$\vdots$	$\ddots$	$\vdots$	$\vdots$
A_r	f_{r1}	f_{r2}	$\cdots$	f_{rs}	$f_{r\bullet}$
計	$f_{\bullet 1}$	$f_{\bullet 2}$	$\cdots$	$f_{\bullet s}$	N

例えば Andersen (1980) によれば、分割表の研究は20世紀初頭のピアソン (Pearson, 1900) に遡ると言われている。より正確には、Fisher (1924) によれば Pearson (1900) の提案した1次元度数分布表の適合性についてのピアソンの χ^2 検定統計量を、同じく Pearson が 1910 年代には分割表の検定統計量に適用したという。その後、1930 年代の後半に Neyman and Pearson (1938) が、分割表の尤度比カイ2乗統計量を提案している。また、1960 年代の前半には、Birch (1963) が分割表の**対数線形モデル** (log-linear model) を導入した。これらの研究を集大成した著書に、Bishop, Fienberg, and Holland (1975) がある。近年の分割表の研究の主要な話題の1つとしては、**疎な分割表** (sparse contingency tables) の研究がある（例えば、K. J. Berry, & Mielke Jr., 1988; Maydeu-Olivares, & Joe, 2005; Zelterman, 1987, 2006)。もちろん、この種の分割表の研究の源流は、Yates (1934) にあり、期待度数の小さいセルの存在するデータの分析方法である。

このように、数理統計学の分野での一般の分割表の検定は既に100年以上の歴史を持つが、非対称 MDS の分野、とりわけ第1章で定義した最も狭義な非対称 MDS の分野で分割表の検定を活用する機運が出てきたのはかなり最近のことである（例えば、Chino, 2007; 2012; Chino & Saburi, 2006; De Rooij & Heiser, 2003, 2005; Saburi & Chino, 2008; Zielman &

3.9. 分割表の検定

Heiser, 1996)。これに対して、より狭義な非対称 MDS の分野では、既に 1980 年代に刺激認知実験の分野における混同行列に対する分割表の検定が考察されてきた (例えば、J. E. K. Smith, 1982; Takane & Shibayama, 1986)。また、これまでは非対称 MDS の分野の研究としては全くみなされていないが、明らかにそれに深くかかわる分割表の検定である循環性の検定に至っては、既に 1940 年代からケンドールらによる研究がなされている (例えば、Kendall, 1962; Kendall & Babington Smith, 1940)。ただし、そこでの検定は、**一対比較** (paired comparisons) データに限定されている。

もっとも、非対称 MDS の分野で用いられる分割表は、正方分割表に限定されるので、検定も**対称性検定** (symmetry test) と関連検定に絞られる。これらについては、あらためて第 4 章で詳しく述べることとし、この節ではそこでの議論でも必要な一般の分割表についての基礎知識についてのみ簡単に紹介する。

3.9.1 ピアソンのカイ 2 乗統計量と尤度比カイ 2 乗統計量

通常、表 3.1 のような分割表の 2 つの属性間の統計的独立性の検定には、帰無仮説「2 つの属性 A、B が互いに独立 (関連無し)」のもとで、次式で表されるピアソンのカイ 2 乗統計量

$$\chi_\nu^2 = \sum_{i=1}^{r}\sum_{j=1}^{s}(f_{ij}-g_{ij})^2/g_{ij}, \tag{3.84}$$

が漸近的に自由度 $\nu=(r-1)(s-1)$ のカイ 2 乗分布に従うことを用いる。ここで、g_{ij} は、(i,j) セルに期待される度数、すなわち**期待度数** (expected frequency) で

$$g_{ij} = f_{i\bullet}f_{\bullet j}/N, \tag{3.85}$$

であり、$f_{i\bullet}$ 及び $f_{\bullet j}$ は、それぞれ分割表の第 i 行及び第 j 列の和である。

しかし、数理統計学的な視点からは、尤度比検定の立場から導かれるつ

ぎの尤度比カイ2乗統計量の方がわかりやすい：

$$G^2 = \sum_{i=1}^{r}\sum_{j=1}^{s} f_{ij}\left(\ln f_{ij} - \ln \frac{f_{i\bullet}f_{\bullet j}}{f_{\bullet\bullet}}\right), \tag{3.86}$$

G^2 もピアソンのカイ2乗統計量と同様、漸近的に自由度 $\nu = (r-1)(s-1)$ のカイ2乗分布に従うことがわかっている（Andersen, 1980; Hoeffding, 1965）。

3.9.2　3種類のサンプリングデザインの同等性

興味深いことに、表 3.1 の一般の分割表の独立性に関して、3種類の異なる分布の仮定から出発しても、同一の尤度比検定統計量が導かれることがわかっている（例えば、Andersen, 1980）。3種類の分布は、つぎのとおりである：

1. （サンプリングデザイン I）
   個々の f_{ij} は、母数 λ_{ij} を持つ互いに独立なポアソン分布 (Poisson distribution) に従う（乗法ポアソンモデル）。

2. （サンプリングデザイン II）
   $f_{r1},\cdots,f_{rs}$ は、総度数 $N = \sum_i\sum_j f_{ij}$ 及びセル確率 $p_{r1},\cdots,p_{rs}$ を持つ**多項分布** (multinomial distribution) に従う（総度数固定デザイン）。

3. （サンプリングデザイン III）
   各行 $f_{i1},\cdots,f_{is}$ は、異なる i に対して独立で、それぞれ $n_i = \sum_j f_{ij}$ 及びセル確率 $p_{i1}^*,\cdots,p_{is}^*$ を持つ多項分布に従う（行度数固定デザイン）。

さらに、これら3つのデザインの帰無仮説は、つぎのとおりである。

1. （サンプリングデザイン I）

$$H_0^I: \quad \lambda_{ij} = \lambda_{i\bullet}\lambda_{\bullet j}/\lambda_{\bullet\bullet} \tag{3.87}$$

3.9. 分割表の検定

ここで、
$$\lambda_{i\bullet} = \sum_j \lambda_{ij}, \ \lambda_{\bullet j} = \sum_i \lambda_{ij}, \ \lambda_{\bullet\bullet} = \sum_i \sum_j \lambda_{ij}. \tag{3.88}$$

2. (サンプリングデザイン II)

$$H_0^{II}: \quad p_{ij} = p_{i\bullet} p_{\bullet j}, \tag{3.89}$$

ここで、
$$p_{i\bullet} = \sum_j p_{ij}, \ p_{\bullet j} = \sum_i p_{ij}. \tag{3.90}$$

3. (サンプリングデザイン III)

$$H_0^{III}: \quad p_{ij}^* = p_{\bullet j}^*/r, \tag{3.91}$$

ここで、
$$p_{\bullet j}^* = \sum_i p_{ij}^*. \tag{3.92}$$

うえの 3 種類のサンプリングデザインに関して、つぎの定理が成り立つ (Andersen, 1980):

定理 3.9.1 サンプリングデザイン I から同デザイン II が導かれ、H_0^I は H_0^{II} へ変換できる。

定理 3.9.2 サンプリングデザイン II から同デザイン III が導かれ、H_0^{II} は H_0^{III} へ変換できる。

定理 3.9.3 H_0^I、H_0^{II}、H_0^{III} 共に、尤度比検定量は、(3.86) 式の G^2 である。

$r \times s$ 分割表に対するうえの 3 種類のデザイン間の同等性の議論は、非常に基本的なものであり、非対称 MDS の推測的方法として最近 Saburi and Chino (2008) が提案した ASYMMAXSCAL の独特な 3 次元分割表、すなわち Type B デザインにおける $n \times n \times M$ 分割表の場合にも、関連するデザイン間の同等性の議論のところでなされている。

3.9.3 オッズとオッズ比

通常のピアソンのカイ2乗検定の入門書ではそれほどポピュラーではないが、分割表の検定で理論的に重要な役割を果たす概念の1つに、**オッズ** (odds) 及び**オッズ比** (odds ratio) がある。もちろん、この概念は非対称 MDS のモデルを考えるうえで、大変重要な役割を果たすので、この節で簡単に紹介する。

新村 (編) (1998) によれば、オッズとは競馬などでレース前に発表する概算払い戻し率をいう。一方、統計学ではオッズは2項分布における生起確率 p 対非生起確率 $1-p$ の比

$$\Omega = p/(1-p), \tag{3.93}$$

を指す。

例えば、競馬で特定の馬が勝つ確率が 0.3 であるとすれば、そのオッズは $\Omega = 0.3/0.7 = 3/7 \fallingdotseq 0.43$ である。一般に、オッズにはつぎの性質がある:

1. $\Omega \geq 0$ （非負）、

2. $\Omega > 1.0$ （もし、成功の確率 p が失敗の確率より大きい時）

つぎに、オッズの対数とったものは、**対数オッズ** (log odds) と呼ばれ、多変量解析の1つの方法である線形ロジスティックモデルで使われる概念である。このモデルでは、被験者 i の基準変数 Y_i は、2値すなわち1か0のみであり、基準変数を説明するための複数の説明変数の値を縦に並べたものを $\boldsymbol{x}_i$ とする。この時、線形ロジスティックモデルは、

$$\begin{aligned} E(Y_i = 1) = E(Y_i) = \theta_i &= \exp(\boldsymbol{x}_i^t \boldsymbol{\beta})/[1 + \exp(\boldsymbol{x}_i^t \boldsymbol{\beta})], \\ E(Y_i = 0) = 1 - \theta_i &= 1/[1 + \exp(\boldsymbol{x}_i^t \boldsymbol{\beta})], \end{aligned} \tag{3.94}$$

と書かれる。この時、母数 θ_i のロジスティック変換 (logistic transformation)

$$\lambda_i = \ln[\theta_i/(1-\theta_i)] \tag{3.95}$$

3.9. 分割表の検定

は、対数オッズとも呼ばれる。λ_i は、θ_i が確率の場合は θ_i のロジットと呼ばれる (Berkson, 1944)。また、この変換は**ロジット変換** (logit transformation) と呼ばれる。

つぎに、表 3.2 のような 2×2 分割表を考える時、第 1 行すなわち事象 A_1（例えば、入試における男子の合格）の（不合格に対する）オッズと、第 2 行すなわち事象 A_2（例えば、入試における女子の合格）のオッズの比

$$\theta = \Omega_1/\Omega_2 = \frac{\pi_1/(1-\pi_1)}{\pi_2/(1-\pi_2)}. \tag{3.96}$$

を、オッズ比という。

表 3.2: 入試における男女の合格・不合格の比率

A\B	B_1（合格）	B_2（不合格）
A_1（男子）	π_1	$1-\pi_1$
A_2（女子）	π_2	$1-\pi_2$

一方、同上分割表のオッズ比を、セル確率 π_{ij} の言葉で表現すれば、

$$\theta = \frac{\pi_{11}/\pi_{12}}{\pi_{21}/\pi_{22}} = \frac{\pi_{11}\pi_{22}}{\pi_{12}\pi_{21}}. \tag{3.97}$$

この場合のオッズ比は、**クロス乗積比率** (cross-product ratio) とも呼ばれる。

うえのオッズ比 θ の定義から、オッズ比は非負であり、つぎの性質が導かれる：

1. $1 < \theta < \infty$ ならば、表 3.2 の第 1 行の実験参加者（被験者）は、第 2 行の実験参加者より、より成功（合格）の可能性が高い。

2. $\theta = 1$ ならば、2 つの属性は互いに独立である。

3. $0 < \theta < 1$ ならば、表 3.2 の第 2 行の実験参加者（被験者）は、第 1 行の実験参加者より、より成功（合格）の可能性が高い。

最後に、オッズ比の対数は、**対数オッズ比** (log odds ratio) と呼ばれる。

3.9.4　対数線形モデル

分割表の分析は、3.7 節の表 3.1 の度数 f_{ij} の期待値をつぎのように少数の下位母数を仮定して分解することにより強力なものとなる。以下の議論は、Andersen (1980) に基づく。詳細については、これを参照されたい：

$$\mu_{ij} = E[f_{ij}] = \exp\left\{\theta_{ij}^{(12)} + \theta_i^{(1)} + \theta_j^{(2)} + \theta^{(0)}\right\}, \tag{3.98}$$

あるいは、

$$\mu_{ij}^* = \ln \mu_{ij} = \theta_{ij}^{(12)} + \theta_i^{(1)} + \theta_j^{(2)} + \theta^{(0)}. \tag{3.99}$$

ここで、$\theta_{(ij)}^{(12)}$ は**交互作用** (interaction)、$\theta_i^{(1)}$ は**行効果** (row effect)、$\theta_j^{(2)}$ は**列効果** (column effect)、$\theta^{(0)}$ は**一般効果** (general effect) と呼ばれる。これらの母数は、つぎの制約を満たさねばならない：

$$\theta_{i\bullet}^{(12)} = \theta_{\bullet j}^{(12)} = \theta_\bullet^{(1)} = \theta_\bullet^{(2)} = 0. \tag{3.100}$$

なお、この式の「•」記号は、当該位置での可能な下付き添字の範囲の和を取ることを意味する。

Andersen (1980) によれば、Birch (1963) がうえのモデルを導入するまえに、既に Fisher (1935) の中でフィッシャーがこれを示唆していたという。つぎの 3 つの定理は、表 3.1 の分割表に対する対数線形モデルに関する基礎的なものである：

定理 3.9.4　すべての i と j に対する帰無仮説 $H_{12} : \theta_{ij}^{(12)} = 0$ は、分割表の独立性の検定の帰無仮説、H_0^I、H_0^{II}、H_0^{III} のいずれとも同等である。

つまり、この定理は、分割表に対する対数線形モデルの交互作用母数 $\theta_{ij}^{(12)}$ に関する帰無仮説 $H_{12} : \theta_{ij}^{(12)} = 0$ は、3.9.2 節で紹介した分割表に対する 3 種類の分布の仮定に対応する、2 つの属性間の独立性についての 3 つの帰無仮説と同等であることを述べている。言い換えれば、対数線形モデルの交互作用に関する帰無仮説 $H_{12} : \theta_{ij}^{(12)} = 0$ が採択されるということは、2 つの属性間が統計的に独立であることを意味する。

3.9. 分割表の検定

定理 3.9.5 表 3.1 の分割表に対する対数線形モデルの母数の最尤推定値は以下のように書ける:

$$\hat{\theta}_{ij}^{(12)} = f_{ij}^* - \bar{f}_{i\bullet}^* - \bar{f}_{\bullet j}^* + \bar{f}_{\bullet\bullet}^*, \tag{3.101}$$

$$\hat{\theta}_{i}^{(1)} = \bar{f}_{i\bullet}^* - \bar{f}_{\bullet\bullet}^*, \tag{3.102}$$

$$\hat{\theta}_{j}^{(2)} = \bar{f}_{\bullet j}^* - \bar{f}_{\bullet\bullet}^*, \tag{3.103}$$

かつ

$$\hat{\theta}_0 = \bar{f}_{\bullet\bullet}^*, \tag{3.104}$$

ここで、$f_{ij}^* = \ln f_{ij}$ である。また、解はすべての i,j に対して $f_{ij} \neq 0$ ならば存在する。

定理 3.9.6 帰無仮説 H_{12} のもとで、すべての i に対する行効果に関する帰無仮説 $H_1 : \theta_i^{(1)} = 0$, $i = 1, \cdots, r$ に対する尤度比検定統計量は、

$$G_1^2 = 2\sum_{i=1}^{r} f_{i\bullet} \left\{ \ln f_{i\bullet} - \ln\left(\frac{f_{\bullet\bullet}}{r}\right) \right\}, \tag{3.105}$$

であり、H_1 のもとで漸近的に自由度 $r-1$ のカイ2乗分布に従う。

また、すべての j に対する列効果に関する帰無仮説 $H_2 : \theta_j^{(2)} = 0$, $j = 1, \cdots, s$ に対する尤度比検定統計量は、

$$G_2^2 = 2\sum_{j=1}^{s} f_{\bullet j} \left\{ \ln f_{\bullet j} - \ln\left(\frac{f_{\bullet\bullet}}{s}\right) \right\}, \tag{3.106}$$

であり、H_2 のもとで漸近的に自由度 $s-1$ のカイ2乗分布に従う。

定理 3.9.4、3.9.6 は、表 3.1 の（2次元）分割表に対する対数線形モデルの交互作用、行効果、及び列効果の尤度比検定に関するものであるが、同様な検定は、3次元分割表あるいはより高次の分割表についても可能であり、例えば Andersen (1980) は、3次元分割表の場合についても詳しく述べている。次の節では、非対称 MDS でなぜ3次元分割表の分析が必要かについてふれる。

3.9.5 非対称 MDS と 3 次元分割表

前節では、表 3.1 のような 2 次元分割表についての入門的知識について述べたが、この節では、3 次元分割表がなぜ非対称 MDS の分析に必要になるのかをまず議論し、つぎに 3 次元分割表の入門的知識についてふれる。

既に第 1 章の 1.4.1 節で述べた「より狭義な非対称 MDS」では、最も狭義な非対称 MDS のデータの範囲にカウントデータも含まれるが、その場合にはカウントデータで 2 相 3 元行列を想定する場合が、最も単純な 3 次元分割表を構成する。しかし、非対称 MDS における 3 次元分割表は、単純なカウントデータに限らない。

というのは、第 4 章 4.8 節で紹介する非対称 MDS のモデル選択の方法の 1 つである Saburi and Chino (2008) による ASYMMAXSCAL で示されているように、データが順序尺度以上のレベルの 1 相 2 元非対称行列の各要素が、比較的少数の評定カテゴリーを用いた評定尺度により評定されているような場合には、当該データの尺度レベルの如何にかかわらず、各評定対象（非対称行列の各要素）に対する複数の評定者の（非）類似度（判断）データは、最初（1 次元）度数分布として得られる。

このようにして得られるすべてのデータを、評定尺度のカテゴリーを第 3 元目のカテゴリーとみなしてスタックし直すと、特別な 3 次元分割表が得られる。Chino and Saburi (2006a, b) は、前者を **Type A デザインデータ** (Type A design data)、後者を **Type B デザインデータ** (Type B design data) と呼び、幾つかの対称性関連の検定を行う方法を提案している。また、Chino (2012) 及び本書の第 6 章では、それらの検定を 3 つに絞り、一連の検定の統計量間の独立性の問題を検討している。図 3.1 は、これら 2 種類のデザインを示す。

図中、$C_1, C_2, \cdots, C_M$ は、各評定対象対に対する（非）類似度判断のための評定尺度のカテゴリーのラベルを示す。また、n_{ij} は各評定対象対に対して判断を行った評定者数である。この図から明らかなように、Type A デザインデータは、N 人の評定対象に対する複数の評定者群の評定結果からなるもとのデータである。一方、Type B デザインデータは、これを評定カテゴリーごとにスタックし直し、特別な形、すなわち、$N \times N \times M$

3.9. 分割表の検定

（3次元）分割表にしたものである。明らかに、この種のデータは、本書の第1章1.4.1節で定義した「より狭義な非対称 MDS のためのデータの1つである、特別な2相3元行列と見ることができる。

評定対	C_1	C_2	$\cdots$	C_M	合計
11	f_{111}	f_{112}	$\cdots$	f_{11M}	n_{11}
12	f_{121}	f_{122}	$\cdots$	f_{12M}	n_{12}
$\vdots$	$\vdots$	$\vdots$	$\vdots$	$\vdots$	
NN	f_{NN1}	f_{NN2}	$\cdots$	f_{NNM}	n_{NN}

Type A デザイン

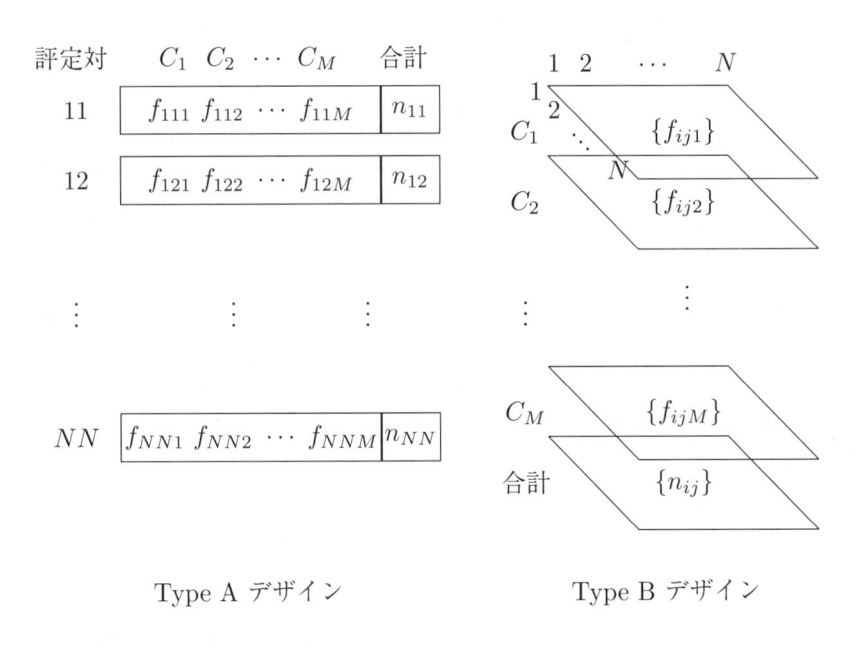

Type B デザイン: $C_1: \{f_{ij1}\}$, $C_2: \{f_{ij2}\}$, $\vdots$, $C_M: \{f_{ijM}\}$, 合計: $\{n_{ij}\}$

図 3.1: ASYMMAXSCAL における2つのサンプリングデザイン (Saburi & Chino, 2008 の Figure 1 を改変)

もちろん、うえのような3次元分割表は、非対称 MDS のデータに特有な分割表であるが、数理統計学の分野でよく知られている3次元分割表は、一般的な場合である。つぎの節では、これについて簡単にふれる。

3次元分割表の対数線形モデル

ここでは、まず3次元分割表の場合の対数線形モデルにふれ、若干同モデルの検定に言及する。まず、3次元（分割）表の対数線形モデルは、

3.9.4 節の2次元分割表のそれの単純な拡張で、つぎのように書ける（例えば、Andersen, 1980; Bishop et al., 1975）。ここで、2次元の場合と同様、$\mu_{ijk} = E[f_{ijk}]$ であるとする：

$$\mu_{ijk} = \exp\left\{\theta_{ijk}^{(123)} + \theta_{ij}^{(12)} + \theta_{ik}^{(12)} + \theta_{jk}^{(12)} + \theta_i^{(1)} + \theta_j^{(2)} + \theta_k^{(3)} + \theta^{(0)}\right\}, \tag{3.107}$$

ここで、$\theta_{(ijk)}^{(123)}$ は分散分析的に言えば、3重交互作用 (triple-interaction) と呼べる量である。もちろん、われわれはこれらの母数のそれぞれに対応する帰無仮説を考えることができるが、Goodman (1970) によれば、3重交互作用に関する帰無仮説、すなわち、

$$H_{123}: すべての\ i, j, k\ について、\theta_{ijk}^{(123)} = 0,$$

は、簡単な解釈ができないという。

いずれにせよ、この節では一般の2次元分割表の検定の入門的知識の幾つかとして、3次元分割表の一般の検定におけるカイ2乗統計量、オッズ・オッズ比、や対数線形モデルに触れたが、第4章 4.9 節では、それらの入門的知識を利用した非対称 MDS に特化した2次元・3次元正方分割表によるデータの非対称性に関わる幾つかの検定を紹介する。

3.10 微分法・積分法

この節では、微分と積分の幾つかの初等的知識を、主として宇野 (1966) にもとづき以下に簡単に紹介する。詳細については、例えば Atkinson (1978)、Courant and John (1974)、小平 (1976)、竹内 (1987)、宇野 (1966) 等を参照されたい。

3.10.1 微分法

まず、**微分係数** (differential coefficient)、および**導関数** (derivative) の定義について述べる。そのための準備として、**数列** (sequence) とその**極限** (limit)、及び関数の極限の定義を行う。

3.10. 微分法・積分法

定義 3.10.1 （数列）

$a_1, a_2, \cdots, a_n$ のように多数の数を一定の順序にならべたものを数列という。ここで、n は**自然数** (natural number) であり、a_n は変数 n の関数である。この関数が確定したとき、数列を $\{a_n\}$ と書く。

定義 3.10.2 （極限）

n を限りなく大きくするとき、a_n がある決まった値 c に限りなく近づくならば、
$$\lim_{x \to \infty} a_n = c, \tag{3.108}$$
と書く。また、このとき数列 $\{a_n\}$ は c に**収束** (converge) するといい、c を $\{a_n\}$ の極限という。

定義 3.10.3 （関数の極限）

$\lim_{x \to a} f(x) = c$ とは、どんな正数 ϵ を任意に与えても、ある適当な正数 δ をとり、$|x - a| < \delta$ を満たすすべての x について、$|f(x) - c| < \epsilon$ とすることができることである。

定義 3.10.4 （微分係数）

関数 $y = f(x)$ に対して、もし
$$f'(x) = \lim_{\triangle x \to 0} \frac{f(a + \triangle x) - f(a)}{\triangle x}, \tag{3.109}$$
が存在すれば、これを $x = a$ における関数 $f(x)$ の（x についての）微分係数（もしくは微係数）と呼ぶ。また、この時、関数 $f(x)$ は $x = a$ で**可微分** (differentiable) であるという。

幾何学的には、うえの定義による微分係数 $f'(x)$ は、関数 $y = f(x)$ の $x = a$ における**接線** (tangential line) を表している。また、微分係数を x の関数とみなすとき、もとの関数の導関数という。

それでは、関数の可微分性と**連続性** (continuity) の間にはどのような関係があるのであろうか。その前に、関数の連続性の定義はつぎのようである。

定義 3.10.5 （関数の連続性）

関数 $f(x)$ が $x = a$ で連続であるとは、$\lim_{x \to a} f(x)$ が存在し、かつ $f(a)$ に等しいことをいう。また、$f(x)$ が x のある区間で連続とは、この区間内の各点で $f(x)$ が連続であることをいう。

この定義から、$f(x)$ が $x = a$ で可微分ならば、$f(x)$ は $x = a$ で連続であるが、その逆は必ずしも成り立たないことがわかる。

微係数計算の基本公式

微係数計算の基本的な公式を導くには、極限演算の法則が必要であるが、本書の内容からは直接にはこの法則は必要がないので省略し、その基礎となる**無限大** (infinity)、**無限小** (infinitesimal)、及びそれらの**位数** (order) の概念のみを紹介し、そののち微係数計算の基本公式をまとめる。

定義 3.10.6 （無限大、無限小）一般に複素値関数 $f(x)$ が、$\lim_{x \to a} f(x) = \infty$ または $\lim_{x \to a} f(x) = 0$ の場合、それぞれ f を a における無限大、または無限小という。

定義 3.10.7 （無限大、無限小の位数）一般に複素値関数 $f(x)$ が、$\lim_{x \to a} f(x) \infty$ または $\lim_{x \to a} f(x) = 0$ の場合、それぞれ f を a における無限大、または無限小という。

- 2つの無限大 f、g

  1. f/g が無限小のとき、f を g より**低位の** (lower order) 無限大、g を f より**高位の** (higher order) 無限大という。
  2. もし f/g も g/f も共に有界のとき、f、g は**同位の** (same-order) 無限大という。
  3. 同位の無限大を記号 $\sim$ で表すとすれば、$f \sim g^n$ のとき、f は g に関して n 位の無限大という。

- 2つの無限小 f、g

3.10. 微分法・積分法

1. f/g が無限小ならば、f は g より高位の無限小、g は f より低位の無限小という。
2. 同位の無限小は、無限大の場合と同様である。
3. n 位の無限小も、無限大の場合と同様である。

つぎに、無限大、無限小についての**ランダウ** (Landau, E. G.) の記号を述べる。この記号は、のちに述べる微分に関わる重要な定理である**テイラー展開** (Taylor expansion) のところで必要となる。

これについて述べる前に、**有界** (bounded)、**上界** (upper bound)、**下界** (lower bound)、及び**上限** (supremum、略して sup.)、**下限** (infimum、略して inf.) の概念の定義を行う。さらに、これらのいくつかの概念にかかわる著名な**ワイエルシュトラスの定理** (Weierstrass' theorem) 及び連続関数の**一様連続性** (uniform continuity) の定理等を紹介する:

定義 3.10.8 (有界、上界、下界)
集合 S に属する数がすべて 1 つの数 M よりも大 (あるいは小) でないときには、S は上方に有界、あるいは下方に有界といい、M をその 1 つの上界あるいは 1 つの下界という。また、上方にも下方にも有界ならば、単に有界という。

定義 3.10.9 (上限、下限)
集合 S の上限 a とは、つぎの 2 つを満たす数である:

1. S に属するすべての数 x に対して、$x \leq a$.
2. $a' < a$ ならば、$a' < x$ なるある数 x が S に属する。

下限については、うえの不等号の向きを変えればよい。

ここで、つぎに有界がらみで重要な基本的定理と連続関数についての基本的な定理を 2、3 紹介する:

定理 3.10.1 (Weierstrass)
数の集合 S が上方または下方に有界ならば、S の上限または下限が存在する。

定理 3.10.2 （連続関数の有界性）関数 $f(x)$ が区間 $a \leq x \leq b$ で連続であるとする。このとき、$f(x)$ はこの区間で上方にも下方にも有界である。

定理 3.10.3 （連続関数の一様連続性）

関数 $f(x)$ が区間 $a \leq x \leq b$ で連続ならば、任意の正数 ϵ を与えたとき、これに応じて適当な値 δ をとれば、この区間のどの場所でも、距離が δ より小、すなわち $|\xi_1 - \xi_2| < \delta$ なる 2 点をとれば、必ず $|f(\xi_1) - f(\xi_2)| < \epsilon$ とすることができる。この性質は、連続関数の一様連続性と呼ばれる。

定義 3.10.10 （ランダウの記号）

f、g が無限大か、ともに無限小の場合、

1. $x \to a$ のとき、$|f(x)/g(x)|$ が有界ならば、$f(x)$ は高々 $g(x)$ の位数であるといい、つぎのように書く：

$$\lim_{x \to a} f(x) = O(g(x)). \tag{3.110}$$

2. $x \to a$ のとき、$|f(x)/g(x)|$ が無限小ならば、$f(x)$ は $g(x)$ より小さい位数であるといい、つぎのように書く：

$$\lim_{x \to a} f(x) = o(g(x)). \tag{3.111}$$

無限小については、つぎの性質がある：

無限小の性質

性質 1. $\lim_{x \to a} \eta = 0$ ならば、$\lim_{x \to a} k\eta = 0$. ここで、k は定数である。

性質 2. $\lim_{x \to a} \eta_1 = 0$, $\lim_{x \to a} \eta_2 = 0$ ならば、$\lim_{x \to a} (\eta_1 + \eta_2) = 0$.

性質 3. c をゼロでない常数とすると、
$\lim_{x \to a} \eta = 0$ ならば、$\lim_{x \to a} \frac{1}{c+\eta} = \frac{1}{c}$.

うえの性質から、極限演算の法則が導かれ、その結果としてつぎの微分演算の法則が導かれる：

3.10. 微分法・積分法

微分演算の法則

1) 常数の導関数： $c' = 0$.

2) 関数の定数倍の導関数： $(cy)' = c\,y'$.

3) 一次結合式の導関数： $(\sum_{i=1}^{p} c_i\,y_i)' = \sum_{i=1}^{p} c_i\,y_i'$.

4) 積の導関数： $y = \prod_{i=1}^{p} y_i$ の時、$\frac{y'}{y} = \sum_{i=1}^{p} \frac{y_i'}{y_i}$.

5) 商の導関数： $u = \frac{y}{z}$ ならば、$u' = \frac{y'z - yz'}{z^2}$.

6) 関数の関数の導関数： $z = g(y),\, y = f(x)$ の時、$\frac{dz}{dx} = \frac{dz}{dy}\frac{dy}{dx}$.

7) 逆関数の導関数： $\frac{dx}{dy} = 1/\frac{dy}{dx}$.

8) 媒介変数がある場合の導関数： 媒介変数を t とする時、
$$\frac{dy}{dx} = \frac{dy}{dt}\Big/\frac{dx}{dt}.$$

つぎに、うえの微分演算の法則を援用して得られる基本的な関数の導関数の例をいくつかあげる：

基本的な関数の導関数の例

1) $(x^n)' = n\,x^{n-1}$.　　ここで、n は必ずしも整数でなくてよい。

2) $(a^x)' = a^x\,\log a$.　　ここで、一般に $\log x$ は $\log_e x$ あるいは $\ln x$ で、自然対数 (natural logarithm) を表すものとする。また、この場合の対数の底 (base) は、無理数 $e \doteqdot 2.7182818285\cdots$ である。

3) $(\log_a x)' = \frac{1}{\log a}\frac{1}{x}$.

4) $(\sin x)' = \cos x$.

5) $(\cos x)' = -\sin x$.

6) $(\tan x)' = \sec^2 x$.

7) $(\cot x)' = -\csc^2 x.$　　ここで、csc は、**余割** (cosecant 略して cosec) を表す。

8) $(\sec x)' = \sec x \tan x.$

9) $(\arctan x)' = \frac{1}{1+x^2}.$

テイラーの定理とテイラー展開

つぎの定理は、**テイラーの定理** (Taylor's theorem) と呼ばれる。微分法では最も基本的な定理の 1 つと考えられる。この定理は統計学ではいろいろな分野で利用される:

定理 3.10.4　（Taylor）
関数 $f(x)$ がある $n \geq 0$ に対して閉区間 $a \leq x \leq b$ （略して、$[a, b]$）で $n+1$ 回微分可能であり、$x_0 \in [a, b]$ であるとする。この時、

$$f(x) = \sum_{i=0}^{n} \frac{f^{(i)}(x_0)}{i!} (x - x_0)^i + R_{n+1}(x), \tag{3.112}$$

と書ける。ここで、$f^{(0)}(x_0) = f(x_0)$ とする。また、$R_{n+1}(x)$ は**剰余** (remainder) と呼ばれる。

うえの定理の剰余には、つぎの 2 種類がよく知られている:

- **コーシー型剰余** (remainder term in the Cauchy form)

$$R_{n+1}(x) = \frac{f^{(n+1)}(\xi)}{n!} (x - \xi)^n (x - x_0). \tag{3.113}$$

ここで、$x_0 < \xi < x$ とする。

- **ラグランジュ型剰余** (remainder term in the Lagrange form)

$$R_{n+1}(x) = \frac{f^{(n+1)}(\zeta)}{(n+1)!} (x - x_0)^{n+1}. \tag{3.114}$$

ここで、$x_0 < \zeta < x$ とする。

3.10. 微分法・積分法

テイラー定理を 定義 3.10.10 のランダウの剰余項の位数を用いて書き直したものが、つぎの定理でありテイラー展開と呼ばれる：

定理 3.10.5 （テイラー展開）
関数 $f(x)$ がある $n \geq 0$ に対して閉区間 $a \leq x \leq b$ （略して、$[a, b]$）で n 回微分可能であり、点 $x = x_0$ で $f^{(n+1)}(x_0)$ が存在し、$x_0 \in [a, b]$ であるとする。この時、

$$f(x) = \sum_{i=0}^{n+1} \frac{f^{(i)}(x_0)}{i!} (x - x_0)^i + o\left\{(x - x_0)^{n+1}\right\}, \tag{3.115}$$

と書ける。

ここで、定理 3.10.5 は、定理 3.10.4 の (3.112) 式での剰余項 $R_{n+1}(x)$ を

$$R_{n+1}(x) = \frac{f^{(n+1)}(x_0)}{(n+1)!} (x - x_0)^{n+1} + o\left\{(x - x_0)^{n+1}\right\}, \tag{3.116}$$

と書くことにあたる。また、定理 3.10.5 における関数 $f(x)$ は、n 回微分可能であり、かつ点 $x = x_0$ でのみ $f^{(n+1)}(x_0)$ が存在すればよいことに注意したい。さらに、(3.116) 式は、

$$R_{n+1}(x) = O\left\{(x - x_0)^{n+1}\right\}, \tag{3.117}$$

とも書けることに注意したい。

つぎに、テイラー展開の例を示す：

テイラー展開の例

例 1 e^x の $x_0 = 0$ でのテイラー展開（$n = 3$ の場合）

$$e^x = 1 + x + \frac{1}{2}x^2 + \frac{1}{6}x^3 + \frac{1}{24}x^4 + o(x^4), \tag{3.118}$$

あるいは、

$$e^x = 1 + x + \frac{1}{2}x^2 + \frac{1}{6}x^3 + O(x^4). \tag{3.119}$$

例 2 $\sin x$ の $x_0 = 0$ におけるテイラー展開（$n = 5$ の場合）

$$\sin x = x - \frac{1}{6}x^3 + \frac{1}{120}x^5 + O(x^7). \tag{3.120}$$

3.10.2　偏微分法

これまでの節では、関数としては1つの独立変数 x に対する（1つの）従属変数 y の関数、すなわち $y = f(x)$ に限定した微分法の議論を行ってきた。それでは、独立変数が複数存在する場合の微分は、どのように考えればよいであろうか。

このような場合、微分係数や導関数の概念を独立変数が複数の場合に拡張したものが、**偏微分係数** (partial differential coefficients) や**偏導関数** (partial derivatives) である。例えば、独立変数が2つの場合、微分のところで述べた (3.109) 式は、つぎのような偏微分係数に拡張される：

定義 3.10.11　（偏微分係数）

関数 $u = f(x, y)$ に対して、x 及び y についての偏微分係数あるいは偏導関数は、

$$\begin{aligned}
\frac{\partial u}{\partial x} = \frac{\partial f}{\partial x} &= \lim_{\triangle x \to 0} \frac{f(x + \triangle x, y) - f(x, y)}{\triangle x}, \\
\frac{\partial u}{\partial y} = \frac{\partial f}{\partial y} &= \lim_{\triangle x \to 0} \frac{f(x, y + \triangle y) - f(x, y)}{\triangle y}.
\end{aligned} \tag{3.121}$$

うえの偏導関数を定義すると、2つの独立変数の微小な変化に対する従属変数 u の微小変化の定義が可能となる。これは、**全微分** (total differential) と呼ばれ、つぎのように定義される：

定義 3.10.12　（全微分）

$$du = \frac{\partial u}{\partial x} dx + \frac{\partial u}{\partial y} dy. \tag{3.122}$$

3.10. 微分法・積分法

定義 3.10.11 は、独立変数が 3 つ以上の場合にも簡単に拡張できる。また、うえの偏導関数をさらに各独立変数によって偏微分することもできる。それらがもし存在するならば、**高階偏導関数** (partial derivatives of higher order) と呼ばれ、$\partial^{m+n} f/(\partial x^m \partial y^n)$ と表される。u が 3 つ以上の独立変数の関数である場合にも同様に、高階偏導関数を定義でき、

$$\frac{\partial^{m_1+m_2+\cdots+m_k} u}{\partial x_1^{m_1} \partial x_2^{m_2} \cdots \partial x_k^{m_k}},$$

と書かれる。ここで、k は独立変数の数であり、x_1 について m_1 回、x_2 について m_2 回、$\cdots$、x_k について m_k 回偏微分の操作を施したものとする。

(3.122) 式の全微分も、独立変数が 3 つ以上の場合に拡張できる。すなわち、

定義 3.10.13 (多変数関数の全微分)

$u = F(x_1, x_2, \cdots, x_k)$ の時、連続な偏導関数 $\frac{\partial F}{\partial x_1}, \frac{\partial F}{\partial x_2}, \cdots, \frac{\partial F}{\partial x_k}$ が存在するならば、

$$du = \frac{\partial F}{\partial x_1} dx_1 + \frac{\partial F}{\partial x_2} dx_2 + \cdots + \frac{\partial F}{\partial x_k} dx_k. \tag{3.123}$$

上記の多変数関数の全微分は、偏微分を繰り返すことにより、n **階微分** (total differential of nth order) を定義できる：

定義 3.10.14 (多変数関数の n 階微分)

$u = f(x_1, x_2, \cdots, x_k)$ の時、連続な偏導関数 $\frac{\partial f}{\partial x_1}, \frac{\partial f}{\partial x_2}, \cdots, \frac{\partial f}{\partial x_k}$ が存在するならば、

$$d^n u = \left(\frac{\partial}{\partial x_1} dx_1 + \frac{\partial}{\partial x_2} dx_2 + \cdots + \frac{\partial}{\partial x_k} dx_k \right)^n u. \tag{3.124}$$

偏導関数が定義されると、つぎのように、**合成関数** (composite function) の微分も定義できる：

定義 3.10.15 (合成関数の微分)

$u = f(x_1, x_2, \cdots, x_k)$ で、$x_i = \varphi_i(t)$, $i = 1, 2, \cdots, k$ のとき、
$$\frac{du}{dt} = \frac{\partial u}{\partial x_1}\frac{dx_1}{dt} + \frac{\partial u}{\partial x_2}\frac{dx_2}{dt} + \cdots + \frac{\partial u}{\partial x_k}\frac{dx_k}{dt}. \tag{3.125}$$

うえの定義で、媒介変数 t が多変量の場合の合成関数の微分は、つぎのように定義される：

定義 3.10.16 （多変数関数の合成関数の微分）

$u = f(x_1, x_2, \cdots, x_m)$ で、$x_i = \varphi_i(t_1, t_2, \cdots, t_n)$, $i = 1, 2, \cdots, m$ のとき、
$$\frac{\partial u}{\partial t_k} = \frac{\partial u}{\partial x_1}\frac{\partial x_1}{\partial t_k} + \frac{\partial u}{\partial x_2}\frac{\partial x_2}{\partial t_k} \cdots + \frac{\partial u}{\partial x_m}\frac{\partial x_m}{\partial t_k}. \tag{3.126}$$

最後に、n 次元空間上で一次独立な n 本の全微分を要素とするベクトルが定める行列式を考察する。第 2 章で紹介した定義 2.2.2 におけるベクトルが、そのようなベクトルであるとする。ここで、
$$\begin{aligned} \xi_i &= \phi_i(x_1, x_2, \cdots, x_n), \\ x_i &= g_i(\xi_1, \xi_2, \cdots, \xi_n), \quad i = 1, 2, \cdots, n, \end{aligned} \tag{3.127}$$

とすると、そのようなベクトルは 2 種類つくることができる。それらは、$d\boldsymbol{\xi} = (d\xi_1, d\xi_2, \cdots, d\xi_n)^t$、および $d\boldsymbol{x} = (dx_1, dx_2, \cdots, dx_n)^t$ である。

それぞれの種類のベクトルから一次独立な n 本のベクトルを構成し、それらから成る n 次元平行体の体積を、それぞれ $\boldsymbol{D}(d\boldsymbol{\xi}_1, d\boldsymbol{\xi}_2, \cdots, d\boldsymbol{\xi}_n)$、及び $\boldsymbol{D}(d\boldsymbol{x}_1, d\boldsymbol{x}_2, \cdots, d\boldsymbol{x}_n)$ とすると、両者の比はつぎのように書け、ヤコビアン (Jacobian) と呼ばれる。ヤコビアンは、独立変数の変換により生じる微小両 n 次元平行体の体積の比を与える：

$$\begin{aligned} D &= \frac{\boldsymbol{D}(d\boldsymbol{\xi}_1, d\boldsymbol{\xi}_2, \cdots, d\boldsymbol{\xi}_n)}{\boldsymbol{D}(d\boldsymbol{x}_1, d\boldsymbol{x}_2, \cdots, d\boldsymbol{x}_n)}, \\ &= \begin{vmatrix} \frac{\partial \phi_1}{\partial x_1} & \frac{\partial \phi_2}{\partial x_1} & \cdots & \frac{\partial \phi_n}{\partial x_1} \\ \frac{\partial \phi_1}{\partial x_2} & \frac{\partial \phi_2}{\partial x_2} & \cdots & \frac{\partial \phi_n}{\partial x_2} \\ \vdots & \vdots & \ddots & \vdots \\ \frac{\partial \phi_1}{\partial x_n} & \frac{\partial \phi_2}{\partial x_n} & \cdots & \frac{\partial \phi_n}{\partial x_n} \end{vmatrix}. \end{aligned} \tag{3.128}$$

3.10.3 積分法

この節では、**積分法** (integral calculus) の入門的内容を紹介する（例えば、Atkinson, 1978; 宇野, 1966）。

定積分と不定積分

まず、区間 $a \leq x \leq b$ で有界な任意の関数 $f(x)$ を仮定する。そのような関数の当該区間の面積、

$$I(f) = \int_a^b f(x)dx, \tag{3.129}$$

は、**定積分** (definite integral) と呼ばれる。

定積分の数値解法としては、これまでいろいろな方法が知られているが、それらの方法は一般的にはつぎのような枠組みに基づいている（例えば、Atkinson, 1978）。すなわち、被積分関数 $f(x)$ に対して、それに対する適当なある近似関数の族 $\{f_n(x) \mid n \geq 1\}$ を考え、つぎの関数を定義する：

$$I_n(f) = \int_a^b f_n(x)\,dx = I(f_n). \tag{3.130}$$

通常、われわれは次の関係を満足するような近似関数 $f_n(x)$ を考える：

$$n \to \infty \text{ の時}, \| f - f_n \| \to 0. \tag{3.131}$$

そのような考え方に基づく1つの方法が、よく知られた**区分求積法** (quadrature by parts) である。

これに対して、(3.129) 式の定積分の上限 b を変数 x で置き換え、$I(f)$ の代わりに $F(x)$ と置くことにすれば、この式はつぎのように書ける：

$$F(x) = \int_a^x f(x)dx, \tag{3.132}$$

これに関しては、つぎの微分積分学の基本定理がある：

定理 3.10.6 関数 $f(x)$ が、区間 $a \leq x \leq b$ で連続であるとき、

$$F(x) = \int_a^x f(t)\,dt, \quad a \leq x \leq b, \tag{3.133}$$

は、x について可微分であり、

$$\frac{dF}{dx} = f(x), \tag{3.134}$$

となる。

ここで、うえの定理における関数 $f(x)$ は、一般に**被積分関数** (integrand) と呼ばれる。一方、$F(x)$ は**不定積分** (anti-derivative, あるいは indefinite integral)、あるいは**原始関数** (primitive, あるいは primitive function) と呼ばれる。

一般に、任意の関数 $f(x)$ の原始関数は一意的には定まらないが、それらのうちの 1 つを $G(x)$ と書けば、定積分はつぎのように書ける：

$$\int_a^b f(x)\,dx = G(b) - G(a). \tag{3.135}$$

また、うえの式で、b を x とおけば、つぎの関係が得られる：

$$\int_a^x f(x)\,dx = G(x) - G(a). \tag{3.136}$$

そこで、$f(x)$ の原子関数 $G(x)$ は、つぎのように書ける：

$$G(x) = \int_a^x f(x)\,dx + c, \quad \text{ここで、} c \text{ は定数。} \tag{3.137}$$

うえの式の右辺は、通常簡略化して

$$\int f(x)\,dx,$$

と書かれる。

3.10. 微分法・積分法

積分の基本法則

つぎに、積分の基本法則をあげる（例えば、宇野, 1966）：

1) 関数の定数倍の積分：

$$\int c\,f(x)\,dx = c\int f(x)\,dx, \text{ここで、} c \text{は定数。} \tag{3.138}$$

2) 関数の和の積分：

$$\int \{f(x) + g(x)\}\,dx = \int f(x)\,dx + \int g(x)\,dx. \tag{3.139}$$

3) 置換積分：

$$\int f\{g(x)\}\,g'(x)\,dx = \int f(t)\,dt, \text{ここで、} t = g(x). \tag{3.140}$$

4) 部分積分：

$$\int f(x)g'(x)\,dx = f(x)g(x) - \int f'(x)g(x)\,dx. \tag{3.141}$$

5) 特別な関数の比の積分：

$$\int \frac{f'(x)}{f(x)}\,dx = \log f(x). \tag{3.142}$$

基本的な関数の不定積分の例

1)

$$\int x^n\,dx = \frac{1}{n+1}, \quad \text{ここで、} n \neq -1. \tag{3.143}$$

2)

$$\int \frac{1}{x}\,dx = \log x. \tag{3.144}$$

3)

$$\int e^{ax}\,dx = \frac{1}{a}\exp(ax), \quad \text{ここで、} a \neq 0. \tag{3.145}$$

4)
$$\int \sin nx\, dx = -\frac{1}{n} \cos nx. \tag{3.146}$$

5)
$$\int \tan x\, dx = -\log \cos x. \tag{3.147}$$

6)
$$\int \frac{1}{a^2 + x^2}\, dx = \frac{1}{a} \tan^{-1} \frac{x}{a}, \quad ここで、a \neq 0. \tag{3.148}$$

7)
$$\int \frac{1}{\sqrt{a^2 - x^2}}\, dx = \sin^{-1} \frac{x}{a}, \quad ここで、a > 0. \tag{3.149}$$

8)
$$\int \frac{1}{\sqrt{x^2 + a}}\, dx = \log(x + \sqrt{x^2 + a}). \tag{3.150}$$

広義積分

前項では、被積分関数が積分の上限、下限も含め区間 $a \leq x \leq b$ の全体に亘り連続な場合を仮定していた。この項では、関心のある定積分がこの仮定を満たさない場合のいくつかについて紹介する。例えば、3.1.5 節や 3.1.6 節では、(3.11) 式や (3.13) 式のような積分の上限や下限が無限大の場合が、そのような例の1つである。広義積分の詳細については、例えば宇野 (1966) が詳しいが、ここではそこでの議論のうち、

- 被積分関数の不連続点が有限個で、かつこれらの点で関数が有界でない場合、

- 積分区間が無限大となる場合、

の2つについて、簡単に紹介する。

まず、前者の場合の定積分の定義は、つぎのようである：

3.11. 最適化

定義 3.10.17 ($a \leq x < c$ の場合の定積分)

$$\int_a^c f(x)\,dx = \lim_{\epsilon \to 0} \int_a^{c-\epsilon} f(x)\,dx. \tag{3.151}$$

定義 3.10.18 ($c < x \leq b$ の場合の定積分)

$$\lim_{\epsilon \to 0} \int_{c+\epsilon}^b f(x)\,dx = \int_c^b f(x)\,dx. \tag{3.152}$$

ここで、注意すべきは、うえの2つの積分は、必ずしも存在するとは限らない点である。そのような場合、積分は**発散する** (diverge) という。積分の収束・発散については、つぎの判定法が知られている：

定理 3.10.7 (積分の収束)

$x \to c$ で被積分関数 $f(x)$ が有界でないとき、c の近傍 $c - \epsilon, \epsilon > 0$ で、

$$|f(x)| \leq \frac{A}{(c-x)^\eta}, \quad \text{ここで } A \text{ は正定数、} \tag{3.153}$$

なる η が区間 $0 < \eta < 1$ で存在するとき、定積分 $\int_a^c f(x)\,dx$ は存在する。

一方、後者の場合、すなわち積分区間が無限大となる場合には、例えば積分の下限が有限で上限が無限大の場合には、定積分はつぎのように定義される：

定義 3.10.19 (積分区間が無限大の場合の定積分)

$$\int_a^\infty f(x)\,dx = \lim_{B \to \infty} \int_a^B f(x)\,dx. \tag{3.154}$$

前者の場合と同様、この積分も収束する場合も発散する場合もある点に注意が必要である。

3.11 最適化

一般にわれわれが、何らかのモデルを現象に当てはめようとするとき、データに対してモデルがどれほど当てはまりがよいかどうかを検討する必

要がある。統計学の視点からは、そのための方法としては、既に紹介した最小2乗法、最尤法、ベイズ推定法などがある。しかし、それらの方法のいずれを利用するにせよ、データにモデルを当てはめるとき、何らかの基準が最小あるいは最大になるようにモデルのパラメータを推定する必要が生じる。

このような目的を達成するためには、数値計算の分野の**線形あるいは非線形最適化** (linear or nonlinear optimization) の問題を解く必要に迫られる。この節では、最適化問題の初歩についてのみ、以下の3節で紹介する。詳細については、例えば、Fletcher (1980)、Eiselt et al. (1987)、Helmke and Moore (1994)、Pedregal (2004)、Polak (1997)、宇野 (1967) 等を参照されたい。

3.11.1 最適化の定義と古典理論

一般に、何らかの最適化すべき関数（目的関数）$f(\boldsymbol{x})$ の最適化（最大、最小）に関しては、つぎの関係が成立する：

$$\max_x \{f(\boldsymbol{x})\} = \min_x \{-f(\boldsymbol{x})\}. \tag{3.155}$$

そこで、この節では最小化問題に絞り、その入門的基礎について紹介する。最適化問題全般を考えると線形最適化も重要であるが、非対称 MDS の文脈では非線形最適化問題が重要な役割を果たすので、ここでは非線形最適化問題のみを取り上げることにする。この時、最適化問題はつぎのように書ける：

定義 3.11.1 （非線形最適化問題）

目的関数 $f(\boldsymbol{x}) = f(x_1, x_2, \cdots, x_n)$ を、m 個の不等式で示される制約条件

$$c_i(x_1, x_2, \cdots, x_n) \geq 0, \quad i = 1, 2, \cdots, m, \tag{3.156}$$

と、s 個の等式で示される制約条件

$$e_j(x_1, x_2, \cdots, x_n) = 0, \quad j = 1, 2, \cdots, s, \tag{3.157}$$

のもとで最小化せよ。

3.11. 最適化

つぎに、代表的な最適化の古典的理論をまとめると、つぎのようになる:

1. 制約条件のない場合

    (a) $f(\boldsymbol{x})$ の最小点の必要条件

    $$\frac{\partial f}{\partial x_1} = \cdots = \frac{\partial f}{\partial x_n} = 0. \tag{3.158}$$

    (b) $f(\boldsymbol{x})$ の最小点の十分条件

    すべての2次偏導関数 $\frac{\partial^2 f}{\partial x_j \partial x_k}$ がこの点で存在し、かつ次の2次偏導関数からなる行列の主小行列式がすべて正（例えば、Mirsky, 1963）:

    $$\boldsymbol{G} = \begin{pmatrix} \frac{\partial^2 f}{\partial x_1^2} & \frac{\partial^2 f}{\partial x_1 \partial x_2} & \cdots & \frac{\partial^2 f}{\partial x_1 \partial x_n} \\ \cdots\cdots\cdots\cdots\cdots\cdots\cdots\cdots\cdots\cdots\cdots \\ \frac{\partial^2 f}{\partial x_n \partial x_1} & \frac{\partial^2 f}{\partial x_n \partial x_2} & \cdots & \frac{\partial^2 f}{\partial x_n^2} \end{pmatrix}. \tag{3.159}$$

    ここで、行列 $\boldsymbol{G}$ は、ヘッセ行列 (Hessian matrix) と呼ばれることがある。次節の最適化の数値解法の1つの方法であるニュートン法で基本的な行列となる。

2. 制約条件のある場合

    ラグランジュの未定乗数法 (Lagrange's undetermined multiplier method) を用いる。すなわち、この方法では、関数

    $$f(\boldsymbol{s}) = f(x_1, \cdots, x_m; u_1, \cdots, u_n), \tag{3.160}$$

    の極値を n 個の副条件

    $$F_j(\boldsymbol{s}) = F_j(x_1, \cdots, x_m; u_1, \cdots, u_n) = 0, \quad j = 1, \cdots, n, \tag{3.161}$$

    のもとで求める。そのためには、

    $$\frac{\partial Q}{\partial \boldsymbol{s}} = \frac{\partial}{\partial \boldsymbol{s}} \left(f(\boldsymbol{s}) + \lambda_1 F_1(\boldsymbol{s}) + \cdots + \lambda_n F_n(\boldsymbol{s}) \right) = \boldsymbol{0}, \tag{3.162}$$

    及び

    $$F_j(\boldsymbol{s}) = 0, \quad j = 1, \cdots, n \tag{3.163}$$

    を満たす $\boldsymbol{s}$、及び $\lambda_1, \cdots, \lambda_n$ を求めればよい。

3.11.2 最適化の数値解法

非線形最適化のための数値解法は、制約条件の中にある幾つかの点について、目的関数の大小を直接的に評価する直接的探索法と反復法がある。後者の反復法では、一般にまず初期値 x_0 を定め、つぎに

$$x_{i+1} = x_i + h_i d_i, \tag{3.164}$$

とし、$f(x_{i+1}) \leq f(x_i)$ なる点 x_{i+1} をつぎつぎと更新していく。ここで、d_i は移動方向ベクトル、h_i は移動距離である。

反復法にも、目的関数の偏導関数を直接産出することなしに目的関数 f の値とそれ以前に得た値を利用する直接的方法と、**勾配法** (gradient methods) がある。勾配法は、目的関数 f の値と、独立変数に関する f の偏導関数の値を、既に得られている情報と共に使い、移動方向 d_i を求める方法である。ここでは、従来よく知られている勾配法のうちの代表的な 2 つの方法についてのみ簡単に紹介する。その他の方法については、この節の最初に紹介した幾つかの文献を参照されたい。

最急降下法

最急降下法 (method of steepest descent) は、関数の最小値を得るために、関数 $f(x_1, x_2, \cdots, x_n)$ の負の勾配に沿って、x_i を更新していく方法である。ここで、多変数関数の**勾配** (gradient) は、つぎのように定義される:

$$\nabla f(x) = g = grad(f) = \left(\frac{\partial f}{\partial x_1}, \frac{\partial f}{\partial x_2}, \cdots, \frac{\partial f}{\partial x_n} \right). \tag{3.165}$$

したがって、**最急降下方向** (direction of steepest descent) は $-\nabla f(x)$ である。その結果、(3.164) 式の d_i は $-g_i$ となり、最急降下法の更新公式は、

$$x_{i+1} = x_i - h_i g_i, \tag{3.166}$$

となる。

3.11. 最適化

ニュートン法とそのバージョン

最急降下法では、目的関数の勾配、すなわち1次偏微分を利用するが、**ニュートン法** (Newton method) とそのバージョン、すなわち**準ニュートン法** (quasi-Newton methods) では、2次偏導関数まで利用する。まず、もとのニュートン法では、更新公式は、

$$x_{i+1} = x_i - h_i \boldsymbol{G}^{-1} \boldsymbol{g}_i, \tag{3.167}$$

であり、擬ニュートン法では、

$$x_{i+1} = x_i - h_i \boldsymbol{A}\boldsymbol{G}^{-1} \boldsymbol{g}_i, \tag{3.168}$$

である。ここで、行列 $\boldsymbol{G}$ は、既に前節の (3.159) 式で定義したヘッセ行列である。また、定式での行列 $\boldsymbol{A}$ は、任意の正定符号行列であるとする。

3.11.3 最適化と力学系

この節、すなわち 3.11 節の主題である最適化の問題と、以下で紹介する 3.15 節の主題である微分方程式や差分方程式による力学系の問題の間には密接な関係がある。実際、この問題を直接的に取り扱った著書の1つに Helmke and Moore (1994) があり、これを見ると両者の関連や研究の歴史が詳しく述べられている。

彼らによれば、伝統的な最適化問題の力学系による解法や原理については、多くの研究者の貢献があるが、とりわけ Brockett (1988) の貢献が大きい。すなわち、Brockett は行列の対角化、**線形プログラミング** (linear programming)、**ソーティング** (sorting) の問題は、すべて力学系によって、とりわけある種の振る舞いのよい**常行列微分方程式** (ordinary matrix differential equation) の極限解を見つけることにより解くことができることを示したという。

また、同じく彼らによれば、力学系による最適化は**非線形プログラミング** (nonlinear programming)、シンプレクティック幾何学、人工ニューラルネットワークなど、きわめて広範な学問分野の問題に関連があるとい

う。また、力学系による最適化における解の収束の問題は、力学系の特異点や固定点の振る舞いや力学系の構造安定性の問題にも関連し、きわめて興味深い。

実際、後続の第4章4.4.2節で一部紹介するTrendafilov (2002) による、非対称MDSの1つであるChino (1990) のGIPSCALの解法の問題点の1つを克服するために提案された方法は、まさにこの行列微分方程式を活用するものである。

ただし、ここでは紙面の制約上から、最適化と力学系の関係については、よく知られた固有値問題の一般的な解法の1つであるパワー法をHelmke and Moore (1994) に従って紹介し、最後にTrendafilov (2002) によるGIPSCALの行列微分方程式による解法を紹介するにとどめる。

Helmke and Moore (1994) に従い、まず最初に、行列の固有値問題の著名な古典的解法の1つである**パワー法** (power method) について述べる。ここで、パワー法の対象とする行列（彼らは、行列と言わず、**線形演算子** (linear operator) と呼んでいる）A は、複素数体上で定義されるものとする。また、そのような行列の固有値を $\lambda_1, \cdots, \lambda_n$, 対応する固有ベクトルを $v_1, \cdots, v_n$ と書くものとする。また、簡単のために行列 A は**正則** (nonsingular) で、絶対値最大の固有値は孤立固有値、すなわち $|\lambda_1| > |\lambda_2| \geq \cdots \geq |\lambda_n|$ であるとする。ここで、初期値ベクトル $x_0 \in C^n$ は、ユークリッドノルムが $\|x_0\|_2 = 1$ であるとする。

この時、パワー法ではつぎの**離散時間力学系** (discrete-time dynamical system) で定義される、C^n 上の単位ベクトルから成る**無限正規クリロフ列** (infinite normalized Krylov-sequence) x_k を考える：

$$x_k = \frac{A x_{k-1}}{\|A x_{k-1}\|_2} = \frac{A^k x_0}{\|A^k x_0\|_2}, \quad k \in N. \quad (3.169)$$

この式は、3.15節で紹介する差分方程式に他ならない。

うえの x_k は、ほとんどすべての $x_0 \in C^n$ に対して、行列 A の**最大絶対固有ベクトル** (dominant eigenvector) v_1 に収束することが分かっている。ここで、最大絶対固有ベクトルとは、行列 A の絶対値最大の固有値、すなわち**最大絶対固有値** (dominant eigenvalue) λ_1 に対する固有ベクトルを指す。

3.11. 最適化

最後に、Trendafilov (2002) による力学系を利用した GIPSCAL の解法について紹介する。彼は、4.4.2 節で紹介する Chino (1990) の GIPSCAL モデル、すなわち (4.18) 式を書き換えることにより考察した Kiers and Takane (1994) の (4.19) 式による最小化問題：

定義 3.11.2 (*Kiers-Takane*)

$$\text{Minimize} \quad \|X - A(I_p + \Psi)A^t - c\mathbf{1}\mathbf{1}^t\|_2^2, \tag{3.170}$$

を、つぎのようなより一般的な形に書き直した：

定義 3.11.3 (*Trendafilov*)

$$\text{Minimize} \quad E(Q, D, S) = \|X - Q(D^2 + S)Q^t\|^2,$$

$$\text{subject to} \quad (Q, D, S) \in O(n, p) \times D(p) \times S(p)^\perp, \tag{3.171}$$

ここで、$O(n,p)$ は、$n \times p$ 列方向正規直交行列 (column-wise orthonormal matrices)、すなわち

$$O(n, p) = \{Q \in R^{n \times p} : Q^t Q = I_p\}, \tag{3.172}$$

である。また、$D(p)$ はすべての対角 $p \times p$ 行列の部分空間であり、$S(p)^\perp$ は、すべての歪対称 $p \times p$ 行列の集合である。

この問題の解は、Trendafilov (2002) によれば、つぎの3組の行列微分方程式を解けばよい：

$$\begin{aligned}\frac{dQ}{dt} &= Q\left\{[S, Q^t X_{sk} Q] - [D^2, Q^t X_s Q]\right\} \\ &\quad + 2\left(I - QQ^t\right)\left(X_s Q D^2 - X_{sk} Q S\right),\end{aligned} \tag{3.173}$$

$$\frac{dD}{dt} = 2\left(Q^t X_s Q - D^2\right) \odot D, \tag{3.174}$$

$$\frac{dS}{dt} = Q^t X_{sk} Q - S. \tag{3.175}$$

ここで、(3.173) 式の $[\bullet, \bullet]$ は、リー括弧記号 (Lie bracket notation) であり、一般に $[Z_1, Z_2] = Z_1 Z_2 - Z_2 Z_1$ と定義される。また、$\odot$ は、標準的なアダマール積 (Hadamard matrix product) である。さらに、上記3式の X_s 及び X_{sk} は、行列 X の対称部及び歪対称部を表す。

3.12 MCMC 法

マルコフ連鎖モンテカルロ法 (Markov chain Monte Carlo method) は、確率分布から一連の乱数列を得るためのアルゴリズムである。ベイズ統計学においては事後分布が既知の分布のクラスではない複雑な分布となることが多い。MCMC 法は、高次元の複雑な事後分布から、乱数列を得ることによって事後分布を数値的に評価する目的で多く利用される。

乱数のサンプリングを多数回繰り返すことによって解を求める方法は、カジノで有名なモナコ公国の都市にちなんで**モンテカルロ法** (Monte Carlo method) と総称される。MCMC 法はその名の通りこのモンテカルロ法の一種であるが、既知の分布から独立なサンプリングを繰り返す、通常の「静的な」モンテカルロ法 (伊庭, 2005) とは異なり、次で定義を与えるマルコフ連鎖を使った「動的な」サンプリングを特徴とする。

定義 3.12.1 (マルコフ連鎖)
離散時点の確率変数列 $\{\boldsymbol{\theta}^{(t)}\}$ ($t = 0, 1, 2...$) は、

$$\begin{aligned} P(\boldsymbol{\theta}^{(t+1)} \in A | \boldsymbol{\theta}^{(0)}, ..., \boldsymbol{\theta}^{(t)}) &= P(\boldsymbol{\theta}^{(t+1)} \in A | \boldsymbol{\theta}^{(t)}) \\ &\equiv P(\boldsymbol{\theta}, A). \end{aligned} \quad (3.176)$$

を満たすとき、**マルコフ連鎖** (Markov chain) であるという。また、加算集合 $A \in \boldsymbol{\Theta}$ を連鎖の**状態空間** (state space) とよぶ。

マルコフ連鎖の性質より、$\boldsymbol{\theta}^{(t+1)}$ はその直前の状態 $\boldsymbol{\theta}^{(t)}$ を所与としたとき、それ以前の $\boldsymbol{\theta}^{(0)}, ..., \boldsymbol{\theta}^{(t-1)}$ と独立である。このような性質を**マルコフ性** (Markov property) と呼ぶ。ここで (3.176) 式において、時点 t から $t+1$ に推移する際の条件付き確率を表す関数 $P(\boldsymbol{\theta}, A)$ を**推移核** (transition kernel) と呼ぶ。推移核は $\boldsymbol{\theta}^{(t)}$ を所与とした $\boldsymbol{\theta}^{(t+1)}$ の条件付き分布を与えるものであり、時点 t に依存しない。

MCMC 法では、マルコフ連鎖からの乱数標本列を利用する。すなわち、任意の初期値 $\boldsymbol{\theta}^{(0)}$ から逐次、乱数標本 $\boldsymbol{\theta}^{(t)}$, $t = 1, 2, ...$ を生成していく。MCMC 法を用いてベイズ推定を行うにあたっては、初期値 $\boldsymbol{\theta}^{(0)}$ に依

3.12. MCMC法

存せずに、事後分布からの乱数を得たい。このために重要な概念として、次の定常分布がある。

定義 3.12.2 (定常分布)
(3.176) 式のすべての可測集合 A について、初期値 $\boldsymbol{\theta}^{(0)}$ からのマルコフ連鎖を n 回繰り返したときの

$$P^n(\boldsymbol{\theta}_0, A) \equiv P(\boldsymbol{\theta}^{(n)} \in A | \boldsymbol{\theta}_0) \tag{3.177}$$

が

$$\lim_{n \to \infty} P^n(\boldsymbol{\theta}, A) = \int_A \pi(\boldsymbol{\theta}) d\boldsymbol{\theta} \tag{3.178}$$

を満たすとき、分布 π を**定常分布** (equilibrium distribution) と呼ぶ。

定常分布 π と推移核 P について、$\pi = P\pi$ と書くことができる。

実際のベイズ推定では、定常分布としてパラメータの事後分布を持つようなマルコフ連鎖を構成することが MCMC を用いる動機となる。これを構成することができれば、任意のどんな初期値から連鎖をはじめたとしても、十分大きい回数連鎖を繰り返すことにより事後分布からの乱数標本を得ることが可能になる。

このような定常分布を持つマルコフ連鎖はどのように構成すればよいだろうか。定常分布を与える条件として、規約性と非周期性が知られている。厳密な定義ではないが、マルコフ連鎖が**規約** (irreducible) であるとは、どの状態から連鎖をはじめたとしても、有限回の反復のうちに任意の状態に到達できることである。また、マルコフ連鎖が**非周期的** (aperiodic) であるとは、一定の時点間隔で必ず現れるような状態が存在しないことである。より詳しくは O'Hagan and Foster (2004) などを参照されたい。規約で非周期的なマルコフ連鎖を構築すれば、定常分布の存在が保証され、どんな初期値から開始しても繰り返し回数 t を十分大きくとれば定常分布からの乱数列を得ることができるようになる。ベイズ推定における MCMC 法は、この原理を用いて、定常分布としてパラメータの事後分布を持つマルコフ連鎖からの乱数標本を発生させ、これを用いて事後分布の評価を行う。

上記の性質を満たしたマルコフ連鎖を構築するためのアルゴリズムとして、次に述べるギブスサンプリングとメトロポリス・ヘイスティングス法が代表的な方法として非常に多く利用されている。

3.12.1 ギブスサンプリング

いま k 個のパラメータ $\boldsymbol{\theta} = (\theta_1, \theta_2, ..., \theta_k)'$ のあるモデルを考える。すべてのパラメータの同時分布 $p(\boldsymbol{\theta}|\boldsymbol{X})$ を**同時事後分布** (joint posterior distribution) と呼ぶ。また、各パラメータについて、自分以外のすべてのパラメータとデータを所与としたときの条件付き事後分布のことを、**完全条件付き事後分布** (full conditional posterior distribution) と呼ぶ。

いま、同時事後分布は既知の分布形にならず解析的に評価できないものの、各パラメータの完全条件付き事後分布は既知の分布形となるとする。このような状況は実際にしばしば存在する。

定義 3.12.3 （ギブスサンプリング）
次により事後分布からの乱数標本列を得るアルゴリズムを**ギブスサンプリング** (Gibbs sampling) という。

1. 任意の初期値 $\boldsymbol{\theta}^0 = (\theta_1^0, \theta_2^0, ..., \theta_k^0)'$ を用意する。

2. (t+1) 回目の繰り返しにおいて、$\boldsymbol{\theta}^{(t+1)}$ を $\boldsymbol{\theta}^{(t)}$ から次のように発生させる：

$$\theta_1^{(t+1)} \longleftarrow p(\theta_1|\boldsymbol{X}, \theta_2^{(t)}, \theta_3^{(t)}, ..., \theta_k^{(t)}), \qquad (3.179)$$

$$\theta_2^{(t+1)} \longleftarrow p(\theta_2|\boldsymbol{X}, \theta_1^{(t+1)}, \theta_3^{(t)}, ..., \theta_k^{(t)}), \qquad (3.180)$$

$$\vdots \qquad \vdots$$

$$\theta_k^{(t+1)} \longleftarrow p(\theta_k|\boldsymbol{X}, \theta_1^{(t+1)}, \theta_2^{(t+1)}, ..., \theta_{k-1}^{(t+1)}). \quad (3.181)$$

このとき、乱数列 $\{\boldsymbol{\theta}^{(t)}\}$ はマルコフ連鎖となり、その対応する定常分布が事後分布 $p(\boldsymbol{\theta}|\boldsymbol{X})$ となる。つまり、$t \to \infty$ のとき $\boldsymbol{\theta}^{(t)}$ は事後分布からの乱数標本となる。ギブスサンプリングは Geman and Geman (1984) が

3.12. MCMC 法

画像復元のためのアルゴリズムとして提案したことで有名であるが、さらにその以前からさまざまな分野で独立に発見されていたといわれている (Besag, 2000)。

3.12.2 メトロポリス・ヘイスティングス法

前節で述べたギブスサンプリングはシンプルで強力な方法であるが、各パラメータの完全条件付き事後分布から直接乱数が発生できることが必要である。完全条件付き事後分布が、正規分布や逆ガンマ分布といった既知の分布形となっている場合には、これは容易である。しかし、複雑な統計モデルにおいては、完全条件付き事後分布がうまく既知の分布形とならない場合が多くある。本節で述べるメトロポリス・ヘイスティングス法は、このような状況においても事後分布からの乱数列の発生のために用いることのできるアルゴリズムである。提案分布 $q(\boldsymbol{\theta}'|\boldsymbol{\theta})$ を利用した棄却・受理の手続きを特徴とする。

定義 3.12.4 (M-H アルゴリズム)

次により事後分布からの乱数標本列を得るアルゴリズムを**メトロポリス・ヘイスティングス法**（Metropolis-Hastings algorithm, M-H アルゴリズム）という。

1. 任意の初期値 $\boldsymbol{\theta}^{(0)} = (\theta_1^{(0)}, \theta_2^{(0)}, ..., \theta_k^{(0)})^t$ を用意する。

2. (t+1) 回目の繰り返しにおいて、$\boldsymbol{\theta}^{(t+1)}$ を $\boldsymbol{\theta}^{(t)}$ から次の手順で生成する。

    (a) 提案分布 $q(\boldsymbol{\theta}'|\boldsymbol{\theta}^{(t)})$ より、提案乱数標本 $\boldsymbol{\theta}'$ を発生させる。

    (b) 提案乱数標本の**受理確率** (acceptance ratio) $\alpha(\boldsymbol{\theta}', \boldsymbol{\theta}^{(t)}) = min(R, 1)$ を計算する。ただし、

    $$R = \frac{\pi(\boldsymbol{\theta}')q(\boldsymbol{\theta}^{(t)}|\boldsymbol{\theta}')}{\pi(\boldsymbol{\theta}^{(t)})q(\boldsymbol{\theta}'|\boldsymbol{\theta}^{(t)})} \qquad (3.182)$$

    である。

(c) $[0,1]$ を値域とする一様乱数 $u \sim U(0,1)$ を発生させる。

(d) $\alpha(\boldsymbol{\theta}', \boldsymbol{\theta}^{(t)}) > u$ であれば、$\boldsymbol{\theta}'$ を受理し、$\boldsymbol{\theta}^{(t+1)} = \boldsymbol{\theta}'$ とする。$\alpha(\boldsymbol{\theta}', \boldsymbol{\theta}^{(t)}) \leq u$ であれば、$\boldsymbol{\theta}'$ を棄却し、$\boldsymbol{\theta}^{(t+1)} = \boldsymbol{\theta}^{(t)}$ のままとする。

M-H アルゴリズムにおいて、提案分布が現在の値 $\boldsymbol{\theta}^{(t)}$ と独立である、つまり $q(\boldsymbol{\theta}'|\boldsymbol{\theta}^{(t)}) = q(\boldsymbol{\theta}')$ と表せるとき、これをとくに**独立連鎖** (independent chain) と呼ぶ。また、$h()$ を原点について対称な分布として、提案密度が $q(\boldsymbol{\theta}'|\boldsymbol{\theta}^{(t)}) = h(\boldsymbol{\theta}' - \boldsymbol{\theta}(t))$ と表せるとき、これを**ランダムウォーク連鎖** (random-walk chain) と呼ぶ。効率のよい M-H アルゴリズムからのサンプリングのためには、提案分布を適切に選択することが重要である (Tierney, 1994)。なお、ギブスサンプリングは M-H アルゴリズムにおいて受理確率が 1 である特殊な場合だと考えることができる（たとえば Gill, 2008 を参照）。

前節で述べたギブスサンプリングおよび本節で述べた M-H アルゴリズムを、実際のデータ分析で実現するためのプログラミング言語・環境として BUGS (Gilks, Thomas, & Spiegelhalter, 1994) がある。とくに Windows 版の WinBUGS は著名であったが、近年はこれがオープンソース化・マルチプラットフォーム化され、OpenBUGS として開発・配布が続けられている。BUGS を用いることで、MCMC 法による推論を実行することが容易となる。BUGS プロジェクトの歴史や展望は Lunn, Spiegelhalter, Thomas, and Best (2009) に詳しい。また、BUGS を中心的に利用した書籍も多く出版されている (例: Ntzoufras, 2009; Kruschke, 2011)。

3.12.3 収束判定

ギブスサンプリングや M-H アルゴリズムによって事後分布を定常分布として持つマルコフ連鎖を構築すれば、繰り返し回数 $t \to \infty$ のとき、事後分布からの乱数標本が保証される。これは、逆に言えば、連鎖初期に得られた乱数標本は、定常分布に収束していない可能性が高いということでもある。そのため、通常繰り返し回数 t が数千もしくは数万回程度の連鎖

初期における乱数標本は、事後分布からの乱数標本とみなさず捨てられることが多い。この期間のことを**バーンイン** (burn-in) と呼ぶ。

現実的に繰り返し回数をどれだけ大きくとればよいのかは明らかではないが、現実的な時間内での質のよいサンプリングのために、さまざまな工夫が知られている。たとえば、初期値 $\theta^{(0)}$ の選択は、こうした観点からは重要である (Gelman & Rubin, 1992) 。一般に、初期値として事後分布の代表値に近い位置を選択できれば収束が早い一方で、大きく外れた位置を初期値にとってしまうと収束が遅くなる。また、連鎖の自己相関が高い場合には、一定間隔おきの乱数標本のみ利用する**間伐** (thinning) や、複数の連鎖を同時に走らせる**多重連鎖** (multiple chain) が用いられることもある。

連鎖が収束したことを確認するための方法は**収束判定** (convergence diagnostics) と呼ばれ、Geweke (1992) の方法、Gelman and Rubin (1992) の方法をはじめ、さまざまな方法論が提案されている。これら多くの方法はソフトウェア CODA (Plummer, Best, Cowles & Vines, 2006) や BOA (B. J. Smith, 2007) に実装されており、前節で紹介した MCMC 推定のための BUGS と組み合わせて利用できる。

3.13 テンソル

本書の主題である非対称 MDS では、観測データから複数の対象を何らかの多次元距離空間上の点として表現するために、データ行列の構成要素である（非）対称な関係を表す量は、数学的には**各種形式** (form) と呼ばれる量により表現できる。したがって、非対称 MDS を理解するためには、これらの各種形式という量の定義や基礎知識が不可欠である。そこで、この節では各種形式（1-形式、2-形式、k-形式）と、1-形式の自然な拡張であるテンソルについて簡単に紹介する。**1-形式** (1-forms) は、n 次元実ベクトル空間 R^n から R への線形関数である。まず最初に各種形式を紹介し、つぎにテンソルの初歩について紹介する。

3.13.1 各種形式

第2章 2.1 節では、行列式がベクトルの関数や写像の視点からも議論できることを指摘した。このような関数を扱う数学的概念の1つに**外部形式** (exterior forms) がある。外部形式には、さらに**外微分形式** (exterior differential forms)、**外積代数的形式** (exterior algebraic forms) があるが、ここでは以下に Arnold (1978) に従って、後者について簡単に紹介する。ここで、R^n を n 次元実ベクトル空間とする。また、この空間上のベクトルを $\boldsymbol{\xi}, \boldsymbol{\eta}, \cdots$ と表すとする。つぎに見るように 1-形式は1つのベクトルの線形関数、2-形式は2つのベクトルの線形関数、同様に k-形式は k 個のベクトルの線形関数である：

定義 3.13.1 （1-形式）次数 1 の形式（あるいは 1-形式）とは、1つのベクトルの線形関数 $\omega: R^n \to R$ である。すなわち、

$$\omega(\lambda_1 \boldsymbol{\xi}_1 + \lambda_2 \boldsymbol{\xi}_2) = \lambda_1 \omega(\boldsymbol{\xi}_1) + \lambda_2 \omega(\boldsymbol{\xi}_2), \quad \lambda_1, \lambda_2 \in R \text{ かつ } \boldsymbol{\xi}_1, \boldsymbol{\xi}_2 \in R^n.$$

第2章 2.5.1 節の抽象的ベクトル空間の定義から明らかなように、すべての 1-形式の集合は、もしわれわれが2つの形式の和を

$$(\omega_1 + \omega_2)(\boldsymbol{\xi}) = \omega_1(\boldsymbol{\xi}) + \omega_2(\boldsymbol{\xi}),$$

により、またスカラー乗法を

$$(\lambda \omega)(\boldsymbol{\xi}) = \lambda \omega(\boldsymbol{\xi}),$$

により定義するならば、実ベクトル空間を構成する。

このようにして構成される R^n 上の 1-形式から成る空間は、それ自身が n-次元であり、**双対空間** (dual space) $(R^n)^*$ と呼ばれる。ここで、もしわれわれが R^n 上に線形座標系 $x_1, x_2, \cdots, x_n$ を選ぶならば、それぞれの座標値 x_i はそれ自身 1 つの 1-形式である。

定義 3.13.2 （2-形式）

3.13. テンソル

次数2の外部形式（あるいは2-形式）とは、2つのベクトルの線形関数 $\omega^2 : R^n \times R^n \to R$ であり、**双一次** (bilinear) でかつ**歪対称** (skew symmetric) である：

$$\omega^2(\lambda_1 \boldsymbol{\xi}_1 + \lambda_2 \boldsymbol{\xi}_2, \boldsymbol{\xi}_3) = \lambda_1 \omega^2(\boldsymbol{\xi}_1, \boldsymbol{\xi}_3) + \lambda_2 \omega^2(\boldsymbol{\xi}_2, \boldsymbol{\xi}_3),$$

$$\omega^2(\boldsymbol{\xi}_1, \boldsymbol{\xi}_2) = -\omega^2(\boldsymbol{\xi}_2, \boldsymbol{\xi}_1),$$

$$\forall \lambda_1, \lambda_2 \in R, \ \boldsymbol{\xi}_1, \boldsymbol{\xi}_2, \boldsymbol{\xi}_3 \in R^n.$$

ここで注意すべきは、2-形式は**双一次形式** (bilinear form) や**二次形式** (quadratic form) と同一の概念ではない、という点である。既に 2.3.1 節で示したように、双一次形式では、2-形式のように必ずしも歪対称を仮定しない。また、2-形式は明らかに、二次形式

$$f_A(\boldsymbol{x}, \boldsymbol{x}) = \boldsymbol{x}^t \boldsymbol{A} \boldsymbol{x}, \tag{3.183}$$

とは異なる。

2-形式の1つの例は、第2章 2.2.4 節で述べた2次元平行体（平行四辺形）の向きづけられた面積である。ここではそれを $S(\boldsymbol{\xi}_1, \boldsymbol{\xi}_2)$ と表記する。ここで、$\boldsymbol{\xi}_1, \boldsymbol{\xi}_2$ は、向きづけられたユークリッド平面 E^2 上の2つのベクトルである。また、第2章でも紹介した Chino の ASYMSCAL の3次元モデルにおける3次元ユークリッド空間上の2つの対象の位置ベクトルにより構成される平行体（平行四辺形）の任意の2軸から成る平面上へ射影された向きづけられた面積も 2-形式の例である。

なお、Arnold (1978) は、この例における向きづけられたユークリッド平面を R^2 と表記している。もちろん彼は、一方では各種形式の議論の中で、R^n は必ずしもユークリッド構造に特定化しないと述べている（Arnold, 1978, p.163 脚注）。そこで、本書ではうえの 2-形式の例における記述の中の R^n なる表記を、あえて E^n と書くことにした。

定義 3.13.3 (k-形式)

次数 k の外部形式（あるいは k-形式）とは、k 個のベクトルの線形関数 $\omega : R^n \times R^n \times \cdots \times R^n \to R$ であり、**k-一次** (k-linear) でかつ**反対称**

(anti-symmetric) である：

$$\omega(\lambda_1\boldsymbol{\xi}_1' + \lambda_2\boldsymbol{\xi}_1'', \boldsymbol{\xi}_2, \cdots, \boldsymbol{\xi}_k) = \lambda_1\omega(\boldsymbol{\xi}_1', \boldsymbol{\xi}_2, \cdots, \boldsymbol{\xi}_k) + \lambda_2\omega(\boldsymbol{\xi}_1'', \boldsymbol{\xi}_2, \cdots, \boldsymbol{\xi}_k), \tag{3.184}$$

$$\omega(\boldsymbol{\xi}_{i_1}, \cdots, \boldsymbol{\xi}_{i_k}) = (-1)^\nu \omega(\boldsymbol{\xi}_1, \cdots, \boldsymbol{\xi}_k). \tag{3.185}$$

ここで、

$$\nu = \begin{cases} 0, & \text{順列 } (i_1, \cdots, i_k) \text{ が偶順列 (even permutation) の時}, \\ 1, & \text{順列 } (i_1, \cdots, i_k) \text{ が奇順列 (odd permutation) の時}. \end{cases} \tag{3.186}$$

例 1

向きづけられたユークリッド空間 E^n 上の辺 $\boldsymbol{\xi}_1, \cdots, \boldsymbol{\xi}_n$ を持つ平行体の向きづけられた体積は、1つの n-形式の例である。

$$V(\boldsymbol{\xi}_1, \cdots, \boldsymbol{\xi}_n) = \begin{vmatrix} \xi_{11} & \cdots & \xi_{1n} \\ \vdots & \ddots & \vdots \\ \xi_{n1} & \cdots & \xi_{nn} \end{vmatrix}. \tag{3.187}$$

ここで、$\boldsymbol{\xi}_i = \xi_{i1}\boldsymbol{e}_1 + \cdots + \xi_{in}\boldsymbol{e}_n$ であり、$\boldsymbol{e}_1, \cdots, \boldsymbol{e}_n$ は R^n 上の基である。

明らかに、うえの $V(\boldsymbol{\xi}_1, \cdots, \boldsymbol{\xi}_n)$ は、第 2 章 2.2.4 節の後半の定義 2.2.2 の中の行列式 $D(\boldsymbol{a}_1, \boldsymbol{a}_2, \cdots, \boldsymbol{a}_n)$ と同等である。

例 2

R^k を n-次元ユークリッド空間 E^n 上の向きづけられた k-平面（超平面）とする。この時、辺 $\boldsymbol{\xi}_1, \boldsymbol{\xi}_2, \cdots, \boldsymbol{\xi}_k \in E^n$ を持つ平行体の E^k への射影の k-次元の向きづけられた体積は、E^n 上の k-形式の1つの例である。なお、第 6 章の 6.4 節で、3 者関係の新たなモデルを示唆した Chino (2012) の議論を紹介するが、そこでは、この例にある量を 3 者関係の親密度にフィットさせるものである。

3.13.2 古典的なテンソルの定義

ここでは、1-形式の自然な拡張としての（古典的）テンソルの定義に触れる（例えば、Bowen & Wang, 1976; Schutz, 1957）。つぎの定義は、Bowen and Wang (1976) によるものである：

ここで、$V_1, \cdots, V_s$ をベクトル空間の集合とする。この時、**s-線形関数**(s-linear function) とは、つぎの関数

$$A: \quad V_1 \times \cdots \times V_s \to R, \tag{3.188}$$

は、他の変数が一定であれば、その変数のそれぞれに対して線形である。もしベクトル空間 $V_1, \cdots, V_s$ がベクトル空間 V もしくは、その双対空間 V^* であるならば、A は、V 上のテンソルである。より正確には、

定義 3.13.4 （V 上の次数 (p,q) のテンソル）
V 上の次数 (p,q) のテンソルとは、p,q を正の整数とする (p+q)-線形関数

$$A: \quad \underbrace{V^* \times \cdots \times V^*}_{p} \times \underbrace{V \times \cdots \times V}_{q} \to R, \tag{3.189}$$

である。

ここで、次数 $(p,0)$ のテンソルは、次数 p の**純反変テンソル**(contravariant tensor of order p) と、次数 $(0,q)$ のテンソルは、次数 q の**純共変テンソル** (covariant tensor or order q) と呼ばれる。

以下に、テンソルの例をあげる：まず、R 上のスカラーは、うえの定義を $p = q = 0$ の場合にも拡張すれば、次数 $(0,0)$ のテンソルといえる。通常のベクトルは、次数 $(1,0)$ のテンソルである。一方、1-形式は、次数 $(0,1)$ のテンソルである。

この節で紹介したテンソルの定義は、いわば古典的な定義であるが、第 6 章 6.4 節では、近代的なテンソルの定義と、1 相 3 元データの対称・非対称 MDS の今後の課題との関連について言及する。

3.14 情報量基準

よく知られているように、伝統的な数理統計的解析では、得られたデータに対して何らかの**統計的モデル** (statistical model) をあてはめ、単一のモデルもしくは複数のモデル自身の適否や、モデルの母数に関する何らかの仮説の適否を、データの関数としての適切な統計量とその分布の知識から検定という手続きにより判定する。

その際、統計的モデルでは基本的にはいわゆる**確率モデル** (probabilistic model) を仮定する。一般に、確率モデルはデータの構造を説明する部分と**誤差項** (error terms) を含む。さらに、誤差項に対しては、何らかの確率分布を仮定する。それには、既に3.1.5節で述べたように、もし変数が離散型であれば確率関数が、連続型であれば確率密度関数が対応する。

例えば、単純な1要因完全無作為化デザインでは、構造モデルはつぎのようである：

$$Y_{ki} = \mu + \alpha_k + E_{ki}. \tag{3.190}$$

ここで、Y_{ki} は第 k 水準の第 i サンプルの観測値 y_{ki} を実現値とする確率変数、μ は**一般平均** (grand mean)、α_k は因子Aの第 k 水準の**主効果** (main effect)、E_{ki} は誤差項である。また、誤差項には、つぎのような正規分布の仮定を行う：

$$E_{ki} \sim N(0, \sigma^2). \tag{3.191}$$

さらに、因子の主効果の有無については、帰無仮説

$$H_0 : \alpha_1 = \alpha_2 = \ldots = \alpha_I, \tag{3.192}$$

のもとで、$F = U_A/U_E$ なる統計量が自由度 $\nu_1 = I - 1, \nu_2 = N - I$ の F-分布に従うことを利用して検定を行う。ここで、U_A 及び U_E は、それぞれ、要因の効果の分散及び誤差の分散の不偏推定値である。

得られたデータに対して、この F-値が帰無仮説の下では起こり得そうもないような大きな値以上ならば、われわれは上記の帰無仮説を棄却し、さもなければこれを採択する。

2つ目の例として、重回帰分析モデル

$$Y_i = \beta_0 + \beta_1 x_{1i} + \beta_2 x_{2i} + \cdots + \beta_m x_{mi} + E_i, \quad i = 1, \cdots, N, \tag{3.193}$$

3.14. 情報量基準

をあげる。ここで、Y_i は**基準変数** (criterion variable) で、第 i サンプルの観測値 y_i を実現値とする確率変数、$\beta_0, \beta_1, \ldots, \beta_m$ は**回帰係数** (regression coefficients) と呼ばれる。$m \geq 2$ の時、これらは**偏回帰係数** (partial regression coefficients) と呼ばれる。一方、$x_{1i}, x_{2i}, \cdots, x_{mi}$ は第 i サンプルの m 個の説明ないしは予測変数の値である。

また、E_i は、誤差変動で、

$$E_i \sim N(0, \sigma^2),$$

に従うと仮定される。

上記モデルの未知数である偏回帰係数は、基準変数の実測値 y_i に対する予測値

$$\hat{y}_i = \beta_0 + \beta_1 x_{1i} + \beta_2 x_{2i} + \cdots + \beta_m x_{mi} \tag{3.194}$$

のずれがサンプル全体にわたり最小となるようにして、求められる。ここで、基準変数とその予測値の全体的なずれの大きさの最小値は、**残差平方和** (residual sum of squares, 略して RSS)

$$RSS_m = \sum_{i=1}^{N} (y_i - \hat{y}_i)^2, \tag{3.195}$$

と呼ばれる。

モデルのデータへの適合度は、**重相関係数（の2乗）**(multiple regression coefficient) $R^2 \; (= s_{\hat{y}}^2 / s_y^2)$ に対して、つぎの指標

$$F_{\nu_2}^{\nu_1} = \frac{R^2/m}{(1-R^2)/(N-m-1)}. \tag{3.196}$$

を求め、重相関係数に関する帰無仮説 $H_0 : R_0 = 0$ のもとで、F の値がある値以上の大きな値になれば帰無仮説を棄却し、さもなければ採択する。ここで、s_y^2 及び $s_{\hat{y}}^2$ は、順に基準変数の実測値及びその予測値を表す。

3つ目の例として、同様な統計的検定を複数のモデルの**逐次的検定** (sequential test) に応用することもできる。既述の 3.6 節の尤度比検定を用いると、3.7.2 節に示したように、仮説間に単純な階層構造を持つ場合は、複数のモデルに関する帰無仮説を逐次的に検定し、モデルの選択を行うことができる。

これらの例にみるような伝統的な、いわばモデルの何らかの適合度を統計量の理論的な分布の情報を用いて検討する方法に対して、1960年代の後半から、**情報量基準** (information criterion) と呼ばれる一連の基準によるモデル選択の方法がこれまで数多く提案されてきている (Akaike, 1974, 1980; Fujikoshi & Satoh,1997; Gorman & Toman, 1966; Ishigro et al., 1997; Konishi & Kitagawa, 1996; Mallows, 1973; Schwarz, 1978; Sugiura, 1978; 竹内, 1976, 1983)。

これらの方法の大きな特徴は、モデル選択のために伝統的な数理統計的推論に用いられる検定を行わない点である。

なお、これらの方法のうち、ここでは（非対称）MDSの分野でこれまで使われたり議論されてきた**赤池の情報量基準** AIC (Akaike's information criterion) と、**シュワルツのベイズ情報量基準** BIC (Bayesian information criterion) についてのみ簡単に紹介する。最後に、AICの検定を含む、最近の情報量基準の話題にも簡単に触れる。

3.14.1 AIC

AICは、Akaike (1974) により提案されたもので、つぎのように定義される：

定義 3.14.1 （*AIC*）
$$AIC = -2\ln L + 2q, \tag{3.197}$$
ここで、qは、モデルの自由パラメータ数である。

AICは、**真のモデル** (true model)（真の分布）が未知の場合に、**候補モデル** (candidate models) の中から予測の意味で最も良いモデル（分布）を選択する方法の1つである。赤池は、そのためには複数のモデルからAIC最小のモデルを選択することを提案した。

既に述べた尤度比検定では、複数のモデルの中から特定のモデルを選択しようとする時、仮説に対応する母数空間は階層的包含関係を満たさないといけないが、AICではその必要はない。

3.14. 情報量基準

　ここで、もし真の分布が既知ならば、複数の候補分布から真の分布に最も近いものを選ぶためには、何らかの指標を用いて各候補分布と真の分布との隔たりの大きさを評価し、隔たりの最も小さい候補分布を選択すればよい。そのための指標が**カルバック・ライブラー情報量** (Kullback-Leibler information)

$$K(f;g) = \int \ln\left\{\frac{f(x)}{g(x)}\right\} f(x)\,dx = E_x\left\{\ln\left\{\frac{f(x)}{g(x)}\right\}\right\}, \quad (3.198)$$

である。ここで、$f(x)$ は真の分布であり、$g(x)$ は候補分布であるとする。$K(f;g) \geq 0$ であり、$f(x) = g(x)$ の時、$K(f;g) = 0$ となる。
　$K(f;g)$ は、**ボルツマンエントロピー** (Boltzmann entropy)

$$\begin{aligned} B(f;g) &= -\int \frac{f(x)}{g(x)} \ln\left\{\frac{f(x)}{g(x)}\right\} g(x)\,dx \\ &= -\int \ln\left\{\frac{f(x)}{g(x)}\right\} f(x)\,dx \\ &= -E_x\left[\ln\left\{\frac{f(x)}{g(x)}\right\}\right], \end{aligned} \quad (3.199)$$

の符号を逆転させたものである。
　ここで、$B(f;g)$ は、2つの分布の隔たりの尺度であり、**統計的エントロピー** (statistical entropy) とも呼ばれるが、$K(f;g)$ のような $f(x)$ が真の分布、$g(x)$ が候補分布、という特別な役割を f, g に対して持たせていない点に注意が必要である。また、$B(f;g)$ は、クラジウス (Clausius, 1865) の熱力学的エントロピーを統計学あるいは確率論の場合に応用したものである。
　いずれにせよ、通常真の分布は未知であることが多く、$K(f;g)$ は計算できないので、そのような場合、われわれはそれに代わる指標を考えないといけない。AIC はそのための1つの指標である。AIC の導出については、原著は言うまでもないが、例えば坂元・石黒・北川 (1985) が詳しい。
　AIC は、その定義式の形からも明らかなように、われわれが複数のモデルの中からより良いモデルを選ぶ原理として、モデルが正しいという仮定の下でのデータの尤度を最大にすることを基本とし、これを自由パラメータ数をペナルティと考え調節する方法、といえる。これに対して Schwarz

(1978) は、その原理としてモデルの事後確率を最大にするようなモデルを選ぶことを考え、次のような指標 BIC を提案した。

3.14.2 BIC

定義 3.14.2 （*BIC*）

$$BIC = -2\ln L + q\ln N \tag{3.200}$$

ここで、N は、サンプル数である。

　定義式の形から明らかなように、結果的には、BIC では尤度の大きさを自由パラメータだけでなく、サンプル数も考慮したモデル選択指標となっている。また、Schwarz (1978) 自身も指摘しているように、BIC は（サンプル数が 8 以上の場合には）AIC よりも低次元のモデルを選択する傾向がある。さらに、サンプル数が大きくなるにつれて、BIC と AIC の違いは大きくなる。

　Saburi and Chino (2008) でも指摘したように、AIC と BIC 間の論議に関する最近の文献によれば、如何なるモデル選択の基準も、AIC と BIC の両方の性質を同時に満たすことはできない (Yang, 2005)。Yang (2005) は、われわれがモデル選択を行う場合には、特定の推論の目的を念頭においておく必要があると述べている。彼によれば、AIC は回帰関数を推定する場合ミニマックス率最適性 (minimax-rate optimal) を持つのに対して、BIC は真のモデルを選択するに際して一致性を持つ。

3.14.3 モデル選択の信頼性

　情報量基準、とりわけ AIC は、伝統的な数理統計学的な仮説検定なしに、複数のモデルの中からデータの予測的観点から最適なモデルを選択する方法を与えるが、AIC の値をどのように評価すべきかについては AIC のばらつきの情報がほしい。言い換えれば、われわれは AIC の信頼性をどのように測るべきかという問題が存在する。この周辺の話題としては、

AIC の差の有意性検定やマルチスケール・ブートストラップ法 (multiscale bootstrap method) などが既に提案されているが、非対称 MDS の既存の方法では、未だポピュラーではないので、ここでは省略する。これらの話題については例えば下平ら (2005) が詳しい。

3.15 微分・差分方程式

つぎの第 4 章及び第 6 章から明らかなように、従来の非対称 MDS の多くは、ある時点での対称間の非対称な関係構造の特徴を視覚的にわかりやすく見せることに主眼があり、対象相互の複雑な相互作用を通じての対象間の関係構造の変化の過程にはほとんど関心を示してこなかった。また、それらの中でも例外的に対象の時間的な動きを扱っている 4.3.2 節の Tobler の風モデルにせよ、4.3.3 節の Yadohisa-Niki モデルも、共にデータから布置全体のベクトル場を推定しているのみである。

これに対して、5.10 節で紹介する Chino and Nakagawa (1990) の DYNASCAL では、縦断的ソシオメトリックデータをもとにして、成員間の相互作用により生成されると考えられる心理学的な力の場とその特性を微分方程式モデルにより推定する。

次節では、まず Chino and Nakagawa (1990) で使われる微分方程式の基礎について簡単に紹介する。詳細については、Chino (1990)、千野 (1989, 2007, 2008)、Hirsch and Smale (1974) などを参照されたい。つぎの節では、差分方程式の基礎について簡単に紹介する。こちらについては、Chino (2006a) や千野 (2008) には適用例や入門レベルの知識が、また専門的には、Elaydi (1999) や Cull et al. (2005) 等が詳しい。とりわけ、**複素力学系** (complex dynamical system) については、上田ら (1995) が詳しい。

3.15.1 微分方程式

この節では、微分方程式またはその組により記述されるいわゆる微分力学系の入門的内容についてふれる。まず、力学系とその状態空間、線形微分方程式系の紹介を行い、つぎに線形系の解曲線の分類、つぎに非線形系

の軌道特性を述べ、平衡点の安定性と構造安定性の定義にふれ、最後にベクトル場の分岐理論にふれる。

力学系、状態空間と、線形微分方程式系

微分方程式 (differential equations) とは、もともと古代エジプト、バビロニア、中国などでの天体観測に源流をもつ数学の理論である**力学系** (dynamical system) を記述するための1つの方法である。

一般に、力学系では系の状態を、**状態変数** (state variables) と呼ばれる変数により記述する。状態変数は、1つの場合もあり複数の場合もある。状態変数の組 $(x_1, x_2, \cdots, x_n)$ は、**状態空間** (state space) を構成する。例えば、状態空間が実数空間であれば実力学系、それが複素空間であれば複素力学系と呼ばれる。

力学系では、系の状態の変化は、状態変数の時間に関する一次導関数(あるいは微係数)で表現する。例えば、状態変数が1つの場合の最も単純な微分方程式は、つぎのようになる:

$$\frac{dx}{dt} = ax, \tag{3.201}$$

この方程式の1つの解　(a solution) は、k を任意の定数として、

$$x = f(t) = e^{ta} k, \tag{3.202}$$

となる。

これに対して、状態変数が複数の場合には、状態空間は多次元となり、微分方程式は**線形一次微分方程式系** (system of linear first-order differential equations) と呼ばれ、つぎのようになる:

$$\frac{d\boldsymbol{x}}{dt} = \boldsymbol{A}\boldsymbol{x}, \quad \boldsymbol{x}(0) = \boldsymbol{k} \in R^n. \tag{3.203}$$

ここで、微分方程式の場合、右辺の行列 $\boldsymbol{A}$ は一般に非対称行列である。

また、(3.203) 式の系の解曲線は、つぎのようになる:

$$\boldsymbol{x} = \boldsymbol{f}(t) = e^{t\boldsymbol{A}} \boldsymbol{k} = e^{t\boldsymbol{A}} \boldsymbol{x}_0. \tag{3.204}$$

3.15. 微分・差分方程式

ここで、$e^{\boldsymbol{A}} = \sum_{k=0}^{\infty} \frac{1}{k!} \boldsymbol{A}^k$ である (例えば、Hirsch & Smale, 1974)。

(3.203) 式を幾何学的な視点から見ると、つぎのようになる。すなわち、(3.203) 式の右辺は解曲線上の点 $\boldsymbol{x}$ における曲線に接するベクトル、すなわち**接ベクトル** (tangent vector) を表す。そこで、この写像 (すなわち、関数) は、$\boldsymbol{A} : R^n \to R^n$ (あるいは、$\boldsymbol{x} \to \boldsymbol{Ax}$) であり、$R^n$ 上の**ベクトル場** (vector field) と見做すことができる。

のちの非対称 MDS の適用例の中の例えば図 5.10 は、Newcomb の縦断的ソシオマトリックスデータから Chino and Nakagawa (1990) の方法、すなわち DYNASCCAL によって推定された2次元の状態空間 (ここでは、2次元ユークリッド空間を仮定) 上の17名の成員の位置を数字で、格子状の各点にこのような接ベクトルと、ベクトル場の幾つかの基本的な解軌道を示している。つまり、この図では、ある時点 (ゼロ週目) のベクトル場と関連する情報を描いている。

ただし、DYNASCAL では成員間の相互作用により生じると考えられるベクトル場は、このでの線形一次微分方程式系ではなく、のちに示す非線形一次微分方程式系を仮定している点に注意が必要である。

ベクトル場の分解と勾配ベクトル場

前節では、一般の R^n 上で定義されるベクトル場について述べたが、この節では最初、日本数学会 (2008) に従い、E^3 上の (開集合 Ω 上で定義されたスカラー値の関数 $f : \Omega \to R$ をスカラー場、同ベクトル値の関数 $\boldsymbol{f} : \Omega \to \boldsymbol{V} = (u, v, w)$ をベクトル場と限定的に定義する。この時、まず

定義 3.15.1 (勾配、発散、回転)

- 勾配、$\mathrm{grad}\, f$
   Ω 上の微分可能なスカラー場 $f(x, y, z)$ に対して、Ω 上のベクトル場
$$\mathrm{grad}\, f = \left(\frac{\partial f}{\partial x}, \frac{\partial f}{\partial y}, \frac{\partial f}{\partial z}\right). \tag{3.205}$$
を f の勾配と呼ぶ。

- 発散、div f

  Ω 上の微分可能なベクトル場 f に対して、

  $$\text{div}\, f = \frac{\partial u}{\partial x} + \frac{\partial v}{\partial y} + \frac{\partial w}{\partial z} \tag{3.206}$$

  を f の**発散** (divergence) と呼ぶ。

- 回転、rot f

  Ω 上の微分可能なベクトル場 $f(x,y,z)$ の成分関数を偏微分して得られるベクトル場、

  $$\text{rot}\, f (= \text{curl}\, f) = \left(\frac{\partial w}{\partial y} - \frac{\partial v}{\partial z},\ \frac{\partial u}{\partial z} - \frac{\partial u}{\partial x},\ \frac{\partial v}{\partial x} - \frac{\partial u}{\partial y} \right), \tag{3.207}$$

  を f の**回転** (rotation、あるいは curl) と呼ぶ。

つぎに、Ω 上のすべての点で rot $f = 0$ の場は、**渦なし場** (irrotational field、あるいは rotation-free field) と、また、同 div $f = 0$ の場は、**発散なし場** (divergenceless field、あるいは divergence-free field) と呼ばれる。これらに関するつぎの定理はよく知られているベクトル場に関する基本的な定理である（例えば、日本数学会, 2008; 田中, 1976）：

定理 3.15.1　(*Helmholtz*)

領域 Ω 上の任意の C^∞ 級ベクトル場 f に対して、Ω 上の C^∞ 級ベクトル場 U が存在して、

$$f = \text{grad}(\text{div}\, U) - \text{rot}(\text{rot}\, U). \tag{3.208}$$

ここで、$grad(div\, U)$ は渦なし場であり、一方 $rot(rot\, U)$ は発散なし場である。また、$-div\, U$ を f の**スカラーポテンシャル** (scalar potential)、$-rot\, U$ を f の**ベクトルポテンシャル** (vector potential) という。

なお、例えば E^3 上の勾配は、より一般的には、R^n 上でも定義される（例えば、Hirsch and Smale, 1974）：

定義 3.15.2　(R^n 上の勾配系)

3.15. 微分・差分方程式

開集合 $W \subset R^n$ 上の**勾配系** (gradient system) とは、

$$\frac{d\boldsymbol{x}}{dt} = -grad\,V(\boldsymbol{x}), \tag{3.209}$$

の形の力学系であり、$V: U \to R$ は C^2 級関数であり、

$$grad\,V = \left(\frac{\partial V}{\partial x_1}, \cdots, \frac{\partial V}{\partial x_n}\right), \tag{3.210}$$

は、V の勾配ベクトル場 $grad\,V : U \to R^n$ である。

線形系の解曲線の分類

前節では、微分方程式の中でも簡単な線形系の形とその解曲線を紹介した。それでは、線形系の解曲線は、どのような特徴を持つのであろうか。この問題は、既に古くからよく知られている (例えば、Hirsch & Smale, 1974)。

解曲線の分類について紹介するまえに、分類の基礎となるベクトル場の**特異点** (singular point, singularity) の定義が必要である。線形系に限らず、一般の非線形系の微分方程式系を

$$\frac{d\boldsymbol{x}}{dt} = \boldsymbol{g}(\boldsymbol{x}), \quad \boldsymbol{x} \in R^n, \tag{3.211}$$

と書くことにする。この時、$\boldsymbol{g}(\boldsymbol{x}) = \boldsymbol{0}$ なる点 $\boldsymbol{x} = \boldsymbol{x}^*$ は、**平衡点** (equilibrium point) と呼ばれる。また、解曲線を

$$\boldsymbol{x} = \boldsymbol{\phi}_t(\boldsymbol{x}) \tag{3.212}$$

とする。この時、

定義 3.15.3 （特異点）
 すべての t に対して、

$$\boldsymbol{\phi}_t(\boldsymbol{x}^*) = \boldsymbol{x}^*. \tag{3.213}$$

なる点 $\boldsymbol{x}^*$ は、**停留点** (stationary point)、**固定点** (fixed point)、**ゼロ点** (zero point)、もしくは特異点とも呼ばれる。

線形系の微分方程式の解曲線の分類は、うえで定義した特異点の言葉で記述ができる。より正確には、分類はベクトル場の特異点の近傍での解曲線の振る舞いの違いによりなされる。

解曲線の分類は、まず線形系の方程式の係数行列 A を単純な形に変換することから出発する。すなわち、(3.203) 式に対して座標変換 $x = Py$ (P は正則) を施せば、当式は、つぎのように書ける：

$$\frac{dy}{dt} = By, \quad B = P^{-1}AP, \quad y(0) = P^{-1}x(0). \tag{3.214}$$

既に指摘したように、微分方程式の文脈では線形系の係数行列 A は非対称なので、一般には固有値も固有ベクトルも通常複素数体となる。これに対して、解曲線の分類にはこの行列を実数体上の簡略形に変換することにより、解曲線を求め、その分類を行う。この簡略形は、既に第 2 章で述べた定理 2.7.4 の実正方行列に対する実標準形である。

実標準形からは、例えば、2 次元力学系の場合、行列 A はつぎの 3 種類のいずれかの形に変換される：

(a)
$$\begin{pmatrix} \lambda_1 & 0 \\ 0 & \lambda_2 \end{pmatrix},$$

(b)
$$\begin{pmatrix} \lambda & 1 \\ 0 & \lambda \end{pmatrix},$$

または、
$$\begin{pmatrix} \lambda & 0 \\ 1 & \lambda \end{pmatrix},$$

(c)
$$\begin{pmatrix} a & -b \\ b & a \end{pmatrix}, \quad b > 0$$

または、
$$\begin{pmatrix} a & b \\ -b & a \end{pmatrix}, \quad b > 0$$

3.15. 微分・差分方程式

うえの結果を用いると、2次元線形系の解軌道は容易に求まり、当該系の特異点の近傍での軌道特性を特定できる。より正確には、、固有値と固有ベクトルの言葉では、(a) 固有値が相異なるかあるいは重複実根で、一次独立な固有ベクトルが2本の場合、(b) 行列 B が非退化で、固有ベクトルが1本で重複実根の場合、(c) 複素根の場合、の3通りである。

実際、まず (a) の場合、特異点の近傍での解曲線の特徴は、λ_1, λ_2 の値に応じて、**鞍点** (saddle)、**（内向き）結節点** (inward node)、**（外向き）結節点** (outward node)、または**焦点** (focus) となる。

一方、(b) の場合、特異点は**仮性結節点** (improper node) と呼ばれる。最後の (c) の場合には、特異点は a や b の符号や値の特徴に応じて、**渦状沈点** (spiral sink)、**源点** (source)、あるいは**渦心点** (center) となる。

なお、上記の多くの特異点を沈点と源点に分類することもできる。まず、行列 A の固有値が**負の実部** (negative real parts) を持つ場合、特異点は**沈点** (sink) と呼ばれる。内向き結節点、内向き仮性結節点、内向き焦点、および渦状沈点は、すべて沈点に属する。

これに対して、行列 A の固有値が**正の実部** (positive real parts) を持つ場合、源点と呼ばれる。外向き結節点、外向き仮性結節点、外向き焦点、および渦状源点は、すべて源点に属する。

ちなみに、第5章の Newcomb データに対する DYNASCAL により推定された各週のベクトル場のうち、ゼロ週目（図 5.10）、第1週目（図 5.11)、第15週目（図 5.12）のベクトル場を見ると、ゼロ週目では源点と鞍点が、1週目では3つの鞍点、外向き結節点及び源点がそれぞれ1つづつ、最後の15週目では、鞍点、沈点、源点がそれぞれ1つづつ推定されていることがわかる。

非線形一次微分方程式系とその軌道特性

前節では、線形系の解曲線とその軌道特性について述べたが、この節では、系が非線形の場合の軌道特性とその分類について述べる。非線形系については、既に前節で特異点の定義のところでふれたが、ここでは再度非

線形一次微分方程式系をつぎのように定義することにする：

$$\frac{d\boldsymbol{x}}{dt} = \boldsymbol{f}(\boldsymbol{x}), \quad \boldsymbol{x} \in R^n, \quad \boldsymbol{x}(0) = \boldsymbol{k}. \tag{3.215}$$

まず、(3.215) 式で表される非線形系の平衡点（固定点、特異点、浮動点）$\boldsymbol{x}^*$ は、$\boldsymbol{f}(\boldsymbol{x}^*) = \boldsymbol{0}$ が成り立つ点である。

非線形系の軌道特性は、一般には線形系と比べるとより複雑となるが、特異点の近くでの解曲線の振る舞いは、特異点でのヤコビアンの固有値が**非ゼロ実部** (non-zero real part) を持つ場合にかぎり、$\boldsymbol{f}(\boldsymbol{x})$ の特異点 $\boldsymbol{x}^*$ で系を線形化することにより調べることができる。ここで、特異点で系を線形化すると、つぎのように書ける：

$$\frac{d\boldsymbol{x}}{dt} = \boldsymbol{J}_{\boldsymbol{x}^*}\boldsymbol{x}, \tag{3.216}$$

ここで、

$$\boldsymbol{J}_{\boldsymbol{x}^*} = \left\{\frac{\partial f_i}{\partial x_j}\right\}_{\boldsymbol{x}=\boldsymbol{x}^*} = \begin{pmatrix} \frac{\partial f_1}{\partial x_1} & \frac{\partial f_1}{\partial x_2} & \cdots & \frac{\partial f_1}{\partial x_n} \\ \frac{\partial f_2}{\partial x_1} & \frac{\partial f_2}{\partial x_2} & \cdots & \frac{\partial f_2}{\partial x_n} \\ \cdots\cdots\cdots\cdots\cdots\cdots \\ \frac{\partial f_n}{\partial x_1} & \frac{\partial f_n}{\partial x_2} & \cdots & \frac{\partial f_n}{\partial x_n} \end{pmatrix}_{\boldsymbol{x}=\boldsymbol{x}^*}. \tag{3.217}$$

上式の $\boldsymbol{J}_{\boldsymbol{x}^*}$ は、ヤコビアンあるいは、**ヤコビ行列** (Jacobian matrix) と呼ばれる。

線形系の場合と同様に、(3.215) 式で表される非線形系の特異点 $\boldsymbol{x}^*$ は、ヤコビアンの固有値の値によりある程度調べることができる。例えば、ヤコビアンのすべての固有値が負の実部を持つならば、そのような特異点は沈点と呼ばれる。非線形沈点は、局所的には線形系の沈点のように振舞う。

これに対して、特異点でのヤコビアンの固有値が非ゼロ実部を持たない場合には、系の線形化では系の振る舞いを決定できない。実際、例えば渦心点は、固有値の実部がゼロなので、この点の軌道特徴は正確には原理的に観測できないことが分かっている。のちに述べるように、このような点は**構造不安定な** (structurally unstable) 軌道の1つである。

非線形系では、特異点以外に**リミットサイクル** (limit cycles) という興味深い軌道特性を持つことがある。リミットサイクルの特徴は、渦状沈

点または渦状源点の周りに**閉軌道** (closed orbit) を伴う点にある。リミットサイクルには2種類が知られており、1つは**アルファリミットサイクル** (α–limit cycle) で、もう1つは**オメガリミットサイクル** (ω–limit cycle) である。

なお、第5章の Newcomb データに対する DYNASCAL により推定された各週のベクトル場のうち、ゼロ週目（図5.10）の2次元のベクトル場の第2象限には、このオメガリミットサイクルが推定されている。

アルファリミットサイクルは、閉軌道外側の近傍ではそこから徐々に離れていく軌道、および閉軌道の内側の近傍でもそこから徐々に離れて内側に存在する渦状沈点にひきつけられていく軌道を伴う。両方の軌道とも、時間をどんどんさかのぼると無限に閉軌道に近づく。

これに対して、オメガリミットサイクルは、閉軌道の外側では遠くから閉軌道に外側から無限に近づく軌道と、閉軌道の内側の渦状源点の近傍から出発して閉軌道に内側から無限に近づく軌道から成る。

平衡点の安定性と構造安定性

一般に、われわれが非線形1階微分方程式系の軌道特徴の安定性について議論する場合、主要な概念として**平衡点の安定性** (stability of equilibrium point) と**構造安定性** (structural stability) がある。まず、平衡点の安定性については、**リアプノフ安定性** (Lyapunov stability of equilibrium point) がある。こちらは、解軌道の長期的振る舞いに関するもので、つぎのように定義される（例えば、千野, 2007; Hirsch & Smale, 1974）：

定義 3.15.4 （リアプノフ安定性）
$x^* \in W$ は (3.215) 式で表される非線形一次微分方程式系の平衡点であり、$f: W \to E$ はベクトル空間 E の開集合 W から E への C^1 写像 (continuously differentiable) であるとする。もし、W における x^* のどんな近傍 U に対しても、すべての $t > 0$ に対して、初期値 $x(0)$ のどんな解 $x(t)$ も定義され、かつ U に含まれるような、U 内の x^* の近傍 U_1 が存在するならば、平衡点 x^* は "安定" (stable) である。

うえの定義等から、既に紹介した特異点のうち、沈点は漸近的安定、したがって安定、渦心点は安定ではあるが漸近的安定ではない、源点は不安定であることがわかっている。

これに対して、以下の定義にあるように、構造安定性の概念は、系の摂動に対する安定性にかかわるものである（例えば、Guckenheimer, & Holmes, 1983）。

定義 3.15.5 （構造安定性）

写像 $F \in C^r(R^n)$ は、もし F のすべての C^1, ϵ 摂動が F に対して位相的に等しいような $\epsilon > 0$ を持つならば、**構造安定** (structurally stable) である。

構造安定な系は、系を外から摂動させても軌道特性は変わらないので、われわれはそのような系を観測することができる。一方、構造不安定な系は、系を外から少し摂動させても軌道特性が大きく変わるため、わずかでも誤差を伴うならば、原理的に観測できない。渦心点は、構造安定性の定義から構造不安定である。

構造安定性の概念は、最初 Andronov and Pontrjagin (1937) が小さな摂動に対しても軌道特性の変わらない系を「粗い系」と呼んだのに対して、後に Lefschetz が命名したという（例えば、青木・白岩、1985）。

ベクトル場の分岐理論

これまでに紹介した線形系、非線形系の微分方程式系で表されるベクトル場では、方程式系の右辺は状態変数（ベクトル） x のみであった。このことは、この種の系における系の時間変化は状態変数の値にのみ依存することを意味する。これに対して、系の時間変化にさらに状態変数には依存しない別のパラメータ（ベクトル）を仮定することも可能である。

そのための1つの方法は、(3.215) 式のような系の微分方程式の右辺に時間 t を加えることであり、系の方程式はつぎのようになる：

$$\frac{d\boldsymbol{x}}{dt} = \boldsymbol{f}(\boldsymbol{x}, t). \tag{3.218}$$

3.15. 微分・差分方程式

この種の系は、一般に**非自励系** (nonautonomous system) と呼ばれる。

これに対して、(3.215) 式で表されるような系は、**自励系** (autonomous system) と呼ばれる。

2つ目の方法は、(3.215) 式のような系の微分方程式の右辺に、時間 t ではなく、時間や状態変数に依存しない何らかの（単一もしくは複数の）パラメータ c を追加することも可能である。

この場合、系の振る舞い（解曲線の特徴）は、（単一または複数の）パラメータの値により変化するような現象を記述することが可能となる。力学系の分野では、この種の問題はベクトル場の**分岐** (bifurcation) の問題として知られており、そのようなパラメータは**分岐パラメータ** (bifurcation parameters) と呼ばれる。この場合、(3.215) 式の非線形一階微分方程式系は、つぎのように拡張されることになる：

$$\frac{d\boldsymbol{x}}{dt} = \boldsymbol{f}(\boldsymbol{x}, \boldsymbol{c}). \tag{3.219}$$

ベクトル場の分岐には、**局所的分岐** (local bifurcation) と**大局的分岐** (global bifurcation) の2種類が知られている。局所的分岐は特異点の近傍での系の振る舞いの変化に関するものであり、大局的分岐はベクトル場全体での系の振る舞いの変化に関するものである（例えば、Guckenheimer & Holmes, 1983）。

非線形2次元自励系で分岐パラメータが1つの場合の局所的分岐としては、**サドル・ノード分岐** (saddle-node bifurcation)、**ピッチフォーク分岐** (pitchfork bifurcation)、**トランスクリティカル分岐** (transcritical bifurcation)、**ホップ分岐** (Hopf bifurcation)、などがよく知られている（例えば、Thompson & Stewart, 1986）。

例えば、サドル・ノード分岐では、分岐パラメータの連続的な変化により、パラメータがある値になると、特異点がない状態から突然退化特異点がまず生まれ、その後鞍点と結節点が生まれて成長するプロセスである。退化特異点は、構造不安定であり、少しでも誤差を伴う観測では原理的に観測不能である。

一方、ホップ分岐では、特異点の1つである渦状沈点や渦状源点の中心に、突然退化特異点である小さな渦心点が生まれる。この渦心点の中心に

は、特異点が渦状沈点の場合は渦状源点が、渦状源点の場合は渦状沈点が、それぞれ生まれ、分岐パラメータの値が連続的に変化すると、閉軌道が次第に大きく成長していくプロセスである。

例えば、第5章の5.10節の適用例の中の図5.10の第2象限の$\omega-$リミットサイクルは、渦状源点（SOURCEと表記）を含むが、リミットサイクルが生まれる前には、この図（とりわけ第2象限の軌道特性から）のリミットサイクルの近くには渦状沈点があり、そこに突然小さな渦心点が生まれ、その中心に小さな渦状源点が生まれ成長する過程があった可能性が推察される。

うえの例からもわかるように、Chino and Nakagawa (1990) の DYNASCAL は、小集団の成員間の相互作用を通じて生成されるであろうところの成員間の親近関係の構造を MDS により推定し描き出すだけでなく、そのような構造が大局的、局所的にダイナミックに変化していく様を、ベクトル場の分岐理論を応用して描き出すことをねらっている。

3.15.2　差分方程式

これまでの節では、微分方程式あるいはその組により記述される微分力学系について簡単に入門レベルの内容の紹介を行ってきたが、この節では差分方程式あるいはその組により記述される差分力学系について簡単に紹介する。**差分方程式** (difference equation) に関しては、微分方程式に比べると欧米でも成書は少なく、本邦ではさらに少ない。また、非対称 MDS の分野での差分方程式の応用研究もきわめて少ないので、本書では差分力学系の内容のうち、差分系の特徴と解軌道の分類についてのみ、以下に紹介する。前節の微分方程式では議論した系の平衡点の安定性やその分岐などについては、Elaydi (1991) や千野 (2008) を参照されたい。

差分方程式の特徴

微分方程式系と異なり、差分方程式では離散的時間が仮定される。一方、微分方程式と同様、状態変数を実数とする差分方程式は**実差分方程式**

(real difference equation) と呼ばれる。また、状態変数を複素数とする場合の差分方程式は、**複素差分方程式** (complex difference equation) と呼ばれる。さらに、方程式が2つ以上の場合は、微分力学系の場合と同様、**差分方程式系** (system of difference equations) と呼ばれる。

例えば、単純な一階差分方程式は、**線形斉次一階差分方程式** (linear homogeneous first-order difference equation) であり (例えば、Elaydi, 1999)、

$$x(n+1) = a(n)\,x(n), \quad x(n_0) = x_0, \quad n \geq n_0 \geq 0, \tag{3.220}$$

と書ける。

2つ目の例として、うえの式を少し一般化した非線形の場合をあげる。このような差分方程式は、実非線形差分方程式であり、つぎのように書ける:

$$x(n+1) = f(x(n)), \quad x(0) = x_0, \tag{3.221}$$

最後に、微分方程式の場合と同様、状態変数が2つ以上 (ここでは、k 次元とする) の場合には、差分方程式は一般に**線形一階差分方程式系** (system of linear first-order difference equations) と呼ばれ、つぎのように書かれる:

$$\boldsymbol{x}(n+1) = \boldsymbol{A}\,\boldsymbol{x}(n), \quad \boldsymbol{x}(n_0) = \boldsymbol{x}_0. \tag{3.222}$$

ここで、行列 $\boldsymbol{A}$ は、k 行 k 列の実定数を要素とする正方行列である。

差分力学系の解軌道の分類

差分力学系の解軌道の分類も、微分方程式の場合と同様、その基礎となるのは特別な点であり、平衡点である。すなわち、(3.222) 式であらわされる差分力学系の平衡点は、厳密な議論を除けば、$\boldsymbol{x} = \boldsymbol{x}^* = \boldsymbol{0}$ と書ける。

また、微分方程式系の場合と同様、(3.222) 式における行列 $\boldsymbol{A}$ は、$\boldsymbol{x}(n)$ を正則行列 $\boldsymbol{P}$ を用いて、$\boldsymbol{x}(n) = \boldsymbol{P}\,\boldsymbol{y}(n)$ と変換すると、つぎのようになる:

$$\boldsymbol{y}(n+1) = \boldsymbol{B}\,\boldsymbol{y}(n), \quad \boldsymbol{B} = \boldsymbol{P}^{-1}\boldsymbol{A}\boldsymbol{P}, \quad \boldsymbol{y}(0) = \boldsymbol{P}^{-1}\boldsymbol{x}(0). \tag{3.223}$$

ここで、$\boldsymbol{y}(0) = \boldsymbol{k} = (k_1, k_2, \cdots, k_p)^t$ とする。

うえの結果から、微分方程式系の場合と同様、$\boldsymbol{A}$ の実標準形 $\boldsymbol{B}$ は、次数 2 の場合 3.15.1 節の微分方程式の「線形系の解曲線の分類」の項で述べた 3 種類、すなわち (a)、(b)、(c) のいずれかとなる。まず、(a) の場合、固定点の近傍での解軌道の特徴は、λ_1、λ_2 の値に応じて、**サドル** (saddle)、**漸近的安定ノード** (asymptotically stable node)、または**不安定ノード** (unstable node) となる。

つぎに、(b) の場合、微分力学系での内向き仮性結節点に似通ったものとなり、差分系では**漸近的安定結節点** (asymptotically stable node) と呼ばれる (Elaydi, 1999)。これらの場合、$0 < \lambda < 1$ である。これに対して、$\lambda > 1$ の場合は、微分力学系での外向き仮性結節点に似通ったものとなる。

最後に、(c) の場合、固有値が共役根を持ち、その絶対値が 1 より小さいケースの 1 つの場合、渦状沈点となる。一方、固有値が同じく共役根を持ち、その絶対値が 1 より大きいケースの 1 つの場合、渦状源点となる。

3.16 ボロノイ充填

第 4 章 4.6.4 節で紹介する非対称 MDS の方法、すなわち Shojima (2012) による ATRISCAL では、これまでの非対称 MDS の方法では全く利用されてこなかった**ボロノイ充填** (Voronoi tessellations) あるいは**ボロノイ図** (Voronoi diagram) が活用されている。そこで、この節では、簡単にこの概念の歴史と入門的知識について紹介する。詳細は、例えば杉原 (2009) や Du et al. (2003) などを参照されたい。

例えば杉原 (2009) によれば、ボロノイ図は、ロシアの数学者ボロノイ (Georges Voronoi, 1868-1908) が 1908 年に 2 次形式の理論の研究の中で、規則的に配置された**母点** (generator) に対する勢力圏を調べたことに始まるという。また、これを利用したのは、ボロノイが最初ではなく、古くはデカルトが（17 世紀に）惑星の動きを調べる際に、惑星を母点とするボロノイ図を考えたと言われている。

3.16.1 ボロノイ充填の定義

例えば、Du et al. (2003) によれば、ボロノイ充填はつぎのように定義される：

定義 3.16.1 （ボロノイ充填）

ある有界な開集合 $\Omega \in R^N$ と、Ω の**閉包** (closure) $\bar{\Omega}$ に属する一組の点 $\{z_i, i=1,\cdots,k\}$ が与えられたとして、つぎの V_i を定義するとする：

$$V_i = \left\{ \boldsymbol{x} \in \Omega : \|\boldsymbol{x} - \boldsymbol{z}_i\|_2 < \|\boldsymbol{x} - \boldsymbol{z}_j\|_2, j=1,\cdots,k, j \neq i \right\}, \ i=1,\cdots,k. \tag{3.224}$$

この時、$i \neq j$ に対して $V_i \cap V_j = \emptyset$ であり、$\cup_{i=1}^{k} \bar{V}_i = \bar{\Omega}$ である。このような集合 $\{z_i, i=1,\cdots,k\}$ は、Ω のボロノイ充填、あるいはボロノイ図と呼ばれる。また、点の集合 $\{z_i, i=1,\cdots,k\}$ の構成要素（元）は、**生成点** (generating points) または母点と呼ばれる。さらに、それぞれの V_i は、点 z_i に対応する**ボロノイ領域**あるいは**ボロノイセル** (Voronoi cell) と呼ばれる。

なお、うえの定義の中の閉包とは、一般に位相空間のある集合 A を含む最小の閉集合をいう。詳細については、例えば統計学辞典 (2008) を参照されたい。

ボロノイ充填にも、いろいろな種類がある。次節の2種類のボロノイ充填は、例えば Du et al. (2003) に掲載されている。

3.16.2 ボロノイ充填の種類

前節で述べた一般的なボロノイ充填に対して、幾つかの制約を求めると、いろいろなボロノイ充填が導かれる。この節では、それらの中から、**重心ボロノイ充填** (centroidal Voronoi tessellations) と、**曲面重心ボロノイ充填** (centroidal Voronoi tessellations on surface) を紹介する。

まず、前者については、

定義 3.16.2 （重心ボロノイ充填）

(3.224) 式で定義されるボロノイ充填は、

$$z_i = z_i^*, \quad i = 1, \cdots, k, \tag{3.225}$$

の時に限り、重心ボロノイ充填と呼ばれる。

ここで、z_i^* は**質点重心** (mass centroid) と呼ばれ、$\bar{\Omega}$ 上に定義された密度関数 $\rho(\boldsymbol{x}) > 0$ が正でほとんど至るところで連続であるならば、それぞれのボロノイ領域 V_i に対してつぎのように定義できる：

$$z_i^* = \int_{V_i} \boldsymbol{x}\rho(\boldsymbol{x})\,d\boldsymbol{x} \Big/ \int_{V_i} \rho(\boldsymbol{x})\,d\boldsymbol{x}, \quad i = 1, \cdots, k. \tag{3.226}$$

つぎに、曲面上の制約付き重心ボロノイ充填は、つぎのように定義される：

定義 3.16.3 （制約付き重心ボロノイ充填）

つぎのように定義される、コンパクトで連続な曲面 $\boldsymbol{S} \subset R^N$、すなわち

$$\boldsymbol{S} = \left\{ \boldsymbol{x} \in R^N : g_0(\boldsymbol{x}) = 0 \text{ かつ } g_j(\boldsymbol{x}) \leq 0, j = 1, \cdots, m \right\}, \tag{3.227}$$

を、何らかの連続な関数 g_0 と $\{g_j, j = 1, \cdots, m\}$ に対して考える。このとき、(3.224) 式と同様、一組の点の集合 $\{z_i, i = 1, \cdots, k\}$ が与えられたとき、対応する $\boldsymbol{S}$ 上のボロノイ領域をつぎのように定義できる：

$$V_i = \left\{ \boldsymbol{x} \in \boldsymbol{S} : \|\boldsymbol{x} - \boldsymbol{z}_i\|_2 < \|\boldsymbol{x} - \boldsymbol{z}_j\|_2, j = 1, \cdots, k, j \neq i \right\}, \quad i = 1, \cdots, k. \tag{3.228}$$

詳細については、Du et al. (2003) を参照されたい。

第4章　非対称MDSの方法

4.1　記述的方法と推測的方法

　非対称MDSの方法も、対称MDSがそうであったように、記述的な方法から始まった。ここで、本書では1.3.2節で非対称MDSの定義として狭義と広義に分け、狭義の定義もさらに最も狭義、より狭義、狭義の3種類に分けたこと、及び本書での議論の中心はこれらのうち最も狭義な定義及びより狭義な定義に絞ることにしたことを踏まえ、まず最も狭義の非対称MDSの場合の方法について述べる。

　最も狭義の非対称MDSで、記述的方法として代表的な方法には、Borg and Groenen (2005)、Chino (1978、1990)、Chino and Shiraiwa (1993)、Constantine and Gower (1978)、 Escoufier and Grorud (1980)、Gower (1977)、Harshman (1978)、Harshman et al. (1982)、Kiers and Takane (1994)、Krumhansl (1978)、Loisel and Takane (2011)、Okada and Imaizumi (1984、 1987、 1997)、Rocci and Bove (2002)、Saito (1991)、 Saito and Takeda (1990)、 Sato(1988)、 ten Berge (1997)、Tobler (1976-77)、Trendafilov (2002)、 Weeks and Bentler (1982)、 Yadohisa and Niki (1999)、 Young (1975)、及びZielman and Heiser (1996)がある。一方、(カウントデータを含む)より狭義の非対称MDSの方法としては、Getty et al. (1979)、Nakatani (1972)、Nosofsky (1984)、Shepard (1957, 1958a)などがある。また、直近では、Shojima (2012)の方法がある。

　これに対して、推測統計的方法としての非対称MDSは未だ数少ない。まず、最も狭義の非対称MDSの場合、岡田 (2011)、K. Okada (2012)、Saburi and Chino (2008)の方法がある。また、より狭義の非対称MDSでは、De Rooij and Heiser (2003, 2005)、Nosofsky (1986, 1991)、Takane and Shibayama (1986, 1992) がある。

4.2 記述的方法

この節では、うえにリストアップした代表的な非対称 MDS の記述的方法について、順に簡単に紹介する。最初は、最も狭義の非対称 MDS すなわち、1相2元非対称関係データで、順序尺度、間隔尺度、あるいは比尺度を仮定する方法を紹介し、つぎにより狭義の非対称 MDS すなわちカウントデータを仮定する認知実験の分野やテスト理論の分野の方法などを紹介する。どちらの定義によるかで、非対称 MDS の歴史と方法はかなり異なることになる。

まず、前者の仮定に基づく方法は、ほぼ千野・岡太 (1996)、及び千野 (1997) らが紹介した方法と一致する。彼らは、これらの方法を、修正距離モデル、非距離モデル、及び拡張距離モデルの3群に分類している。

修正距離モデルとしては、前節で紹介した記述的な非対称 MDS に属する方法として、Borg and Groenen (2005)、Gower (1977) のモデル（複数）のうちの幾つか、Krumhansl (1978)、Okada and Imaizumi (1984, 1987, 1997)、Saito (1991)、Saito and Takeda (1990)、Shojima (2012)、Tobler (1976-1977)、Weeks and Bentler (1982)、Yadohisa and Niki (1999)、Young (1975)、and Zielman and Heiser (1993)、Young's ASYMSCAL がある。

つぎに、非距離モデルとしては、Chino (1977, 1978, 1990)、Constantine and Gower (1978)、DeSarbo et al. (1992)、Escoufier and Grorud (1980)、Gower (1977)、Harshman (1978)、Harshman et al. (1982)、Kiers and Takane (1994)、 Loisel and Takane, 2011)、Trendafilov (2002) がある。最後の拡張距離モデルとしては、Chino and Shiraiwa (1993) 及び Sato (1988, 1989) がある。

後者のより狭義な非対称 MDS の方法の1つは、これまで非対称 MDS の開発の中心であった計量心理学プロパーな分野とは異なり、いわゆる刺激認知実験 (stimulus recognition experiments) の分野のモデルとして発展してきた方法のうち、モデルの中に刺激の布置を仮定する幾つかの方法

である。ここで、刺激認知実験には、刺激同定実験のみならず Nosofsky (1986) のいう**刺激カテゴリー化実験** (stimulus categorization experiment) も含めるものとする。

また、最近の研究としては、分割表データに対する対数線形モデルと対称 MDS のハイブリッドモデルともいうべき De Rooij and Heiser (2003, 2005) のモデルや、テスト理論の分野での**条件付き正答率** (conditional correct response rate) (**CCRR**) を分析するための Shojima (2012) のモデルがある。このような理由から、後者については、これまで内外の対称・非対称 MDS に関する文献の中では、ほとんどスポットライトがあたっていない方法が中心となる。

4.3 最も狭義な非対称 MDS (1)/修正距離モデル

最初に、最も狭義な非対称 MDS の場合、すなわち順序、間隔、比尺度の場合の非対称 MDS モデルの中の修正距離モデルについて紹介する。これらのモデルは、伝統的な対称 MDS における通常の対称な距離を何らかのパラメータを用いて若干修正するモデルである。

4.3.1 Young の ASYMSCAL

記述的方法としての非対称 MDS は、カウントデータを除くと、Young (1975) にさかのぼる。彼の方法、すなわち ASYMSCAL では、対象 i から対象 j への平方距離は、つぎの式

$$d_{ij}^2 = \sum_{t=1}^{r} w_{it}(x_{it} - x_{jt})^2, \quad w_{it} \geq 0, \tag{4.1}$$

により定義される。ここで、w_{it} は対象 i の次元 t 上の重みであり、x_{it} は対象 i の次元 t 上の座標値である。また、対象は n 個で次元数は r である。ここで定義される距離は、明らかに通常のユークリッド距離の1つの拡張になっている。このモデルでは、データの非対称性は対象への重みによって説明される。

Young (1975) が ASYMSCAL を提案して以来、前節で紹介したように多くの非対称 MDS のモデルと方法が提案されてきた。千野・岡太 (1996) や千野 (1997) は、それらのうちの最も狭義の非対称 MDS でカウントデータを除く方法を、修正距離モデル、非距離モデル、及び拡張距離モデルの3つに分類している。

まず、修正距離モデルは、非対称性を扱うために、対象間の計量的距離に何らかのパラメータを追加するところに特徴がある一群の非対称 MDS である。それらは、Borg and Groenen (2005)、Gower (1977) のモデルのうちの幾つか、Krumhansl (1978)、Okada and Imaizumi (1984, 1987, 1997)、Saito (1991)、Saito and Takeda (1990)、Tobler (1976-1977)、Weeks and Bentler (1982)、Yadohisa and Niki (1999)、Young (1975)、and Zielman and Heiser (1993) である。Young (1975) の ASYMSCAL は、この群に分類できる。

4.3.2 Tobler の風モデル

Tobler (1976-1977) は、ユニークな地理学的非対称 MDS モデルを提案した。彼の**風モデル** (wind model) は、観測される非対称性にある種の風を仮定し、それを**ベクトル場モデル** (vector field model) を用いて推定する。もとの類似度測度からベクトル場を推定するために、彼はつぎのモデル

$$t_{ij} = \frac{d_{ij}}{r + c_{ij}}, \quad c_{ij} = r \frac{t_{ji} - t_{ij}}{t_{ij} + t_{ji}}, \tag{4.2}$$

を仮定する。ここで、t_{ij} は旅行努力（時間やコストなど）を表し、場所 i から場所 j への移動方向の流れ c_{ij} によりささえられると仮定する。また、r は、場所 i から場所 j への旅行の速度であり、c_{ij} と同じ単位とされる。ベクトル場が推定されると、**非発散的場** (divergence free part) 及び**非回転的場** (curl free part) に分解され、**スカラーポテンシャル** (scalar potentials) と**ベクトルポテンシャル** (vector potentials) が計算される。最後に、スカラーポテンシャルの**勾配ベクトル** (gradient vectors) が推定された対象の布置上に描かれる。この勾配ベクトルが、**旅行流** (travel flows) を説明する。彼のモデルは、もし場所の布置がデータ t_{ij} の対称部を用い

て適切な対称 MDS によって推定されるのであれば、1つの非対称 MDS とみなすことができよう。

4.3.3　Yadohisa-Niki のモデル

Yadohisa and Niki (1999) は、Tobler のモデルとよく似たモデルを提案した。彼らの方法の場合、対象の布置は、データの対称部に対して適用される何らかの対称 MDS の方法によって最初に決定される。対象の布置が得られているとし、彼らの方法では、データの歪対称部を用いて布置上の対象の位置ごとにベクトルとスカラーポテンシャルを推定する。

4.3.4　Gower のジェットストリームモデル

Gower (1977) により提案された2つの方法、すなわちジェットストリームモデルとサイクロンモデルは、Tobler のモデルに非常に似通っている。前者は、距離が d_{ij} だけ離れた2つの町 P_i と P_j の間を速度 V で飛んでいる飛行機をイメージすることにより考えついたものであるという。もし、ここで線分 P_iP_j に対して角度 θ_{ij} で速度 v なるジェットストリームが流れているとすると、飛行時間 t_{ij} と t_{ji} は、

$$t_{ij} = \frac{d_{ij}}{V + v\cos\theta_{ij}}, \quad t_{ji} = \frac{d_{ij}}{V - v\cos\theta_{ij}}. \tag{4.3}$$

となる。その結果、もし比 v/V が v^2/V^2 を無視するほど十分小さいとすると、t_{ij} の対称部と歪対称部は、つぎのように書ける:

$$t_{ij}(s) \fallingdotseq \frac{d_{ij}}{V}, \quad t_{ji}(sk) \fallingdotseq v\,d_{ij}\cos\theta_{ij}/V^2, \tag{4.4}$$

いずれにせよ、このモデルはもしわれわれが $c_{ij} = v\cos\theta_{ij}$ and $c_{ji} = -v\cos\theta_{ij}$ とパラメータを変換すれば、形式的には Tobler のそれと同一である。Gower は、このモデルでも、データの対称部と歪対称部を別々に分析することに興味を持っていたが、もしわれわれが両者を同時に分析するならばジェットストリームモデルも非対称 MDS モデルの1つとみなすことができよう。

4.3.5 Borg-Groenen のヒルクライミングモデル

Borg and Groenen (2005) は、ジェットストリームモデルとよく似たモデルを提案したが、彼らの場合、Gower のそれとは異なり、対称部と歪対称部は同時に分析される。このモデルはヒルクライミングモデル (hill-climbing model) と呼ばれ、つぎのように書かれる：

$$d^*_{ij} = d_{ij} + \frac{(\boldsymbol{x}_i - \boldsymbol{x}_j)^t \boldsymbol{z}}{d_{ij}}, \tag{4.5}$$

4.3.6 Gower のサイクロンモデル

Gower により提案されたサイクロンモデルは、彼のジェットストリームモデルと似ている。

$$t_{ij} = \frac{d_{ij}}{V + \omega\, h_{ij}}, \quad t_{ji} = \frac{d_{ij}}{V - \omega\, h_{ij}}. \tag{4.6}$$

Gower が指摘しているように、このモデルではジェットストリームを一定の角速度でその中心を回転するサイクロン的風によって置き換えられる点を除き、ジェットストリームモデルと似ている。さらに、もしわれわれがこのモデルを $c_{ij} = \omega h_{ij}$ 及び $c_{ji} = -\omega h_{ij}$ のように再パラメータ化すれば、Tobler の風モデルと同じである。ジェットストリームモデルと同様、サイクロンモデルも、もしわれわれがそれらを同時に分析するならば、AMDS の方法として議論できよう。あとでわれわれは、ジェットストリームモデルを数学的にはより洗練された視点から一般化する Sato (1988) 及び佐藤 (1989) によって提案された AMDS の方法を紹介する。

4.3.7 Krumhansl の距離密度モデル

Krumhansl (1978) が提案した距離密度モデル (distance-density model) は、つぎの通りである：

$$d^*_{ij} = d_{ij} + \alpha \delta(\boldsymbol{x}_i) + \beta \delta(\boldsymbol{x}_j). \tag{4.7}$$

4.3. 最も狭義な非対称 MDS (1)/修正距離モデル

ここで、d_{ij}^* は修正された距離であり、$\delta(\boldsymbol{x}_i)$ 及び $\delta(\boldsymbol{x}_j)$ は、対象 i と j の近傍における空間的な密度の測度である。また、α と β は、対応する密度への重みである。

4.3.8 Weeks-Bentler モデル

Weeks and Bentler (1982) は、距離密度モデルを単純化した一種の修正距離モデル、すなわち **Weeks-Bentler モデル** (Weeks-Bentler model) を提案した。W-B モデルによれば、

$$d_{ij}^* = b\,d_{ij} + c_i - c_j + a. \tag{4.8}$$

ここで、a は加算定数 (an additive constant) であり、もしデータが非類似度ではなく類似度の測度から成るならば、$b = -1$ である。この式で、ユークリッド距離 d_{ij} が d_{ij}^2 に置き換えられることもある。

4.3.9 Okada-Imaizumi モデル

Okada and Imaizumi (1984) は、距離密度モデルや W-B モデルよりももっと一般的なモデルを提案している。すなわち、

$$d_{ij}^* = d_{ij} + \alpha\,c(i,j,t) + \beta c(j,i,t). \tag{4.9}$$

ここで、α や β は、定数の重みパラメータである。また $c(i,j,t)$ 及び $c(j,i,t)$ は歪対称要素を表現するための項であり、正であるとする。彼らは、これに関する幾つかの下位モデルも考えており、その１つが **O-I モデル** (Okada-Imaizumi model) (Okada & Imaizumi, 1987) である：

$$d_{ij}^* = d_{ij} - r_i + r_j. \tag{4.10}$$

図 4.1 は、O-I モデルにおける、点間距離 d_{ij} と修正距離 d_{ij}^* 間の関係を図示したものである。Okada and Imaizumi (1997) は、これを 2 相 3 元データの場合に拡張している。

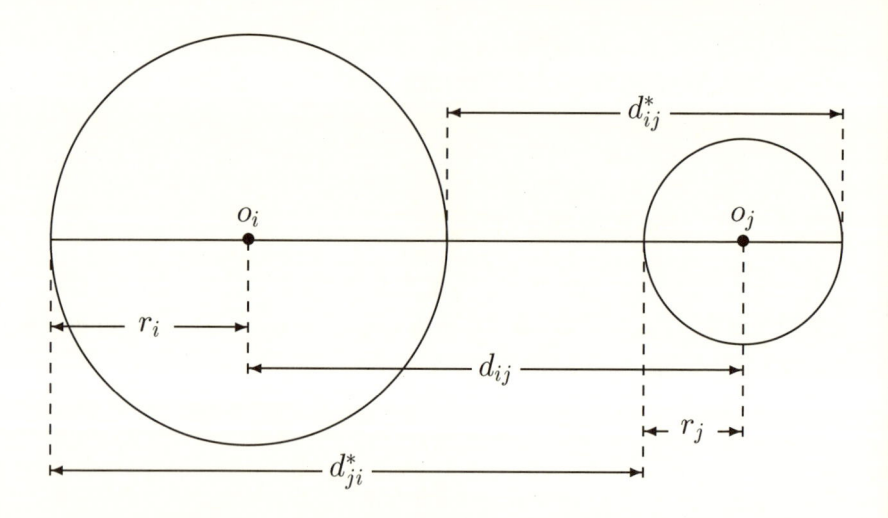

図 4.1: Okada-Imaizumi モデルにおける、点間距離 d_{ij} と修正距離 d_{ij}^* の関係 (千野 (1997) の図 2.1 を改変)

4.3.10 Saito-Takeda モデル

Saito and Takeda (1990) は、O-I モデルとよく似たモデルを提案している。モデル 2 は、それらのうちで最も一般的なもので、つぎのように書かれる：

$$d_{ij}^* = d_{ij} + a\theta_i + b\theta_j + r, \qquad (4.11)$$

ここで、d_{ij} は Minkowski の r-メトリックであり、r は加算定数である。このモデルは、明らかに (4.9) 式の特別なケースであるが、(4.7) 式、(4.8) 式、(4.10) 式の拡張とみなすほうがより適切であろう。例えば、(4.7) 式の $\delta(\boldsymbol{x}_i)$ と $\delta(\boldsymbol{x}_j)$ 及び (4.10) 式の r_i と r_j は、定義からすべて正であるが、(4.11) 式の a, b, θ_i, 及び θ_j にはそのような制約は全くない。また、(4.11) 式の右辺第 1 項は (4.8) 式のそれの特別なケースであるが、(4.11)

4.3. 最も狭義な非対称 MDS (1)/修正距離モデル

式の右辺第 2 及び第 3 項は (4.8) 式のそれらの拡張になっている。もし θ_i (複数) が正ならば、それらは刺激に特有な効果と解釈され、距離密度モデルにおける空間の密度に似ている。

4.3.11 Saito モデル

その後、Saito (1991) はつぎのモデルを提案した。

$$d_{ij}^* = d_{ij} + \theta_i + \phi_j + \gamma, \tag{4.12}$$

このモデルは、右辺の第 2 項及び第 3 項は相異なるが (4.8) 式におけると同一のパラメータ組に属するので、部分的には (4.8) 式の一般化モデルと言える。しかしながら、右辺第 1 項に関するかぎり、このモデルは W-B モデルのそれの特別な場合を仮定している。

4.3.12 Holman モデル

上記の多くのモデルは、つぎの **Holman モデル** (Holman model) (Holman, 1979) の特別なケースとみなすことができる：

$$s_{ij} = F[m_{ij} + r_i + c_j], \tag{4.13}$$

ここで、s_{ij} は対象 i と j 間の類似度を表し、Holman は**親近度データ** (proximity data) と呼んでいる。F は何らかの厳密な増加関数であり、m_{ij} は対称な関数である。もし m_{ij} がさらに距離空間上の対象の座標値により再パラメータ化されるのであれば、このモデルは狭義の意味での AMDS モデルということができよう。いずれにせよ、Holman モデルに対する唯一の例外は、(4.10) 式で記述される O-I モデルの一般化版である。Nosofsky (1991) は、Holman モデルを**加算的類似度バイアスモデル** (additive similarity and bias model) と呼んでいる。

4.3.13　スライドベクトル モデル

Zielman and Heiser (1993) は、スライドベクトルモデルのためのアルゴリズムを提案した。このモデルは、もともと Kruskal が 1973 年に示唆したものである。このモデルは、つぎのように書かれる：

$$d_{ij} = \left\{ \sum_{t=1}^{r} (x_{it} - x_{jt} + z_t)^2 \right\}^{1/2}, \qquad (4.14)$$

ここで、x_{it} 及び x_{jt} は、次元 t 上の対象 i 及び j の座標値であり、$(z_1, z_2, \cdots, z_r)$ はスライドベクトル z を構成する。

このモデルは、通常の距離モデルと異なり、対象間の（非）類似度データの対角要素が非ゼロであるという際立った特徴を持つ。彼らは、スライドベクトルモデルの座標値やスライドベクトルは Heiser (1987) による展開法のアルゴリズムを用いて得られることを示している。このことは、スライドベクトルが Coombs (1964) の展開法の特別版であることを意味する。彼らは、このモデルのつぎのような 3 元版も提案している：

$$d_{ijk} = \left\{ \sum_{t=1}^{r} u_{kt}(x_{it} - x_{jt} + z_t)^2 \right\}^{1/2}, \qquad (4.15)$$

しかし、われわれは展開法モデル、とりわけ多次元展開法モデル（例えば、Bennet & Hays, 1960; Hays & Bennett, 1961; Schönemann, 1970）については、最も狭義の意味では非対称 MDS モデルともみなすことはできない。なぜならば、一般に、多次元展開法モデルは既述の最も狭義の定義における非対称 MDS の条件 1、4、及び 6 を満たさないからである。なお、Zielman and Heiser (1993) は、**多重スライドモデル** (multiple slide-vector model) 及び、**行加重スライドベクトルモデル** (row-weighted slide-vector model) をスライドベクトルモデルの可能な候補モデルとしてあげている。

4.4 最も狭義な非対称 MDS (2)/非距離モデル

つぎに、順序、間隔、比尺度の場合の非対称 MDS モデルの中の非距離モデルについて紹介する。非距離モデルというと、読者はそれらのモデルが距離とは関係のないモデルを想像するかもしれないが、そうではない。千野・岡太（1996）や千野（1997）のいう非距離モデルとは、ここまでに紹介した修正距離モデルが対称距離を何らかのパラメータを用いて修正するモデルであるのに対して、距離以外の量、例えば内積などを非対称な関係データに対して当てはめるモデルを指す。例えば、内積は対象間の距離等の関数になっており、距離と無関係な量ではない。

4.4.1 Chino の ASYMSCAL

千野（1977）及び Chino（1978）は、Young（1975）とは異なる1つの ASYMSCAL モデルを提案した。すなわち、千野は Young の修正距離モデルとは対照的な次のモデルを提案した：

$$s_{ij} = a(x_{i1}x_{j1} + x_{i2}x_{j2}) + b(x_{i1}x_{j2} - x_{i2}x_{j1}) + c. \quad (4.16)$$

ここで、s_{ij} は、対象 i と j の間の類似度であり、c は加算定数である。一方、x_{il} は、対象 i の次元 l 上の座標値である。(4.16) 式の右辺の最初のカッコ内の量及び同第2番目のカッコ内の量は、明らかに2次元平面上での2つの対象 i 及び j に対応する位置ベクトルの内積と**クロス乗積**(cross-product, あるいは outer product) である。一般に、クロス乗積は、2つの位置ベクトルにより構成される平行四辺形の（符合付き）面積に等しい。

うえのモデルは、対象を2次元空間に埋め込むためのモデルである。これに対して、彼の ASYMSCAL で3次元空間に対象を埋め込む場合、2次元モデルを拡張したつぎのようなモデルを仮定する：

$$\begin{aligned}
s_{jk} =\ & a(x_{j1}x_{k1} + x_{j2}x_{k2} + x_{j3}x_{k3}) \\
& + b\{(x_{j1}x_{k2} - x_{j2}x_{k1}) + (x_{j2}x_{k3} - x_{j3}x_{k2}) + (x_{j3}x_{k1} - x_{j1}x_{k3})\} \\
& + c + e_{jk}.
\end{aligned} \quad (4.17)$$

ここで、(4.17) 式の右辺第 1 項のカッコ内は 2 つの対象（成員）の位置ベクトルにより定義できる 3 次元空間上での内積である。

一方、右辺第 2 項のカッコ内には 2 つの対象の位置ベクトルにより定義される外積の大きさ、すなわち 2 つの位置ベクトルにより形作られる平行四辺形（の大きさ）を、3 次元空間上の 3 つの座標平面上（1-2 軸、2-3 軸、及び 3-1 軸平面上）に投影した時の（平行四辺形の）3 種の影の大きさに対応する 3 つの量が並んでいる（図 4.2）。

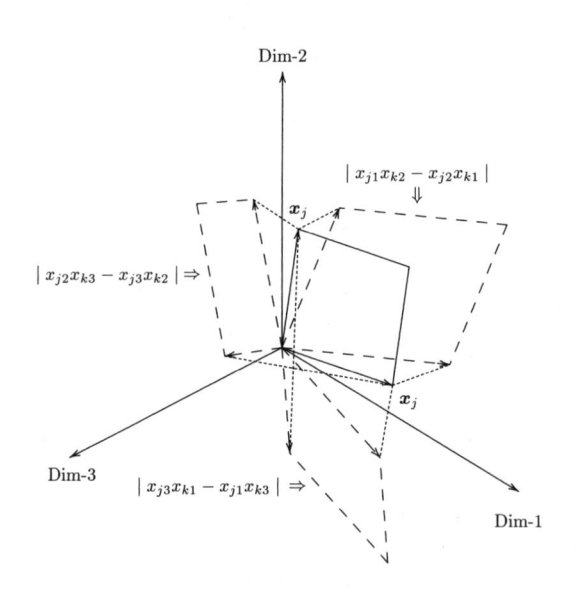

図 4.2: 3 つの要素平面へ投影された 3 次元空間上の平行四辺形の面積（千野 (1997) の図 2.6 を、許可を得て転載）

4.4.2 GIPSCAL

Chino の ASYMSCAL は、3 次元空間までに限定されていたが、その後 Chino (1990) はこれを一般化し、**一般化内積モデル** (generalized inner product model for multidimensional scaling、略して GIPSCAL) を提案

4.4. 最も狭義な非対称 MDS (2)/非距離モデル

した：

$$S = aXX^t + bXL_qX^t + c\mathbf{1}_N\mathbf{1}_N^t. \tag{4.18}$$

ここで、$S = \{s_{ij}\}$ であり、a 及び b は定数、そして c は加算定数である。一方、X は $N \times q$ 座標行列、L_q は特別な歪対称行列である (Chino, 1980; Gower, 1984)。

その後、Kiers and Takane (1994) は、GIPSCAL の非対角要素のフィットの**交互最小 2 乗アルゴリズム** (alternative least squares algorithm、略して ALS) は真の ALS を構成しないことを見つけた。このことは、千野のもとのアルゴリズムでは、目的関数は必ずしも単調には収束しないことを意味する。彼らは、さらに (4.18) 式の L_q を、データの歪対称部の解釈をしやすいように単純化し、つぎのようなモデルとすることを提案した：

$$S = a\tilde{X}\tilde{X}^t + b\tilde{X}\Delta\tilde{X}^t + c\mathbf{1}_N\mathbf{1}_N^t, \tag{4.19}$$

ここで、Δ は対角部に沿って 2×2 歪対称ブロックを持つ行列 L_q の特異値を持つ定数行列である。より正確には、$L_q = U\Delta U'$ であり、$XU = \tilde{X}$ である。Rocci and Bove (2002) は、(4.18) 式の特別なケースから成るモデルを提案している。

一方、Trendafilov (2002) は GIPSCAL を効率的に解くためのもう 1 つのユニークな方法を提案した。この方法では、もとの最小 2 乗問題の制約を持つ多様体上の**行列常微分方程式** (matrix ordinary differential equations) の**初期値問題** (initial value problem) として再定式化される。このアルゴリズムは、彼によれば、Chino (1978) のアルゴリズムよりも Kiers and Takane (1994) のアルゴリズムよりも、データに対するより良い適合を示すという。Trendafilov は、その論文で、さらに 3 次元版の GIPSCAL に対するアルゴリズムも提案している。

また、最近では Loisel and Takane (2011) が、最小多項式による外挿法を用いて、GIPSCAL の収束計算を加速させるアルゴリズムを提案している。また、彼らは非対角要素を含まない場合の DEDICOM や GIPSCAL、3 次元版の GIPSCAL を含む GIPSCAL のいろいろな拡張版に対するアルゴリズムも提案している。

最後に、Gower (1977) は、非対称性の解析のための数種類のモデルを

提案っする中で、Chino の ASYMSCAL における 2 次元の場合の歪対称部に対する面積と同一（彼は、これを 3 角形の面積の 2 倍の量と言っている）な量を対応させるモデル、すなわち**歪対称性の正準モデル** (canonical analysis of skew-symmetry) を提案している。千野 (1997) は、このモデルを、彼の原著に従ってその頭文字を取り **CASK** と呼んだ。欧米の論文では、このモデル、より正確にはこのモデルによる図を **Gower ダイアグラム** (Gower diagram) と呼ぶことがある。CASK では、正方非対称データ行列 S の歪対称部を、特異値分解によりつぎのように分解する：

$$S_{sk} = X \Lambda K X^t. \tag{4.20}$$

ここで、S_{sk} は行列 S の歪対称部を、一方、X は $N \times N$ 直交行列、Λ は特異値からなる特別な対角行列で、$\Lambda = \mathrm{diag}(\lambda_1, \lambda_1, \lambda_2, \lambda_2, \cdots, (0))$、また K は、次の要素からなる**歪恒等行列** (skew identity matrix) を**対角ブロック** (diagonal blocks) に持つ：

$$\begin{pmatrix} 0 & -1 \\ 1 & 0 \end{pmatrix}.$$

(4.20) 式は、スカラー表現ではつぎのように書ける：

$$s_{ij}(sk) = \sum_{t}^{p} \lambda_t \left(x_{i,2t-1} x_{j,2t} - x_{i,2t} x_{j,2t-1} \right). \tag{4.21}$$

ここで、p は $N/2$ を超えない最大の整数で、(4.21) は (4.16) 式で表される Chino の ASYMSCAL における定数 b を除く右辺第 2 項に他ならない。千野 (1977) と Gower (1977) は、お互いに独立に、この量を導入した。なお、既に 1.3.2 節でも指摘したように、CASK はシンプレクティック構造は持つが、ユークリッド空間構造を持たないので、最も狭義の定義では非対称 MDS に属さない。

4.4.3　DEDICOM

Harshman ら (1978, Harshman et al., 1982) は、**DEDICOM** (DEcomposition into DIrectional COMponents) なるつぎのような単純な非

4.4. 最も狭義な非対称 MDS (2)/非距離モデル

距離モデルを提案した：

$$S = YAY^t. \tag{4.22}$$

ここで、Y は N 個の対象の少数の基本的な型への $N \times p$ 負荷行列であり、A は基本的な p 個の型の間の方向性のある関係を与える次数 p の小さな非対称行列である。彼らはこのモデルを非空間的なアプローチであるとし、その距離特性については論じていない。しかし、Chino and Shiraiwa (1993) は、あるゆるい条件下で DEDICOM も明確な距離構造を持つことを証明した。Harshman ら (Harshman et al., 1982) は、DEDICOM の 2 相 3 元版を提案している。また、Takane and Kiers (1997) は、正方分割行列に対する潜在クラス DEDICOM を提案している。このモデルは、潜在クラスモデルと特別な制約を課した DEDICOM のハイブリッドモデルである。

4.4.4 Escoufier-Grorud モデル

Escoufier and Grorud (1980) は、線形代数的視点から、Chino の ASYMSCAL に非常に近いモデルを提案した。彼らは、当該モデルに対して公式的な名前をつけなかったが、Chino (1991) はこれを**エルミート正準モデル** (Hermitian Canonical Model、略して HCM) と名付けた。HCM では、まずもとの類似度データ行列 S を対称部 S_s と歪対称部 S_{sk} に分解し、

$$H = S_s + iS_{sk},$$

なるエルミート行列 H を計算する。つぎに彼らはこの H の固有値問題を、その 2 倍の次数の実対称行列 T を構成することにより解くところのよく知られた伝統的な方法により解く：

$$T = \begin{pmatrix} S_s, & -S_{sk} \\ S_{sk}, & S_s \end{pmatrix}. \tag{4.23}$$

Escoufier と Grorud は、このようにして得られるエルミート行列の最大固有値と対応する固有ベクトルを用いて、最終的には類似度データの対称部と歪対称部をつぎのように近似する方法を提案した：

$$s_{ij}(s) \doteqdot \lambda_1(u_{i1}u_{j1} + v_{i1}v_{j1}), \quad s_{ij}(sk) \doteqdot \lambda_1(v_{i1}u_{j1} - u_{i1}v_{j1}) \tag{4.24}$$

4.4.5 TSCALE

DeSarbo et al. (1992) は、Tversky の対比モデル (Tversky's contrast model) に基づく **TSCALE** なる MDS モデルを提案した。TSCALE は、2 相 3 元親近度行列を仮定している。ここで、d_{ijr}^* を 2 つの対象 i と j 間の r 番目の反復における非類似ととすると、Tversky のもとの線形対比モデルとの類推からの彼らの TSCALE モデルの 1 つは、つぎのように表される:

$$d_{ijr}^* = \sum_{t=1}^{T} \alpha_r (x_{it} - x_{jt})_+ + \sum_{t=1}^{T} \beta_r (x_{jt} - x_{it})_+ + \sum_{t=1}^{T} \theta_r \min(x_{it}, x_{jt}), \quad (4.25)$$

ここで、$(u-v)_+ = max(u-v, 0)$ であり、α_r は第 r 番目の反復(すなわち、被験者 r)で示された対象対 i, j のうちの最初の対象 i に特徴的な影響力あるいは顕在性を、β_j は同じく対象対 i, j のうちの最初の対象 j に特徴的な影響力あるいは顕在性を、また θ_r は同じく対象対 i, j に共通の影響力あるいは顕在性を、それぞれ表す。彼らは、さらに**特有特徴比率モデル** (ratio distinctive feature model) も提案している。

4.5 最も狭義な非対称 MDS (3)/拡張距離モデル

3 つ目の拡張距離モデルは、伝統的な実距離構造、すなわち Minkowski の r-メトリックとは異なる何らかの距離構造を仮定する一群の非対称 MDS モデルを指す。1 つは、(実) 非対称 Minkowski メトリック構造 ((real) asymmetric Minkowski's metric structure) であり、他方は (複素) ヒルベルト空間構造 ((complex) Hilbert space structure) である。

4.5.1 非対称 Minkowski メトリックモデル

Sato (1988) 及び佐藤 (1989) は、非対称な非類似度測度の組を手にした時、1 つの非対称 Minkowski メトリック空間に対象を埋め込む方法を提案した。ここで注意すべきは、彼のいう Minkowski メトリックは、良く

4.5. 最も狭義な非対称 MDS (3)/拡張距離モデル　　　　　　　　　199

知られた Minkowski の r-メトリックではなく、1 つの非対称距離関数を用いるという点である。Sato (1988) が指摘するように、われわれが 2.4.3 節で述べた (2.84) 式の一般のインディカトリックスで、$k=1$ のものを選ぶとすれば、(4.25) 式で定義される Minkowski メトリックは、Gower (1977) のジェットストリームモデルに等しい。

4.5.2　HFM

既に指摘したように、Escoufier and Grorud (1980) は彼らの HCM モデルで、その距離構造には言及していない。これに対して、Chino and Shiraiwa (1993) は HCM を再定式化し、当該モデルのヒルベルト空間構造を発見した。Escoufier らの方法と異なり、Chino らはデータ行列 S から計算されるエルミート行列の固有値問題を（2 倍の実行列に持ち込まず）直接的に取り扱い、つぎの式を導いた：

$$H = X\Omega_s X^t + i X\Omega_{sk} X^t, \tag{4.26}$$

ここで、

$$\Omega_s = \begin{pmatrix} \Lambda, & O \\ O, & \Lambda \end{pmatrix}, \quad \Omega_{sk} = \begin{pmatrix} O, & -\Lambda \\ \Lambda, & O \end{pmatrix}. \tag{4.27}$$

ここで、Λ は n 次の対角行列であり、この次数は H の非ゼロ固有値の数、すなわち $\Lambda = \mathrm{diag}(\lambda_1, \lambda_2, \cdots, \lambda_n)$ である。また、行列 X は対象に対する特別な $N \times 2n$ 実布置行列である、すなわち $X = (U_r, U_c)$ である。ここで、$U_1 = U_r + i U_c$ であり、U_1 はその非ゼロ固有値に対応する行列 H の複素固有ベクトルから成る。ここで、行列 H の固有値はすべて実数であることに注意したい。彼らは、このモデルをエルミート形式モデル (Hermitian Form Model、略して HFM) と呼んだ。

Chino and Shiraiwa (1993) は、さらに、(4.26) 式がつぎのようにも書けることを示した：

$$S = X\Omega_s X^t + X\Omega_{sk} X^t. \tag{4.28}$$

彼らはさらに、もし DEDICOM、GIPSCAL、及び HCM それぞれの複素版を考えるならば、上記 HFM の特別なケースと見ることができることも示した。また、既に 1.3.3 節で述べたように、彼らは、これらのモデルにおける対象間の距離が複素ヒルベルト空間上の真の点間距離であるための必要十分条件は行列 H が正の半定符合であることを証明した。

4.6 より狭義な非対称 MDS

非対称 MDS をより狭義な場合に拡張すると、非対称 MDS の歴史は Young (1975) より20年ほど遡ることになる。最初に、それらのうちの記述的非対称 MDS モデルに、つぎに推測的非対称 MDS モデルを紹介する。

4.6.1 MDS 選択モデル

すなわち、Shepard (1957, 1958a) や Luce (1963) は、刺激認知実験の分野でのいわゆる混同行列に対するモデルとして、つぎのようなモデルを提案している:

$$P(R_j \mid S_i) = \frac{\beta_j \eta_{ij}}{\sum_m \beta_m \eta_{im}}, \qquad (4.29)$$

ここで、η_{ij} は刺激 S_i の刺激 S_j への類似度を表す。また、β_j は R_j へのバイアス (bias) を表す。ここで、$\eta_{ij} = \eta_{ji}$ であり、すべての**自己類似度**は等しいと仮定される。(4.29) 式は、**バイアス選択モデル** (biased-choice model) あるいは、**類似度選択モデル** (similarity choice model) と呼ばれる。また、このモデルは、Takane and Shibayama (1992) の制約版との対比で、**無制約類似度選択モデル**と呼ばれることもある。

類似度選択モデルは、より狭義の意味でも非対称 MDS モデルとは言えないが、もし η_{ij} が2つの刺激間の距離の関数であり、われわれがこれを刺激の布置の座標値として再パラメータ化するならば、そのようなモデルは1種の非対称 MDS モデルと呼べる。実際、Shepard (1957) は、(4.29)

4.6. より狭義な非対称 MDS

式の η_{ij} を**指数的減衰関数** (exponential decay function) により表現している：

$$P(R_j \mid S_i) = \frac{\beta_j \exp(-d_{ij})}{\sum_m \beta_m \exp(-d_{im})}. \quad (4.30)$$

このモデルは、**MDS-選択モデル** (MDS-choice model) と呼ばれる（例えば、Nosofsky, 1985a, 1986）。Shepard (1958a) は θ_{ij} としてガウス関数 (Gaussian function) すなわち $\eta_{ij} = \exp(-d_{ij}^2)$ も考察している。両者を区別するために、ときどき (4.30) 式の方を**指数 MDS-選択モデル** (exponential MDS-choice model) と、またガウス関数を用いる法を**ガウス MDS-選択モデル** (Gaussian MDS-choice model) と呼ぶ (Takane & Shibayama, 1992)。

4.6.2 混同選択モデル

Nakatani (1972) は、MDS-選択モデルとは少し異なるモデルを提案し、**混同選択モデル** (confusion-choice model) と呼んだ。このモデルは、**信号検出理論** (signal detection theory) に由来する概念を組み込むかなり複雑な知覚過程を伴う認知過程を扱っている：

$$P(R_j \mid S_i) = \sum_{k=1}^{m} e_{ik} \frac{b_j(r_{jk})}{\sum_{l=1}^{n} b_l(r_{lk})}. \quad (4.31)$$

ここで、b_j は**バイアス確率** (bias probability) であり、$m = 2^n$、r_{jk} は混同状態 s_k に対する r_j の値、また r_j と s_k はつぎのようである：

まず、R_j が受け入れ可能かどうかの情報を伝達する 2 値媒介変数 r_j は、R_j が受け入れ可能なら 1、受け入れ不可能なら 0 なる値を持つと仮定される。つぎに、混同過程はつぎのように定義される：

$$s_k = <r_{1k}, \cdots, r_{jk}, \cdots, r_{nk}>.$$

さらに、e_{ik} は**多義性確率** (equivocation probability) と呼ばれ、つぎのように仮定される：

$$e_{ik} = P(s_k = <r_{1k} \cdots r_{jk} \cdots r_{nk}> \mid S_i) = \prod_{j=1}^{n} a_{ij}(r_{jk}), \quad (4.32)$$

ここで、

$$a_{ij}(r_{jk}) = \begin{cases} a_{ij}, & r_{jk} = 1 \text{ の時}, \\ 1 - a_{ij}, & r_{jk} = 0 \text{ の時}. \end{cases}$$

また、a_{ij} は**受け入れ確率** (acceptance probability) と呼ばれ、

$$a_{ij} = P(R_j \text{ acceptable} \mid S_i) = P(q_{ij} \leq t'_j) = \int_{-\infty}^{t'_j - u_{ij}} \varphi(z)\, dz, \quad (4.33)$$

ここで、$\varphi(\bullet)$ は正規分布の密度関数、$q_{ij} = u_{ij} + \epsilon_j$、$u_{ij}$ は S_i と R_j 間の $L-$ 次元ユークリッド距離、すなわち $u_{ij} = \left\{ \sum_{l=1}^{L} (x_{il} - x_{jl})^2 \right\}^{1/2}$ であり、ϵ_j は回路のノイズであり、$N(0,1)$ に従うとされる。

4.6.3　Getty らの重み付きユークリッド距離モデル

　Getty et al. (1979) は、一対類似度判断課題における類似度判断から推論される知覚空間が同一視課題における行動を予測するために用いられるかどうかを検証する実験を行った。8つの視覚刺激間の対称類似度判断が最初 INDSCAL (Carroll & Chang, 1970) により分析され、刺激の空間布置が得られた。つぎに、重みづけユークリッド距離が計算され、刺激間の1組の混同ウエイトが指数的減衰関数を用いて得られた。最後に、刺激 S_j に割り付けられた反応 R_j を与える条件付き確率が、Luce の選択モデルの1つのバージョンを用いて計算された。その結果、このモデルは同一視課題の混同行列をよく予測することがわかった。このモデルも、幾つかの MDS-選択モデルの中で、より狭義の意味での非対称 MDS モデルとみなせよう。

4.6.4　ATRISCAL

　最近、Shojima (2012) は心理検査の下位**項目間の従属構造** (inter-item dependency structure) を分析するための非対称 MDS の方法、Asymmetric triangulation scaling (**ATRISCAL**) を提案した。この方法の出発点としてのデータは、検査項目数を n とすれば、$n \times n$ 1相2元データ行

4.6. より狭義な非対称 MDS

列であり、条件付き正答率行列 $\boldsymbol{P}$ である。すなわち、その第 r 行 c 列要素は、項目 r に正答した受験者数に対する項目 c に正答した受験者数の（条件付き）比率 $p(c|r)$ である。この行列を Shojima (2012) の表記法に従い CCRR 行列と書けば、CCRR 行列は形式的には刺激認知実験の分野における混同行列と同一である。

上述の MDS 選択モデル、混同選択モデルなどが、データとしての条件付き比率を対称距離と少数のパラメータにより表現するのに対して、ATRISCAL ではそれを直接、潜在的 3 次元空間上の各項目の位置ベクトルの長さ（距離）で表現する。この仮定は、認知実験の分野のモデルにおける仮定とは大きく異なる。

ATRISCAL では、さらにもとの CCRR 行列 $\boldsymbol{P}$ では各項目の正答率の情報が欠けていることから、その情報の重要性を考慮して、条件付き正答率行列データに架空の項目を 1 つだけ加え、最終的には $(n+1) \times (n+1)$ の条件付き正答率行列とする。この場合の第 $n+1$ 列目の要素にはすべて 1 が並び、第 $n+1$ 行の要素のうちの最初の n 個には順に各項目の正答率が並ぶ。前者は、架空の項目に対して受験者はすべて正解すると仮定することを意味する。これを示したのが次の行列 $\boldsymbol{P}^+$ である：

$$\boldsymbol{P}^+ = \begin{pmatrix} 1.0 & p(2|1) & \cdots & p(n|1) & 1.0 \\ p(1|2) & 1.0 & \cdots & p(n|2) & 1.0 \\ \vdots & \vdots & \ddots & \vdots & \vdots \\ p(1|n) & p(2|n) & \cdots & 1.0 & 1.0 \\ p_1 & p_2 & \cdots & p_n & 1.0 \end{pmatrix}. \quad (4.34)$$

これらの仮定からは、架空の項目を加えた $n+1$ 個の項目間の従属構造は、半径 1 の**半球** (hemisphere) 内の点の布置として、うえのデータ行列から推定され、のちの 5.12 節に示すような**円頂座標** (dome coordinates) による**放射図** (radial map) を用いて描かれる。図 4.3 は、原点及び検査項目 j、k、l、及び架空の $n+1$ 番目の項目を、順に O、X_j、X_k、X_l、及び X_{n+1} として放射図上に描いたものである。

ATRISCAL では、検査項目が多くなると放射図のみからでは項目間の関係を解釈することが困難となるため、そのような場合、5.11 節の例に見

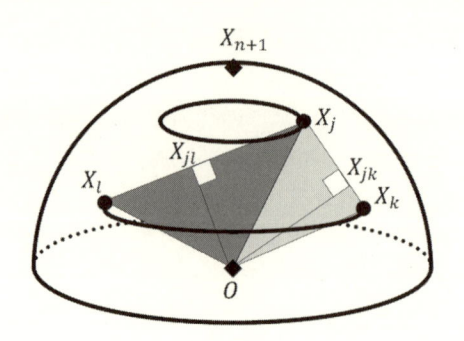

図 4.3: ATRISCAL の円頂座標を用いた検査項目のイラスト（Shojima (2012) の Figure 4 を、許可を得て転載）

るような、放射図に加えて**3次元の地勢図**(three-dimensional topographic map) を描くことができる。このような図は、組合せ位相幾何学で古くから知られているボロノイ充填の１つである。

4.7　推測的方法

　これまでに紹介した非対称 MDS の方法は、すべて記述的レベルのモデルである。また、これらの方法が記述的方法であるため、少なくとも計量心理学や認知実験の分野で提案されてきた方法については、すべて１相２元非対称正方行列や特別な２相３元非対称行列を手にしても、データの非対称性を最初から前提としており、モデルによる分析に先立つこれらのデータの非対称性の統計的検定は第１著者の知る限り全く行われていなかった。さらに、これらの方法が記述的方法であるために、きちんとしたモデル（方法）選択も行われていなかった。
　これに対して、１９８０年代からは幾つかの推測的非対称 MDS と関連する各種検定がこれまでに提案されてきた。これらは大きく分けると、最尤法もしくはベイズ推定法を用いた非対称 MDS と、非対称 MDS に関連する各種検定法である。最初に、最尤法もしくはベイズ推定法を用いた非対称 MDS について述べる。これらの方法のうち、最尤法に基づく方法は、

より狭義の非対称 MDS については８０年代の中ごろから最近に至るまでに提案されているものである (De Rooij & Heiser, 2003, 2005; Nosofsky, 1986, 1991; Takane & Shibayama, 1986, 1992)。一方、最も狭義のそれについては Saburi and Chino (2008) により提案されたものである。この方法は、その骨子を Chino (1992) が提案し、Saburi and Chino (2008) が発展させた方法である。最後に、ベイズ推定法に基づく方法は、最近岡田 (2011) 及び K. Okada (2012) により提案された。

他方は、非対称 MDS 関連の各種検定法である。これに関しては、非対称 MDS における尺度構成の途上で行う各種対称性検定 (Saburi & Chino, 2008) と、広い意味ではいわゆる**事前検定** (preliminary tests) の範疇に入るであろうところの数理統計学の分野で古くから開発されてきた対称性関連の一連の検定、すなわち**対称性検定** (symmetry test) (Cramer, 1946)、**準対称性検定** (quasi-symmetry test) (Caussinus, 1965) と同多重比較法 (例えば、Hirotsu, 1983)、**周辺等質性検定** (tests for marginal homogeneity) (Andersen, 1980; Bhapkar, 1966; Caussinus, 1965; Ireland, Ku, & Kullback, 1969; Stuart, 1955)、**循環性検定** (test for circular hierarchy) (例えば、Collias, 1943; Kendall, 1962; Kendall & Babington Smith, 1940; Landau, 1951a, b) がある。

また、最近 Chino and Saburi (2006, 2009, 2010) は、対称性、準対称性、周辺等質性の３つの検定を逐次的に行う場合の検定の過誤の問題に取り組んでいる。しかし、第６章で詳しく述べるように、これに関する Chino の予想 (Chino, 2012) は未だ証明できていないので、ここでは述べず、第６章でふれるにとどめる。

4.8 最尤法、ベイズ推定法による非対称 MDS

4.8.1 最尤法による非対称 MDS

1) 順序、間隔、比尺度の場合

Saburi and Chino (2008) は、Takane (1981) の対称 MDS の方法であ

るMAXSCALを非対称MDSの場合に拡張する方法、ASYMMAXSCALを提案した。

ASYMMAXSCAL

この方法はTakane (1981) と同様に、**表現モデル** (representation model)、**誤差モデル** (error model)、**反応モデル** (response model) の3つの下位モデルを仮定している。表現モデルは対象iの対象jへの非類似度g_{ij}の表現を特定する。Saburi and Chino (2008) では、このモデルにO-Iモデル（4.3.9節参照）

$$g_{ij} = d_{ij} - r_i + r_j, \tag{4.35}$$

そしてg_{ij}に構造を仮定せずに直接推定する飽和表現モデル（saturated representation model、略してSR model）を取り入れている。なお、いずれもg_{ij}には次のように誤差が付加されて、観測非類似度が得られるものとする（誤差モデル）：

$$\tau_{ij}^{(k)} = g_{ij} + e_{ij}^{(k)}, \quad e_{ij}^{(k)} \sim N(0, \ \sigma^2). \tag{4.36}$$

ここで、kは判断者を示す（これ以降は表記を省略する）。

反応モデルは判断者の反応過程を特定し、カテゴリー判断の法則に準じている。判断者は評定尺度法により非類似度を判断するものとし、評定カテゴリー$C_1, \ldots, C_M$は心理学的連続体上のカテゴリー境界値

$$-\infty = b_0 \leq b_1 \leq \cdots \leq b_{M-1} \leq b_M = \infty,$$

により区切られる間隔で表現される。対象iの対象jへの非類似度がカテゴリーC_mに落ちると判断される確率は、この時

$$p_{ijm} = \int_{b_{m-1}}^{b_m} f(\tau_{ij}) d\tau_{ij}, \tag{4.37}$$

と書ける。ここで、fは平均g_{ij}、分散σ^2の正規分布の密度関数である。このカテゴリー境界値に対し、順序制約$b_1 \leq b_2 \leq \cdots \leq b_{M-1}$のみを課す場合は順序尺度、線形制約$b_m = \alpha m + \beta \ (\alpha > 0; \ m = 1, \ldots, M-1)$を課す場合は間隔尺度を仮定することになる。

4.8. 最尤法、ベイズ推定法による非対称 MDS

各評定判断が相互に独立であるとすると、データ全体の尤度は

$$L = \prod_{i,j} \prod_{m=1}^{M} p_{ijm}^{Y_{ijm}}, \qquad (4.38)$$

と書ける。ここで、Y_{ijm} は対象 i の対象 j への非類似度がカテゴリー C_m に落ちると判断された度数であり、i, j についての積はその組み合わせに対する判断が行われた場合にとるものとする。この方法は Takane (1981) と同様に、対数尤度を最大にするパラメータをフィッシャーのスコアリングアルゴリズム (Fisher's scoring algorithm) により推定する。

また、この方法は仮定の異なる次の 3 つの対称性仮説を検定することができる：

$$H_0^{(cs)} \; : \; p_{ijm} = p_{jim}, \; (1 \le i < j \le n; \; 1 \le m \le M-1), \quad (4.39)$$
$$H_0^{(s/sr)} \; : \; g_{ij} = g_{ji}, \qquad (1 \le i < j \le n), \quad (4.40)$$
$$H_0^{(s/oi)} \; : \; r_1 = r_2 = \cdots = r_n. \quad (4.41)$$

ここで、n は対象数である。$H_0^{(cs)}$ は、表現モデル、誤差モデル、反応モデルのいずれも仮定しない飽和モデルに、$H_0^{(s/sr)}$ は SR モデルに、$H^{(s/oi)}$ は O-I モデルに、それぞれ基づいている。Saburo and Chino (2008) は $H_0^{(cs)}$ と $H_0^{(s/oi)}$ を尤度比統計量、$H_0^{(s/sr)}$ をワルド統計量 (Wald statistic) (Wald, 1943; Aitchison & Silvey, 1960) で検定する方法を示している。

さらに、この方法は AIC によるモデル選択も可能である。候補モデルとしては、O-I モデル、SR モデル、飽和モデルに加え、それらに上記の対称性仮説を課したモデル（ユークリッド距離モデル、対称 SR モデル、対称飽和モデル）も取り入れることができる。

2) カウントデータの場合

カウントデータの場合の方法としては、De Rooij and Heiser (2003, 2005)、Nosofsky (1986)、及び Takane and Shibayama (1986) がある。

Takane-Shibayama の方法

Takane and Shibayama (1986, 1992) は、標準的な最尤推定の手続きを用いて AIC により各種のモデルを精力的に比較している。ここで、全観測値の尤度は、すべてのモデルで同一で、

$$L = \prod_{i,j} p_{ij}^{f_{ij}}, \qquad (4.42)$$

であり、p_{ij} は多項分布の仮定のもとでのそれぞれのモデルにより特定化された条件付き確率である。

彼らはデータとして、Keren and Baggen (1981) の認知実験データを用いている。また、そこで分析されたモデルは、零モデル (null model) (対数線形モデルの文脈では、飽和モデル) (例えば、Bishop et al., 1975; Birch, 1963)、制約なしの類似度選択モデル、**ユークリッド距離-選択モデル** (Euclidean distance-choice model) (すなわち、MDS-選択モデルの1つのバージョン)、及び**ユニーク特徴-選択モデル** (unique feature-choice model) (Keren-Baggen (1981) モデルの一般化バージョン) である。ここで、Keren-Baggen モデルは Tversky (1977) の対比モデルに基づくアルファベットの認知のための特徴分析モデルである。

いずれにせよ、Takane and Shibayama (1986) で考察された数個のモデルの中では、ユークリッド距離-選択モデルのみが、本書で定義した「より狭義の」意味における推測統計的非対称 MDS に属する。なぜならば、ユークリッド距離-選択モデルのみが、彼らが考察した幾つかのモデルの中で、モデルにより仮定された距離を刺激座標によりパラメータ化しているからである。

Takane and Shibayama (1992) は、Keren and Baggen (1981) のデータを含む 4 組のデータを用いて、上記のモデルのより精力的な検討を行っている。

Nosofsky の方法

Nosofsky (1986) は、実験参加者 (被験者) の多次元的知覚刺激に対する**同一視** (identification) や**カテゴリー化** (categorization) をモデル化するための統一的な量的アプローチを提案している。彼は、前者の同一視の

4.8. 最尤法、ベイズ推定法による非対称 MDS

モデルとして、ミンコフスキーの r-計量を仮定した伝統的な類似度選択モデルを検討した。また後者のカテゴリー化のモデルとしては、Medin and Schaffer (1978) により開発された分類の文脈理論を一般化した新しいカテゴリー化モデルを検討した。

ここで、一方では認知実験で得られるカウントデータは、その要素が刺激 i が刺激 j と同一視される頻度であるところの $N \times N$ 混同行列 C によって集約されるのに対して、他方ではカテゴリー化実験では N 個の刺激は $m < N$ 個のグループに分類される点に注意したい。さらに、この場合カウントデータは、その要素が刺激 i が刺激 j と分類される頻度を表す $N \times m$ 混同行列に集約される。

彼の新しいカテゴリー化モデルは、それが選択的注意が心理学的空間における要素的次元に対する弁別的重みづけによりモデル化されるところの INDSCAL アプローチ（Carroll & Chang, 1970）を取っている点で興味深いが、われわれはこのモデルをより狭義の意味での非対称 MDS とはみなさない。なぜならば、カテゴリー化実験で得られるデータ行列は本書の非対称 MDS の定義における条件 1 、及び 4 を満たしていないからである。

さらに、彼はこのモデルにおいて、(4.29) 式の類似度選択モデルにおける関数 η_{ij} としては、指数的減衰関数とガウス関数の両方を考察している。彼は、両方のモデルのパラメータ推定のために、最尤基準を用いている。その結果、MDS-選択モデルが、ガウス関数とユークリッド計量を仮定した場合に、同一視データに最もよく適合した。しかし、彼の方法は推測的方法として不十分である。なぜならば、彼はモデルの適合度の言葉で幾つかのモデルを比較するに際して、情報量基準も他の統計的検定も利用していないからである。

De Rooij-Heiser による方法

De Rooij and Heiser (2003, 2005) は、正方（非対称）分割表の分析のための新たな方法として、複数の**距離・連関モデル** (distance-association models) を提案した。それらは、対数線形モデルと MDS に関係する距離モデルのハイブリッドモデルといえる。

まず、1相の距離連関モデルは、

$$\ln [E(f_{ij})] = \lambda + \lambda_i^R + \lambda_j^C - \sum_m (x_{im} - x_{jm})^2, \quad (4.43)$$

と書かれる。ここで、f_{ij} は正方分割表の (i,j) セルの観測度数であり、$E(f_{ij})$ は f_{ij} に対応する期待度数である。De Rooij and Heiser (2003) は F_{ij} を $E(f_{ij})$ と表記している。彼らは、このモデルを（分割表の）準対称性モデルの**階数減少版** (reduced rank version) と見做した。

(4.43) 式は、一見シェパード (Shepard, 1958a) のガウスモデル（ときどき、*MDS-choice model* (e.g., Nosofsky, 1985a)、あるいは ユークリッド距離-選択モデル (Takane & Shibayama, 1986) とも呼ばれる）に似ている。しかし、この式の右辺の第2項は、(4.43) 式の λ_i^R が距離を含まない、という点で若干異なる。

これに対して、2相距離連関モデル (two-mode distance-association model) (De Rooij & Heiser, 2005) は、より狭義の意味ではもはや非対称 MDS とはいえない。なぜならば、こちらのモデルは、2組の座標行列を仮定するからである。

推測統計的方法として、彼らは前者の論文で、ピアソン χ^2 検定も尤度比 χ^2 検定も行っている。一方、後者の論文では彼らは、χ^2 分布はサンプルサイズが大きくなると飽和モデルを除き棄却されがちであるという理由で 伝統的な尤度比統計量 G^2 ではなく%AAF (Goodman, 1971) を利用している。

4.8.2 ベイズ推定法による非対称 MDS

Okada による方法

対称 MDS についてのベイズ推定は、特殊な構造を持つデータについては DeSarbo, Kim, Wedel, and Fong (1998) や DeSarbo, Kim, and Fong (1999) の先駆的な研究があった。一般的な形で対称 MDS のベイズ推定を導入したのは Oh and Raftery (2001) である。その後、本書が発刊されるまでの10年間で、対称 MDS についてのベイズ推定法の研究は盛り上がりを見せている。

4.8. 最尤法、ベイズ推定法による非対称 MDS

一方、ベイズ推定による非対称 MDS は、K. Okada (2012) によって導入された。この方法は、データの非対称性を表現するために、4.3.5 節で述べた Borg and Groenen (2005) のヒルクライミングモデルを採用している。同モデルでは、修正距離 d^* が (4.5) 式によって表現された。そこで、観測非類似度 τ_{ij} は、修正距離 d^* を平均パラメータとする正規分布にしたがうというモデル分布を考える。すなわち

$$\tau_{ij} \sim N(d_{ij}^*, \sigma^2) \tag{4.44}$$

である。

3.8 節で述べたように、ベイズ推定にあたってはパラメータに事前分布を設定する。(4.5) 式のとおり、修正距離行列 $\boldsymbol{D}^* = \{d_{ij}^*\}$ は付置座標 $\boldsymbol{X}$ と傾斜ベクトル z の関数であり、また (4.44) 式の分散 σ^2 も未知であるため、本モデルの未知パラメータは $\{\boldsymbol{X}, z, \sigma^2\}$ である。

このうち $\boldsymbol{X}$ と σ^2 は対称 MDS でも存在するパラメータであるため、Oh and Raftery (2001) の先行研究で用いられた事前分布の設定を利用することができる。すなわち、$\boldsymbol{X} = \{x_{ik}\}$ の事前分布には正規分布

$$x_{ik} \sim N(0, \lambda^2) \tag{4.45}$$

を設定する。また、δ_{ij} の分布の分散パラメータ σ^2 には、**逆ガンマ分布** (inverse gamma distribution)

$$\sigma^2 \sim IG(\alpha_\sigma, \beta_\sigma) \tag{4.46}$$

を設定する。この逆ガンマ分布は、分散パラメータについての共役事前分布 3.8.2 節参照) になっている。さらに、(4.45) 式で $\boldsymbol{X}$ の事前分布として設定した正規分布の分散パラメータ λ^2 も未知パラメータと考え、これについても逆ガンマ事前分布

$$\lambda^2 \sim (\alpha_\lambda, \beta_\lambda) \tag{4.47}$$

を設定する。

一方、傾斜パラメータ z は非対称なベイズ MDS に独自のパラメータである。これについても、正規分布

$$z_k \sim N(0, \phi^2) \tag{4.48}$$

を事前分布として利用することにする。

(4.45) 式〜(4.48) 式において設定した事前分布は、すべて互いに独立とする。ここで、これらの事前分布にもさらにパラメータが存在している。具体的には、$\alpha_\sigma, \beta_\sigma, \alpha_\lambda, \beta_\lambda, \phi^2$ である。3.8.2 節で述べたように、このような事前分布のパラメータのことは超パラメータと呼ばれる。これら超パラメータに対しては、データに与える影響が極力小さくなるような値を分析者が事前に設定することにする。

こうした設定の元で、未知母数を MCMC により推定することが可能となる。K. Okada (2012) では、MCMC のためのソフトウェア BUGS (3.12.2 節参照) を推定に利用しており、プログラムも同論文に掲載されている。

回転の不定性

MCMC を用いたベイズ MDS の推定においては、回転の不定性が問題となる。元々、ユークリッド距離は軸の回転に対して不変なので、ユークリッド距離を用いた対称 MDS には回転の不定性がある。非対称 MDS においては修正距離の与え方によっては回転の不定性が消滅する方法も存在するが、ヒルクライミングモデルは、布置 X と傾斜ベクトル z の同時回転に対する不定性がある。しかし、回転の不定性によって対象相互の相対的な位置関係や非対称性が影響されることはないため、軸を積極的に解釈しない場合には、MDS で回転の不定性に対して特別の処置がとられないこともある。

しかしながら、MCMC アルゴリズムを利用したベイズ MDS においては、回転の不定性は通常以上に大きな問題となる。MCMC によって事後分布からサンプリングされたマルコフ連鎖にしたがう乱数標本列 $X^{(1)}, X^{(2)}, ..., X^{(t)}, ...$ においては、各繰り返し回数 t ごとに回転及び原点の不定性が存在する。したがって、通常の MCMC を用いる場合のように単純にこれらの乱数標本列の経験分布を使って経験事後分布を構築することができないのである。実際、MCMC から出力されたこうしたパラメータの値の単純な経験分布は、しばしば二峰性を示したり、潰れた分布となってしまったりする。

4.8. 最尤法、ベイズ推定法による非対称 MDS

したがって、MCMC を用いたベイズ MDS においては、MCMC によって得られたパラメータの乱数標本列の**ポストプロセッシング** (post-processing) を行う必要がある。Oh and Raftery (2001) は、彼らの対称ベイズ MDS の論文において、MCMC の各回の繰り返しごとに、標本共分散行列の固有ベクトルを用いて逐次 $X^{(t)}$ を回転するアルゴリズムを提案している。この方法は、Oh (2012) など後続の論文でも用いられている。しかしながら、この逐次処理法では乱数列全体についてのターゲット行列が存在しない。そのため、依然として二峰性や潰れた事後経験分布が得られてしまう事がしばしばある。

これに対し、Okada and Mayekawa (2011) は、ターゲット行列を設定した新しいポストプロセッシング法を提案した。彼らのアイディアは、Gower (1975) の一般化プロクラステス回転 (generalized procrustes rotation) の考え方を利用したものであり、次のようなアルゴリズムによって非対称 MDS にも自然に拡張したかたちで適用することができる。

1. MCMC により出力されたサンプル列 $\{X^{(t)}\}, \{z^{(t)}\}$ ($t = 1, ..., n_{rep}$) を用意する。また、平均 $\bar{X} = \frac{\sum_t X^{(t)}}{n_{rep}}$ を求めておく。

2. $t = 1, ..., n_{rep}$ について、

   (a) $\bar{X} = X^{(t)} T^{(t)} + E^{(t)}$ となるような直交行列 $T^{(t)}$ のうち、最小二乗基準

   $$RSS = \mathrm{tr}\left[(\bar{X} - X^{(t)} T^{(t)})^t (\bar{X} - X^{(t)} T^{(t)})\right] \quad (4.49)$$

   を最小にする回転行列 $T^{(t)}$ を求める。ただし、$T^{(t)^t} T^{(t)} = T^{(t)} T^{(t)^t} = I$ とする。これは、$\bar{X}$ をターゲットとした直交プロクラステス回転 (Schönemann, 1966) により求められる。

   (b) (a) の回転行列 $T^{(t)}$ を用いて、$X^{(t)} \longleftarrow X^{(t)} T^{(t)}$ とする。

   (c) (a) の回転行列 $T^{(t)}$ を用いて、$z^{(t)} \longleftarrow z^{(t)} T^{(t)}$ とする。

3. $\bar{X} \longleftarrow \frac{\sum_t X^{(t)}}{n_{rep}}$ と平均を更新する。

4. ステップ 2, 3 を収束するまで繰り返す。

このアルゴリズムにより、MCMC サンプル列の平均 $\bar{X}$ をターゲットとした一般化プロクラステス回転によるポストプロセッシングを行うことができ、より単峰に近い経験事後分布を得ることができる。このアルゴリズムは収束が速く、通常 5 回以下の繰り返しで収束する。

非対称性の評価

MDS に確率分布を使った確率モデルを導入することで、パラメータについて確率的な解釈を与えることが可能になる。とくに、ベイズ統計学の考え方を用いると、パラメータの事後分布における任意の区間にパラメータが存在する確率は、単純にその区間の面積となる。

このことを利用し、非対称性について確率的な評価を行うことができる。ヒルクライミングモデルでは、非対称性は傾斜ベクトル z によって（そして、これによってのみ）表現される。$z = 0$ のとき、(4.5) 式のヒルクライミングモデルにおける修正距離 d^* は、通常の対称 MDS での距離 d となる。一方、非対称性が大きいほどベクトル z の大きさは大きくなる。したがって、z の事後分布と原点との位置関係によって、非対称性を評価することが可能となる。たとえば z の事後分布の平均が 0 付近にあれば、ヒルクライミングモデルによって非対称性をよく表現できていない可能性がある。一方、z の 80% や 95% 最高密度区間に 0 が含まれない場合には、本モデルによって非対称な構造が表現されているひとつの証拠と考えられる。

なお、本モデル自体の検証や比較をベイズファクター (Jeffreys, 1935; Kass & Raftery, 1995) や DIC (Spiegelhalter, Best, Carlin, & Van der Linde, 2002) を用いて行うことも可能と考えられるが、具体的に提案されている方法はまだ存在していない。また、ベイズ推定による対称 MDS の次元数選択のための規準として提案されている量に MDSIC (Oh & Raftery, 2001) や、Oh による方法 (Oh, 2012) があり、これらは非対称 MDS にも原理的に適応可能であるが、やはり実際のパフォーマンスなどはまだ検討されていない。

4.9 各種対称性検定

この節では、非対称 MDS にかかわる各種対称性検定とその関連検定の方法について紹介する。少なくとも計量心理学の分野で Young (1975) 以来開発されてきた非対称 MDS の記述的方法では、1 相 2 元非対称データ行列 S または、2 相 3 元非対称データ行列を手にしたとき、データが果たして非対称といえるかどうかの検討なしに、何らかの特定の非対称 MDS モデルが適用されてきた。しかし、そのようなデータが十分に非対称性を有しているのかを検討せずに非対称 MDS モデルを適用することは、安直なデータ解析と言わざるを得ない。

そこで、まず分割表の分析として従来からよく知られている対称性検定と準対称性検定、周辺等質性検定などの関連検定について紹介し、つぎに循環的階層構造として心理学のみならず行動生物学の分野では古くから知られていたハトや鶏のつつきの順序データに端を発するケンドールらによる循環性検定を紹介する。最後に、独立性検定、対称性検定や準対称性検定等における数理統計学の分野で開発されてきた多重比較の検定についてふれる。

4.9.1 対称性検定と関連検定

既に 3.9 節の冒頭に示した表 3.1 で表される一般の分割表に対して、対称性検定で対象となる分割表は、原則として 2 つの属性のカテゴリーの内容は同一な場合の分割表である。表 4.1 には、その一般形を示す。

具体例を 1 つあげれば、例えば Bishop, Fienberg, and Holland (1975, p.284, Table 8.2-1) には、これまで多くの研究で引用されてきた著名なデータとして、属性 A を右目の（目の）等級、属性 B を左目の等級とし、属性のカテゴリーは 4 つで、順に C_1 を最も高い等級、C_2 を 2 番目、C_3 を 3 番目、C_4 を最も低い等級、とする王立兵器工場の 7477 人の女子従業員から収集された 4×4 分割表が掲載されている。

表 4.1: 対称性やその関連検定で用いられる分割表

A\B	C_1	C_2	$\cdots$	C_r	計
C_1	f_{11}	f_{12}	$\cdots$	f_{1r}	$f_{1\bullet}$
C_2	f_{21}	f_{22}	$\cdots$	f_{2r}	$f_{2\bullet}$
$\vdots$	$\vdots$	$\vdots$	$\ddots$	$\vdots$	$\vdots$
C_r	f_{r1}	f_{r2}	$\cdots$	f_{rr}	$f_{r\bullet}$
計	$f_{\bullet 1}$	$f_{\bullet 2}$	$\cdots$	$f_{\bullet r}$	N

対称性検定

Andersen (1980) によれば、対称性検定はまずマクネマーが 2×2 分割表で (McNemar, 1947)、さらにバウカーが一般の正方分割表で (Bowker, 1948) 検討した。

表 4.1 のような一般の正方分割表の対称性について、以下の定理が成り立つ。ここで、対称性検定の帰無仮説は、各セルの度数 f_{ij} の期待度数を $\mu_{ij} = E(f_{ij})$ で表すとすれば、

$$H_0^S: \mu_{ij} = \mu_{ji}, \tag{4.50}$$

となり、3.7.4 節で紹介した対数線形モデルの母数の言葉で表せば、

$$H_0^S: \theta_{ij}^{(12)} = \theta_{ji}^{(12)}, \quad \theta_i^{(1)} = \theta_i^{(2)}. \tag{4.51}$$

と書ける。

ここで、以下の議論をより正確なものにするために、対数線形モデルの**全母数空間** (total parameter space) 及び対称性仮説に関する母数空間を記述するとつぎのようになる。まず、全パラメータ空間は、以下の通りである：

$$\begin{aligned}
\Omega = & \{(\theta_{ij}^{(12)}, \theta_i^{(1)}, \theta_j^{(2)}, \theta^{(0)}), \\
& -\infty < \theta_{ij}^{(12)}, \theta_i^{(1)}, \theta_j^{(2)}, \theta^{(0)} < \infty, \\
& i, j = 1, 2, \cdots, r\}.
\end{aligned} \tag{4.52}$$

4.9. 各種対称性検定

また、対称性仮説に関する母数空間は、つぎのようである：

$$\omega_S = \{(\theta_{ij}^{(12)}, \theta_i^{(1)}, \theta_j^{(2)}, \theta^{(0)}), \quad -\infty < \theta_{ij}^{(12)} = \theta_{ji}^{(12)} < \infty,$$
$$-\infty < \theta_i^{(1)} = \theta_i^{(2)} < \infty, \quad -\infty < \theta^{(0)} < \infty,$$
$$i, j = 1, 2, \cdots, r\}. \quad (4.53)$$

ここで、対称性と関連する幾つかの仮説に対する検定を考える場合、仮説間の包含関係はかなり複雑である。また、のちにふれるように、これらの仮説検定を順序立てて行う場合には、同一帰無仮説に対しても、如何なる**対立仮説** (alternative hypothesis) を考えるかで、統計量は異なるものになることに注意が必要である。

例えば、以下に述べる通常の対称性検定、準対称性検定、及び周辺対称性検定では、対立仮説に対応する母数空間は当該仮説に対応する母数空間の全母数空間に対する**補空間** (complementary space) である。この場合、例えば対称性仮説 H_0 の検定は、正確にはつぎのように書くべきである：

$$H_0^S : \boldsymbol{\theta} \in \omega_S \text{ を } H_1^S : \boldsymbol{\theta} \in \Omega - \omega_S \text{ に対して検定} \quad (4.54)$$

そこで、以下の定理でも、このような表現を用いることにする。

対称性仮説の検定統計量としては、つぎの2つが知られている：

定理 4.9.1 （対称性検定-1）
$H_0^S : \boldsymbol{\theta} \in \omega_S$ を $H_1^S : \boldsymbol{\theta} \in \Omega - \omega_S$ に対して検定するとき、ピアソンカイ2乗統計量は、

$$\chi_S^2 = \sum_{i>j}\sum^r \frac{(f_{ij} - f_{ji})^2}{f_{ij} + f_{ji}}, \quad (4.55)$$

となり、漸近的に自由度 $\nu = r(r-1)/2$ のカイ2乗分布に従う。

定理 4.9.2 （対称性検定-2）
$H_0^S : \boldsymbol{\theta} \in \omega_S$ を $H_1^S : \boldsymbol{\theta} \in \Omega - \omega_S$ に対して検定するとき、尤度比カイ2乗統計量は、

$$G_S^2 = 2\sum_{i=1}^r \sum_{j=1}^r f_{ij}\left\{\ln f_{ij} - \ln \frac{1}{2}(f_{ij} + f_{ji})\right\}, \quad (4.56)$$

となり、漸近的に自由度 $\nu = r(r-1)/2$ のカイ2乗分布に従う。

準対称性検定

準対称性あるいは**交互作用対称性** (interaction symmetry) なる概念は、対称性の概念より広く、対称性を包含するものであり、Caussinus (1965) により提案されたものである。準対称性の検定の帰無仮説は、対数線形モデルの母数を用いてつぎのように表現される：

$$H_0^{QS} : \theta_{ij}^{(12)} = \theta_{ji}^{(12)}. \tag{4.57}$$

ここで、準対称性仮説に関する母数空間は、つぎの通りである：

$$\begin{aligned}\omega_{QS} &= \left\{ (\theta_{ij}^{(12)}, \theta_i^{(1)}, \theta_j^{(2)}, \theta^{(0)}), \ -\infty < \theta_{ij}^{(12)} = \theta_{ji}^{(12)} < \infty, \right. \\ &\left. -\infty < \theta_i^{(1)}, \theta_j^{(2)}, \theta^{(0)} < \infty, \ i,j = 1, 2, \cdots, r \right\}. \end{aligned} \tag{4.58}$$

定理 4.9.3 （準対称性検定）

$H_0^{QS} : \boldsymbol{\theta} \in \omega_{QS}$ を $H_1^{QS} : \boldsymbol{\theta} \in \Omega - \omega_{QS}$ に対して検定するとき、尤度比カイ2乗統計量、

$$G_{QS}^2 = 2 \sum_{i=1}^{r} \sum_{j=1}^{r} f_{ij} \{ \ln f_{ij} - \ln \hat{\mu}_{ij} \}, \tag{4.59}$$

は、漸近的に自由度 $\nu = (r-1)(r-2)/2$ なるカイ2乗分布に従う。ここで、$\hat{\mu}_{ij}$ は、$\mu_{ij} = E(f_{ij})$ の推定値で、次式を満たす：

$$f_{i\bullet} = \hat{\mu}_{i\bullet}, \ f_{\bullet j} = \hat{\mu}_{\bullet j}, \ f_{ij} + f_{ji} = \hat{\mu}_{ij} + \hat{\mu}_{ji}. \tag{4.60}$$

周辺等質性検定

準対称性仮説と同様に対称性仮説を包含するもう1つの仮説に周辺等質性仮説がある。Stuart (1955) によれば、この概念は Cramér (1946) に遡る。周辺等質性の検定の帰無仮説は、つぎのように表現される：

$$H_0^{MH} : \mu_{i\bullet} = \mu_{\bullet i}. \tag{4.61}$$

4.9. 各種対称性検定

この検定は、対数線形モデルに持ち込めない（例えば、Andersen, 1980）ので、この仮説の母数空間の対数線形モデルによる表現はできない。検定統計量は形式的には (4.59) 式と同一であるが、同式の右辺の $\hat{\mu}_{ij}$ は、準対称性の検定統計量の場合と異なり、非線形プログラミングの方法（Madensky, 1963; Zangwill, 1969）もしくは Bishop et al. (1975) の**凸単体法** (convex simplex method) 等で解かねばならない。

これに対して、Andersen (1980) は、H_0^{MH} が対数線形モデルの交互作用母数が $\theta_{ij}^{(12)} = 0$ の時に限り**行効果列効果等質性** (homogeneity hypothesis on row and column effects) とでも呼ぶべき仮説、すなわち、

$$H_0^{RCM} : \theta_i^{(1)} = \theta_i^{(2)} \tag{4.62}$$

に等しいことを指摘し、つぎの帰無仮説と対応する検定統計量を示している：

$$H_0^{MH_0} : \theta_{ij}^{(12)} = 0 \quad \text{かつ} \quad \theta_i^{(1)} = \theta_i^{(2)}. \tag{4.63}$$

ここで、この仮説に関する母数空間は、

$$\begin{aligned}
\omega_{MH_0} &= \left\{ (\theta_{ij}^{(12)}, \theta_i^{(1)}, \theta_j^{(2)}, \theta^{(0)}), \quad \theta_{ij}^{(12)} = 0, \right. \\
&\quad -\infty < \theta_i^{(1)} = \theta_i^{(2)} < \infty, \ -\infty < \theta^{(0)} < \infty, \\
&\quad \left. i, j = 1, 2, \cdots, r \right\}. \tag{4.64}
\end{aligned}$$

定理 4.9.4（周辺等質性検定）
$H_0^{MH_0} : \boldsymbol{\theta} \in \omega_{MH_0}$ を $H_1^{MH_0} : \boldsymbol{\theta} \in \Omega - \omega_{MH_0}$ に対して検定するとき、尤度比カイ2乗統計量、

$$\begin{aligned}
G_{MH_0}^2 &= 2 \sum_{i=1}^r f_{i\bullet} \left\{ \ln f_{i\bullet} - \ln \frac{1}{2}(f_{i\bullet} + f_{\bullet i}) \right\} \\
&\quad + 2 \sum_{j=1}^r f_{\bullet j} \left\{ \ln f_{\bullet j} - \ln \frac{1}{2}(f_{j\bullet} + f_{\bullet j}) \right\}, \tag{4.65}
\end{aligned}$$

は、漸近的に自由度 $\nu = (r-1)$ なるカイ2乗分布に従う。

周辺等質性に関する上記の2種類の検定とは別のもう1つよく知られた周辺等質性仮説と対応する検定統計量が知られている。それは、準対称性の仮説の下での対称性仮説である。この検定は、Ireland et al. (1969) によると、Caussinus (1965) が提案したものである。この場合の尤度比カイ2乗統

計量 $G^2_{MH_1}$ は、尤度比検定の原理から簡単に導かれ、$G^2_{MH_1} = G^2_S - G^2_{QS}$ である（例えば、Bishop et al, 1975）。

対称性関連検定の逐次検定

前節では、非対称 MDS に関わる数理統計学分野で開発されてきた対称性関連の代表的な3つの検定を紹介した。しかし、そこでも簡単にふれたように、これらの検定は単体として別個に行うのではなく、仮説間の包含関係を考慮した逐次的な検定が有用である場合がある。Chino and Saburi (2006a, b) は、得られた非対称データに対して既存の非対称 MDS の中から最適なモデルを選択するための1つの方法として、尺度構成の途上で情報量基準を用いたモデル選択をする方法のみならず、尺度構成を行うに先立ち、仮説間の包含関係を考慮し、尤度比検定を利用して既存の対称性関連の検定を逐次的に行う方法の可能性について指摘している。この種の方法は、広い意味ではいわゆる**逐次検定** (sequential tests) と見ることができよう（例えば、Klockars et al., 1995; Posch & Futschik, 2008）。図 4.4 は、その中の図の1つで、対称性関連の幾つかの検定の包含関係を図示したものである。

図 4.4 では、準対称性仮説を H_{QS}、**準独立性仮説** (quasi-independence hypothesis) (Goodman, 1968) を H_{QI}、前節で紹介した3種類の周辺等質性仮説（$H_0^{MH}, H_0^{MH_0}, H_0^{MH_1}$）を順に、$H_{MH}$、$H_{MH_0}$、$H_{MH_1}$、通常の独立性仮説を H_I、対数線形モデルの行効果を H_1、同列効果を H_2、のように表記している。なお、前節で指摘したように、これらのうちの H_{MH} すなわち H_0^{MH} については、対数線形モデルの母数空間のみでは表現できないので、ここに表れている当該仮説の領域はその一部に過ぎないと考える。

実は、図 4.4 のような複雑な関係にあるこれらの検定仮説を逐次的に検定する場合、数理統計学的にはいわゆる検定全体の統計的過誤の検討が必要となる。さらに、例えばこれらの検定の全体的危険率（全体的な第1種の過誤は、これらの仮説に対応する統計量間が統計的に互いに独立な場合に限って簡単に計算できる（例えば、Hogg & Craig, 1956）。

4.9. 各種対称性検定

そこで、千野らはその後これらの検定仮説に対応する統計量のうち、対称性検定、準対称性検定、及び特定の周辺等質性検定にしぼり、対応する3つの統計量間の独立性が成り立つかを検討しているが、現時点ではこの予想は残念ながら証明できていない (Chino, 2012; Chino & Saburi, 2009, 2010)。そこで、本書でも、第6章でこの予想を紹介するにとどめる。

4.9.2 循環性検定

第1章1.3.9節で紹介した行動生物学における鳥類のつつきの順序では、古くからその順序に関連する循環的階層構造が議論されている。この検定は、既にいろいろな文献でも紹介されているように、必ずしもこの種のデータに対する直接的な統計的検定ではなく、一対比較データに関する3者間の循環的階層構造の有無の統計的検定である (Kendall, 1962; Kendall & Babington Smith, 1940)。

この検定では、一対比較データなので、まず対象数を n とすると、一人の観測者はこれらの対象対として可能な $n(n-1)/2$ 個の対それぞれに対して、どちらが優位か（つつきの順序など）とか、どちらをより好むかなどの判断を行うものとする。したがって、データは $n \times n$ 正方行列で、対の要素のうちいずれか一方は1で、他方は0と表記できる。

つぎに、循環的階層構造とは、例えば対象数が3であれば、**循環的3者（関係）** (circular triads) と呼び、対象を A、B、C と書き、対象 A の方が対象 B より優位であれば $A \succ B$ と書くとすれば、例えば $A \succ B$、かつ $B \succ C$ ならば、$C \succ A$ となる関係をいう。このような関係は、n が4以上の場合にも拡張できて、一般には**循環的多者（関係）** (circular polyads) と呼ばれる。

上記ケンドールらの方法では、検定は3者関係の場合に限っており、うえのような対象数 n の場合の1組の正方行列に対して、循環的3者関係の個数を k として、つぎの**一貫性係数** (coefficient of consistence) を考える：

$$\zeta = \begin{cases} 1 - \dfrac{24k}{n^3 - n}, & n \text{ が奇数の時} \\ 1 - \dfrac{24k}{n^3 - 4n}, & n \text{ が偶数の時}. \end{cases} \quad (4.66)$$

Kendall (1962) によれば、つぎの統計量 Q は、

$$Q = \frac{8}{n-4}\left\{\frac{n(n-1)(n-2)}{24} - k + \frac{1}{2}\right\} + \nu, \tag{4.67}$$

n が大きいとき、漸近的に自由度 ν の χ^2 分布に従う。ここで、

$$\nu = \frac{n(n-1)(n-2)}{(n-4)^2}. \tag{4.68}$$

最後に、Kendall (1962) は、うえの量 k はデータとしての正方行列の情報から直接数えあげる必要はなく、例えば当該正方行列の行和 m_i, $i = 1, \cdots, n$ さえ計算すれば、つぎの式により求められることを示している：

$$k = \frac{n(n-1)(2n-1)}{12} - \frac{1}{2}\sum_{i=1}^{n} m_i^2. \tag{4.69}$$

4.9. 各種対称性検定

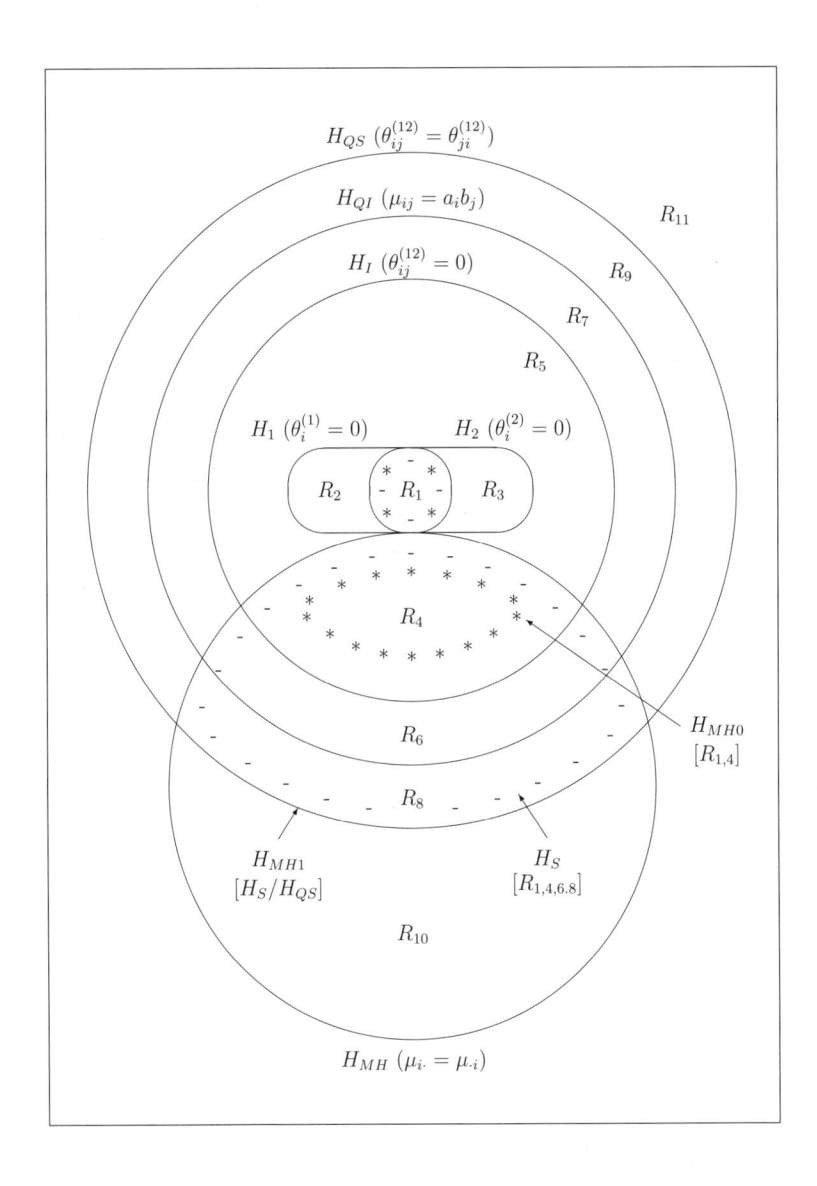

図 4.4: 各種対称性関連仮説間の包含関係

第5章 非対称MDSの適用例

5.1 クラス集団の好悪感情構造

　第1章の第1.3.1節の表1.1に掲載したある高校での10名のクラスメート間のニアソシオメトリックデータは、最大限間隔尺度レベルの情報しか持っていないと見ることができるので、通常は比尺度レベルを仮定するHFMでは分析できない。しかし、データの2重中心化が妥当であるならば、それによりもとのデータを比尺度とみなしてHFMにかけることができるので、このデータも分析に先立ち**2重中心化** (double centering) を行った。

　ここで、2重中心化はもともと Torgerson (1952) が観測される対称非類似度データの布置を古典的MDSを用いて推定するに際して、個々の布置座標の誤差をキャンセルする目的で、布置の中心を**重心** (centroid) にするために用いたもので、データから推定された対象間の2乗距離を要素とする行列を、**中心化行列** (centering matrix) (Horst, 1965) を用いて変換する（例えば、Torgerson, 1958; 千野, 1977）。

　2重中心化後のソシオメトリックデータのHFMにより得られた固有値を見ると、絶対値の大きいものから順に並べると、負の値から始まり、最初の4つはそれらの正負が交互に交代する大変複雑な構造を持つことがわかる（千野, 1997, 図5.3）。この固有値構造からは、10名のクラスメート間データの固有値構造は、大変複雑なものになっており、多次元的に見た場合明らかに不定計量空間構造をしている、と見ることができる。

　しかし、敢えてそのような複雑な構造の中の最大固有値に対応する複素1次元構造を見るとすると、既に指摘したようにそれは複素ヒルベルト空間構造と見ることができるので、その限りにおいて対象間の構造を垣間み

ることになる。図 5.1 は、HFM による１０名のクラスメートの布置の複素 1 次元近似を示す。

この布置を解釈するに際しては、注意が必要である。というのは、最大固有値は負となっているからである。したがって、この布置では自身に対する内積は負、すなわち自己類似度は負であり、原点から遠くに位置する成員 1 や 5 は相対的には自分が嫌いであることを意味する。また、この場合、布置内で近くに位置する成員相互、例えば成員 3 と 1 0、6 と 1 0 などは互いに嫌い合っていることになる。

一方、原点を挟んで直線上に対置する成員同志、例えば成員 1 と 9、4 と 5 などは、互いに相手に好意を持っているとみれる。また、布置から明らかに成員間の親近度の歪みが顕著なのは成員 1 と 5 であり、固有値が負であるので、布置上の歪みの正方向は HFM の場合反時計廻りとなる。このことから、成員 1 は成員 5 を好いているが、成員 5 は成員 1 を相対的には嫌っている、と言える。この関係は表 1.1 のデータに戻ってみても明らかである。

5.2 　認知的協和・不協和の構造

第 1 章 1.3.2 節で紹介した、Harary (1968) の 3 者関係の有向グラフのパターンの 1 つを修正した小杉 (2004) の表 1.3 の非対称データを、彼は HFM を用いて分析している。

それによれば、このデータをエルミート行列化したときの固有値は、順に $1+\sqrt{3}$、1、及び $1-\sqrt{3}$ となり、全体としてはヒルベルト空間ではなく、不定計量空間でしか対象を埋め込むことができないことが明らかである。

一方で、最大固有根に対応する固有ベクトルを用いて、3 者の関係を 1 次元ヒルベルト空間上の点として表現すると、図 5.2 のようになる。ここで、最大根は正であるので、HFM での平面上での正方向は時計回りとなることに注意すると、3 者関係は、第 1 次元で明確な循環的階層構造になっていることもわかる。

5.3. 家族集団の態度構造

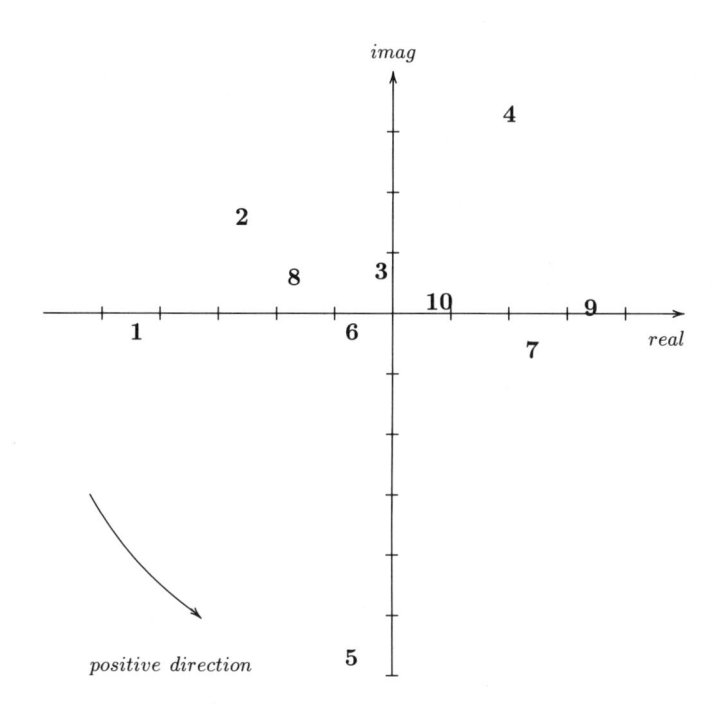

図 5.1: ニアソシオメトリックデータの HCM による複素 1 次元布置（千野 (1997) の図 5.4 を、許可を得て転載）

5.3 家族集団の態度構造

この節では、1.3.3 節で紹介した小杉ら (2010) の家族集団の好悪感情や態度構造 6 尺度（大切にしている、必要としている、思いやっている、無視している、嫌がっている、不信感を持っている）のうち、尺度「大切にしている」についての父、母、第 1 子、第 2 子の成員間の 5 件法の評定尺度による関係データの ASYMMAXSCAL による分析結果を示す。

ただし、各成員は自分を含むすべての成員間の関係について尋ねられたが、その中から自分を含まない唯一つの組み合わせについて判断した結果を取り出して構成されたデータを分析の対象とした。また、成員が同じ

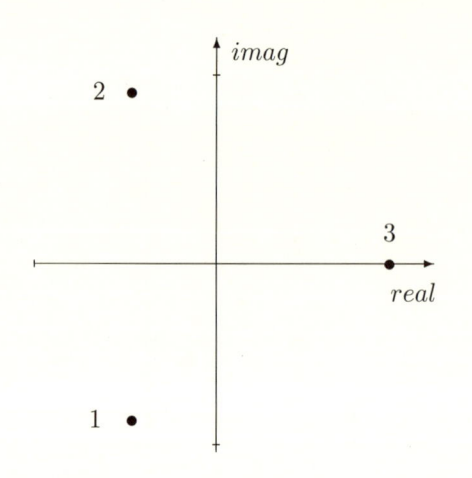

図 5.2: 小杉 (2004) の表 3.1 の、HFM による 3 者関係 H の布置

組み合わせは分析から除外した。なお、分析にあたっては評定尺度カテゴリーへのコード値を反転させてある。

AIC によるモデル選択では、間隔尺度を仮定した 2 次元 O-I モデルが最適モデルとなった。このモデルの布置と円を図 5.3 に示す。この図では、距離が大きいほどマイナスの感情を抱くと解釈される。また、O-I モデルの各成員を取り囲む円は、マイナスの感情を抱きにくいがマイナスの感情を抱かれやすいという意味での歪対称性を示している。

5.4 国家間の友好関係の構造

ここでは、1.3.4 節に示した東アジア諸国及びその関係国間の友好度データに、ASYMMAXSCAL を適用した結果を示す。適用に際し、g_{ij} を、i 番目の国の政府の、j 番目の国の政府に対する敵対度とした。なお、パラメータ推定の反復計算がうまく収束しないモデルも一部あった。対称性検定に関しては、$H_0^{(s/oi)}$ については次元数（1〜5）と尺度水準の仮定（順序尺度か間隔尺度）のすべての組み合わせで、$H_0^{(s/sr)}$ については両方の尺度水準の仮定で、検定を行った（なお、$H_0^{(cs)}$ については 1 通りしかな

5.4. 国家間の友好関係の構造

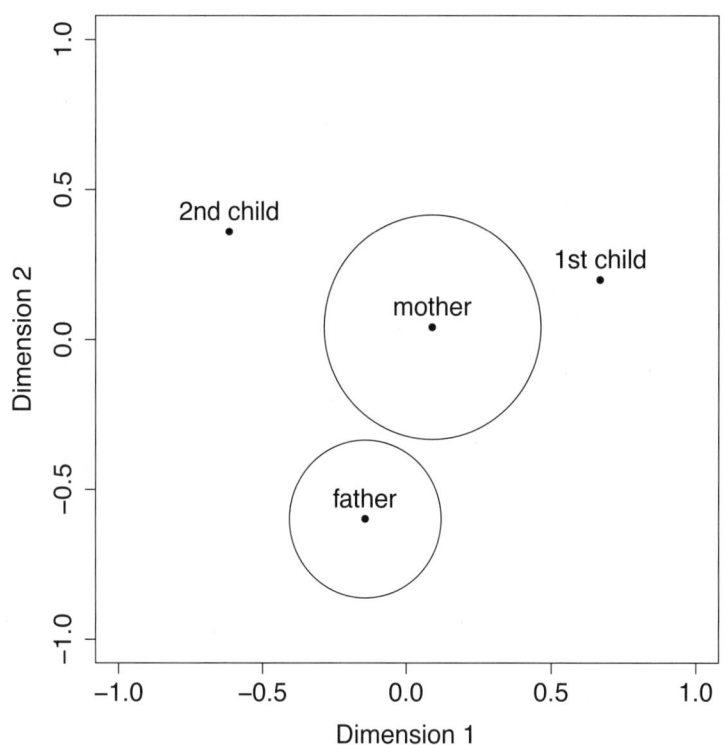

図 5.3: 家族集団の態度構造のデータ（「大切にしている」尺度を反転）に ASYMMAXSCAL を適用して得られた最適モデル（間隔尺度を仮定した 2 次元 O-I モデルの布置と円）の布置と円（小杉ら (2010) の図 1 を改変）

い）。その結果、$H_0^{(s/oi)}$、$H_0^{(s/sr)}$、$H_0^{(cs)}$ ともすべての検定で棄却された（$p < .05$）。モデル選択では、AIC の値（表 5.1）より、間隔尺度を仮定した 3 次元 O-I モデルが最適モデルとなった。この最適モデルで得られた布置と球を図 5.4 に示す。なお、布置は主軸を基準に回転されている。第 1 次元は、アメリカ・韓国・日本の三国と北朝鮮の対立軸で、その中間くらいにロシアと中国が位置しており、これは北朝鮮と他の五か国の関係をよく表しているといえる。歪対称性については、日本の球が他国の球に比べて大きく、日本は他国に対して、他国が日本に対してよりも友好的である

と認識される傾向がわかる。

表 5.1: 東アジア諸国及びその関係国間の友好度データに ASYM-MAXSCAL を適用して得られた各候補モデルの AIC

候補モデル	次元数	順序尺度仮定 AIC	ν	間隔尺度仮定 AIC	ν
O-I モデル	1	33.48	15	29.10	12
	2	17.52	19	15.56	16
	3	3.54	22	0.30	19
	4	5.76	24	2.73	21
	5	7.76	25	4.73	22
ユークリッド距離モデル	1	38.53	10	34.80	7
	2	26.26	14	23.71	11
	3	16.06	17	12.34	14
	4	18.86	19	15.24	16
	5	20.86	20	17.24	17
SR モデル	-	18.38	34	15.30	31
対称 SR モデル	-	18.86	19	15.24	16

		AIC	ν
飽和モデル	-	86.39	150
対称飽和モデル	-	36.06	75

(AIC は 2235 を引いてある。ν はモデルの有効パラメータ数を示す。)

5.5 国や地域間の貿易収支の構造

図5.5は、表1.5の貿易データの10カ国（2地域を含む）の Chino の ASYMSCAL による2次元布置を示す。この図における**正方向** (positive direction) は、2国間の貿易量の歪みの方法を考察するために必要な情報

5.5. 国や地域間の貿易収支の構造 231

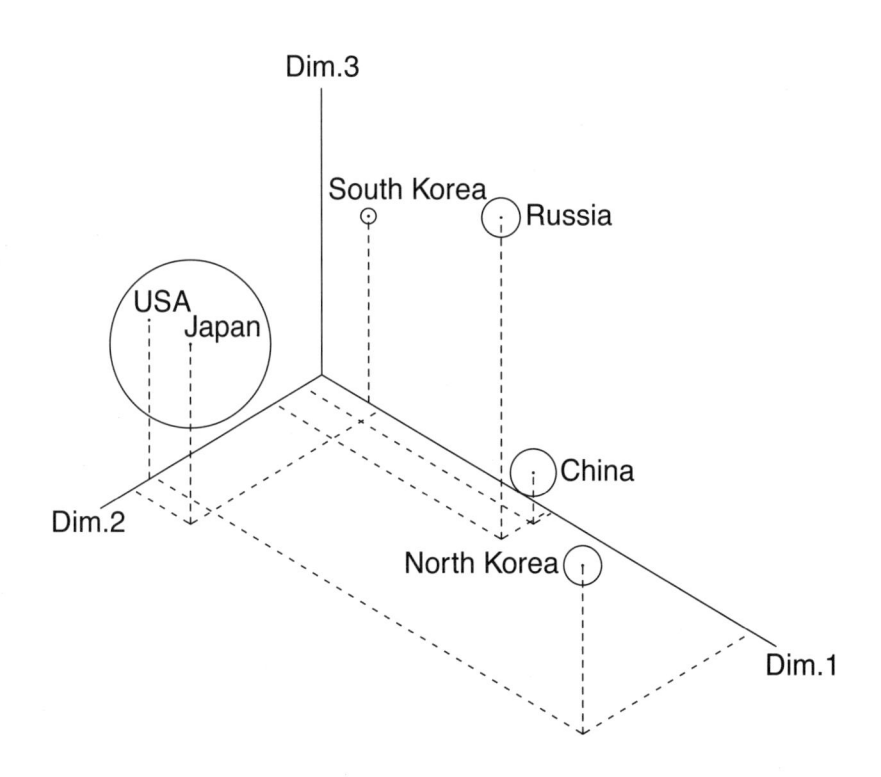

図 5.4: 東アジア諸国及びその関係国間の友好度データに ASYM-MAXSCAL を適用して得られた最適モデル（間隔尺度を仮定した3次元 O-I モデル）の布置と球

である。一般に、(4.16) 式のパラメータ b の符号が、この方向を決定する。このデータの場合、推定された当パラメータの値は正であり、その結果この布置の正方向は、**反時計回り** (counterclockwise) である。この図から、日本がこの時期、他国に対して「片思い」の関係にあることは明らかである。言い換えれば、日本の他国に対する貿易超過が明らかであり、そのような関係をこの図から簡単に読み取れる。

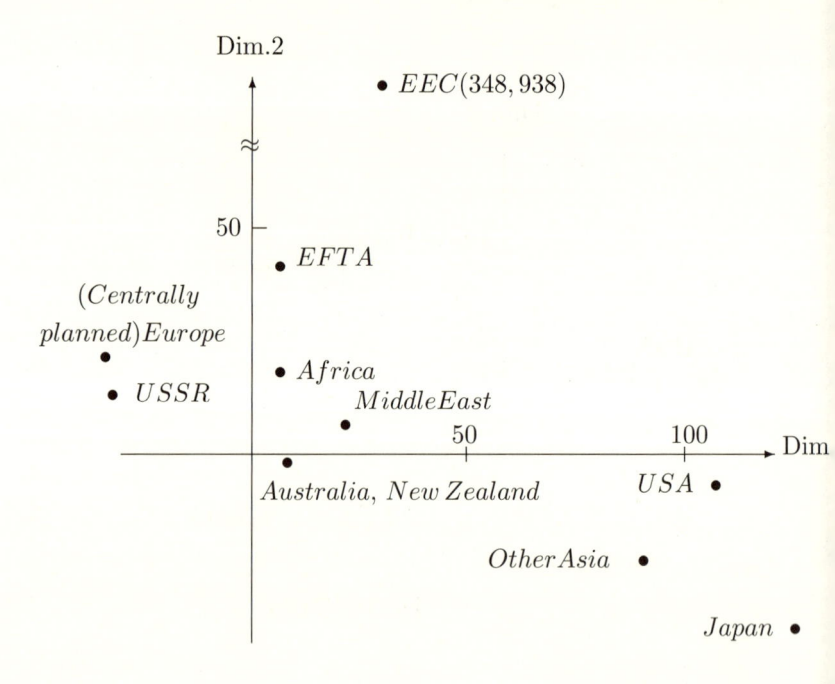

```
                    Dim.2
                      ▲
                      │        • EEC(348, 938)
                      ≈
                      │
                     50
                      │    • EFTA
   (Centrally         │
  planned)Europe      │
        •             │• Africa
      • USSR          │  • MiddleEast
                      │        50            100
   ───────────────────┼────•────────────────────•──▶ Dim
                      │ Australia, New Zealand  USA •
                      │
                      │          OtherAsia •
                      │
                      │                     Japan •
```

図 5.5: Chino の ASYMSCAL により得られた１０カ国の布置 (この図は、千野 (1997) の図 3.7 を改変したものである)。この図で、布置の正方向は反時計廻りである。

5.6 モールス信号の混同の構造

この節では、第１章で紹介した Rothkopf データに Escoufier-Grorud モデル (別名 HCM) を適用した結果について述べる。千野 (1997) には、HCM の解の性質を類似の方法である GIPSCAL と対比させるために、最初に GIPSCAL の解を示してあるが、本書では紙面の都合上、HCM の解のみを示す。同一データに対する GIPSCAL 解については、千野 (1997) の図 4.2 を参照されたい。

HCM の布置は図 5.6 のようになる。ここで、われわれはもとの類似度行列をエルミート行列化するに先立ち、類似度行列を２重中心化した。これは、GIPSCAL では、もとの行列を２重中心化したので、これに対応さ

5.6. モールス信号の混同の構造　　　　　　　　　　　　　　233

せる意味で行った。この布置は、このようにして得られたエルミート行列 H_c の最大根に対応する平面である。

　この場合、最大根の符号が正なので、既に第 4 章の HCM の紹介のところで述べたように、平面の正方向は GIPSCAL モデルとは対照的に時計廻りとなる。

　図 5.6 からは、3 6 個のモールス信号は 6 つのグループに分けることができよう (Chino, 1992b, 1996)：

- 第 1 グループ（$H1$ と略）
  GIPSCAL の $G1$ グループと同一、すなわち、$A(.-)$、$E(.)$、$I(..)$、$M(--)$、$N(-.)$、及び $T(-)$ で、第 1 象限に位置している。

- 第 2 グループ ($H2$)
  $S(...)$ 及び $U(..-)$ で、GIPSCAL の $G4$ グループ、すなわち $R(.-.)$、$S(...)$、$U(..-)$ 及び $W(.--)$ の一部に対応する。

- 第 3 グループ ($H3$)
  $W(.--)$ を除き、GIPSCAL の $G3$ グループ、すなわち $D(-..)$、$F(..-.)$、$H(....)$、$K(-.-)$、$V(...-)$、$4(....-)$、及び $5(.....)$ と同一。

- 第 4 グループ ($H4$)
  GIPSCAL の $G8$ グループと同一で、$B(-...)$、$L(.-..)$、$X(-..-)$ 及び $6(-....)$ がある。

- 第 5 グループ ($H5$)
  $C(-.-.)$、$J(.---)$、$O(---)$、$P(.--.)$、$Q(--.-)$、$Y(-.--)$、$Z(--..)$、$1(.----)$、$2(..---)$、$3(...--)$、$7(--...)$、$8(---..)$、$9(----.)$、及び $0(-----)$ で、GIPSCAL の $G2$、$G6$ 及び $G7$ の 3 グループを合わせたものである。

- 第 6 グループ ($H6$)
  ここには、$G(--.)$ のみが入る。

千野 (1997) で指摘したように、2 重中心化が妥当であるとすれば、HCM の結果と GIPSCAL の結果は非常に似通っている。さらに、信号のグルー

ピングに関する限り、後者の方が一部詳細なものになっていることがわかる。一方、2つの平面の正方向は、両者で一致している。

　これらの布置のわずかな差異は、この場合の HCM と GIPSCAL のデータへのフィットのさせ方の差異に由来するのであろう。というのは、この場合、GIPSCAL はデータに対して直接2次元モデルをフィットさせているのに対して、HCM の場合には多次元モデルをフィットさせており、そのうちの2次元平面（複素空間の言葉では1次元）を描いているに過ぎないからです．

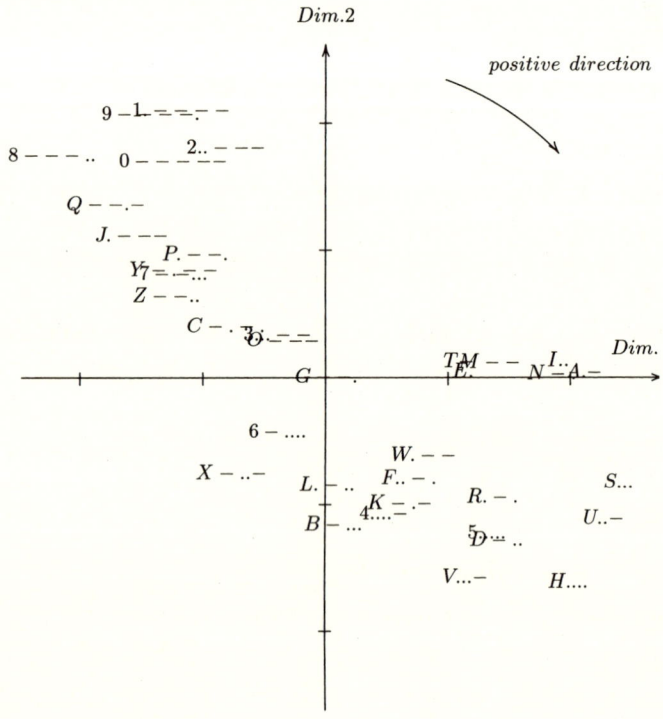

図 5.6: Rothkopf のモールス信号データの HCM による複素1次元布置（千野 (1997) の図 4.2 を、許可を得て転載）

5.7 エゴグラム・パターン間の夫婦相性の構造

佐部利 (2012) は、1.3.7 節で説明したデータに ASYMMAXSCAL を適用している。そこでは g_{ij} を、i 番目のタイプが夫、j 番目のタイプが妻のときの非相性度とした。対称性検定に関しては、$H_0^{(s/oi)}$ については次元数（1～4）と尺度水準の仮定（順序尺度か間隔尺度）のすべての組み合わせで、$H_0^{(s/sr)}$ については両方の尺度水準の仮定で、検定を行った（なお、$H_0^{(cs)}$ については1通りしかない）。その結果、$H_0^{(s/oi)}$ についてはいずれも棄却され ($p < .05$)、$H_0^{(s/sr)}$ と $H_0^{(cs)}$ に対する検定ではいずれも有意傾向を示した ($.05 < p < .10$)。AIC によるモデル選択では、順序尺度を仮定した3次元 O-I モデルが最適モデルとなった。このモデルで得られた布置と球を図 5.7 に示す。なお、布置は主軸を基準に回転されている。これより、AC 優位型は布置の中で中心的な位置にあって、他のどの型とも同程度の距離にあることがわかる。歪対称性については、CP 優位型の球が最も大きく、NP 優位型の球が最も小さい（最小の球の半径がゼロになるように調整されている）。これらより、CP 優位型は妻より夫に、NP 優位型は夫より妻に、それぞれ合うと認識される傾向がわかる。

5.8 曲のコード進行の構造

大塚の「さくらんぼ」の楽曲のデータに HFM を施した結果、固有値は大きい順に、25.41、18.04、13.76、10.53、6.62、及び 5.64 となった。最大固有値 25.41 に対する複素平面上に、6つのコード（Am7, Bm7, C, D, Em, G）の布置を描いたのが、図 5.8 である。この場合、固有値が正なので、布置の正方向は時計回りであることに注意が必要である。

藤澤ら (2008) によれば、この曲は典型的な3コードの楽曲 (I-IV-V-I) であり、D (V) への進行が多いことからドミナント・モーションが多用されているという。

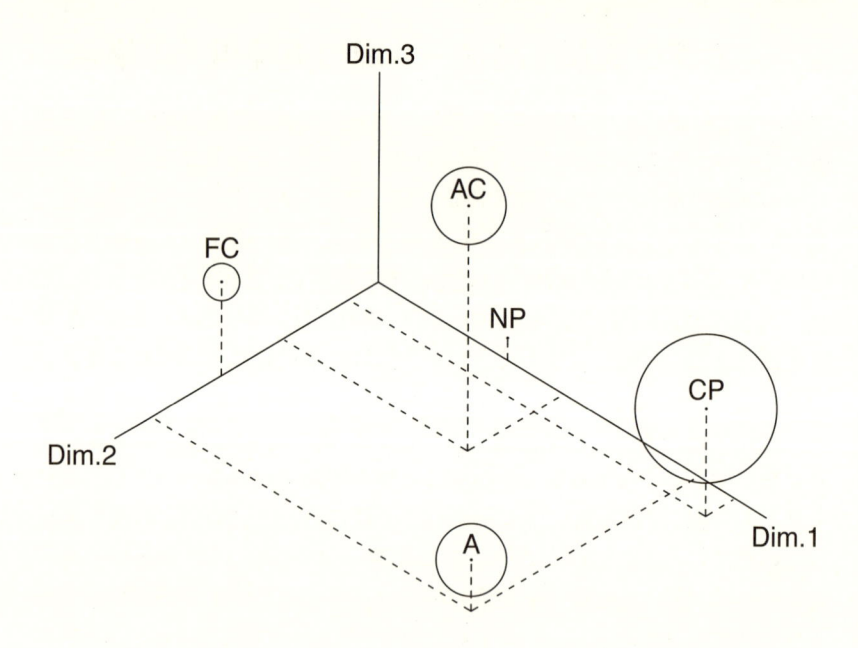

図 5.7: エゴグラム・パターン間の夫婦相性度データに ASYMMAXSCAL を適用して得られた最適モデル（順序尺度を仮定した 3 次元 O-I モデル）の布置と球（佐部利（2012）の図 2 を改変）。CP、NP、A、FC、AC はそれぞれ、CP 優位型、NP 優位型、A 優位型、FC 優位型、AC 優位型を示す。

5.9 ブランドスイッチングの構造

図 5.9 は、Bass et al. (1972) に基づいた Saito and Yadohisa (2005) のブランドスイッチングデータ（表 1.10）を、次元数を 2 としてヒルクライミングモデルによるベイズ推定（3.8 節）を使って分析した結果の布置を示したものである (K. Okada, 2012)。

8 つの黒い点は、布置行列 X の事後平均値として得られた、それぞれ 8 つの対象（ブランド）の布置の点推定値である。また、それぞれの点推定値を囲む楕円は 80% 信用区間であり、80% の確率で各対象の事後平均

5.9. ブランドスイッチングの構造

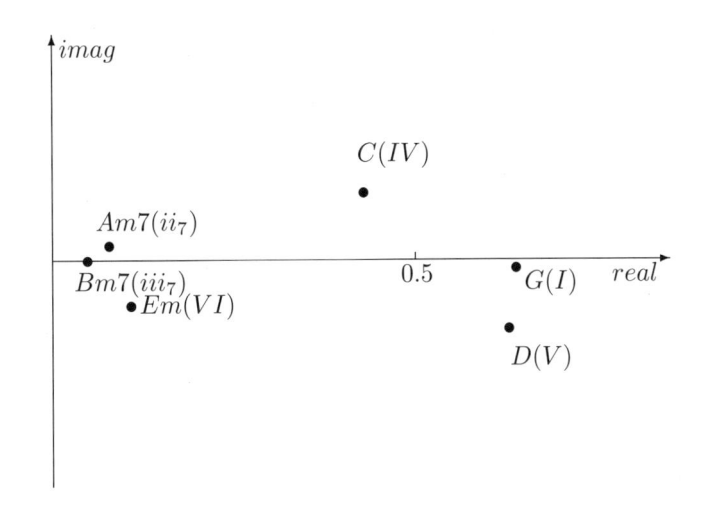

図 5.8: 藤澤ら (2008) の楽曲のコード進行の構造の HFM の第 1 次元解

値が存在する範囲を表している。このように、対象が存在する範囲についての確率を布置上に表現できることはベイズ的な方法論に特徴的な結果である。

また、図中の矢印はヒルクライミングモデルによる、傾斜が上向きである方向を示している。すなわち、z の逆方向である。矢印は坂が下がる方向を指すのが自然とも考えられるが、ヒルクライミングモデルを提案した Borg and Groenen (2005) がこのように坂が登る方向を矢印によって表現しているため、ここでもそれにならった。

図 5.9 を見ると、傾斜のもっとも下側には Coke と 7up が布置され、一方もっとも上側には Tab が布置されていることがわかる。したがって、Tab から Coke や 7up へのブランドスイッチは生じやすい一方で、その逆は生じにくい、という非対称な関係が解釈できる。実際、元のデータ（表 1.10）を見ると、こうした非対称性が観測されていることがみてとれる。

また、ヒルクライミングモデルでの傾斜の向きはおよそ横軸（第 1 次元）の方向と対応しており、一方縦軸（第 2 次元）とは直交に近くなっている。一方で各対象の事後分布の分散は、相対的に縦軸（第 2 次元）方向に大きく、横軸（第 1 次元）方向には小さくなっている。ヒルクライミン

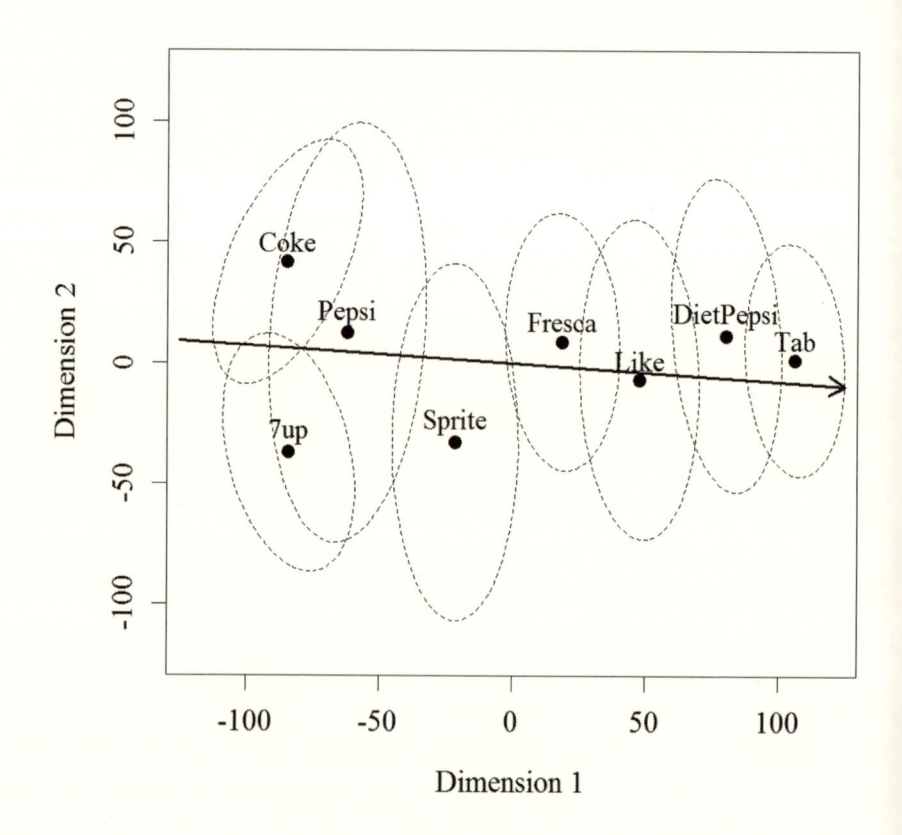

図 5.9: ブランドスイッチングデータ (表 1.10) の、ベイズ推定によるヒルクライミングモデルを用いた非対称 MDS による布置 (K. Okada, 2012 の Figure 3 を改変)

グモデルにおいては傾斜パラメータ z が非対称性を表す唯一のパラメータであることを考えると、本データの分析における非対称性に関連する方向（次元）の不確実性は、相対的に小さいといえる。このことは、非対称データ分析において望ましい結果と考えられる。

5.10　小集団のグループの形成・解消過程の構造

　つぎの図5.10、5.11、及び5.12は、1.3.12節でその一部を示した、Newcomb の（正確には、彼の指導した学生、Nordlie の）収集した縦断的ソシオマトリックスに対する Chino and Nakagawa (1990) の DYNASCAL による各時点で推定された１７名の成員のベクトル場とその基本的な軌道のうち、第０週、第１週、及び第１５週目のそれらを描いたものである。

　まず、第０週目のベクトル場（図5.10）を見ると、特異点として源点 (source) と鞍点 (saddle) が推定されていることがわかる。また、第２象限の軌道特性をよく見ると、源点を取り囲む卵形の閉軌道がひときわ黒くかつ太く描かれているが、これはリミットサイクル（とりわけ、オメガリミットサイクル）である。

　リミットサイクルの一般的な心理学的解釈は、千野ら（Chino, 1987; 千野, 1991; Chino & Nakagawa, 1990）にあるように、ベクトル場の分岐との関係で、きわめて興味深い。そこでも指摘したように、第０週目の図5.10 で、オメガリミットサイクルが推定されたことは、そのような解釈に従えば、大学の寮で見ず知らずの１７名の成員が週に１度のディスカッションや寮での生活を行う中のどこかの時点で、小集団としてまとまりつつある中で、一旦できかかった小集団が分解しつつあることを示唆している、と見ることができよう。

　さらに、第０週目の図の縦軸の上部に推定された鞍点の軌道特徴と、この週の全体的なベクトル場の矢印で表される特徴からわかるように、この鞍点が１７名の集団を２分する役割を果たしていることも容易に推測される。

　これに対して、つぎの週、すなわち図5.11 の第１週目のベクトル場では、第０週目のそれとは大きく異なるベクトル場が推定されている。図か

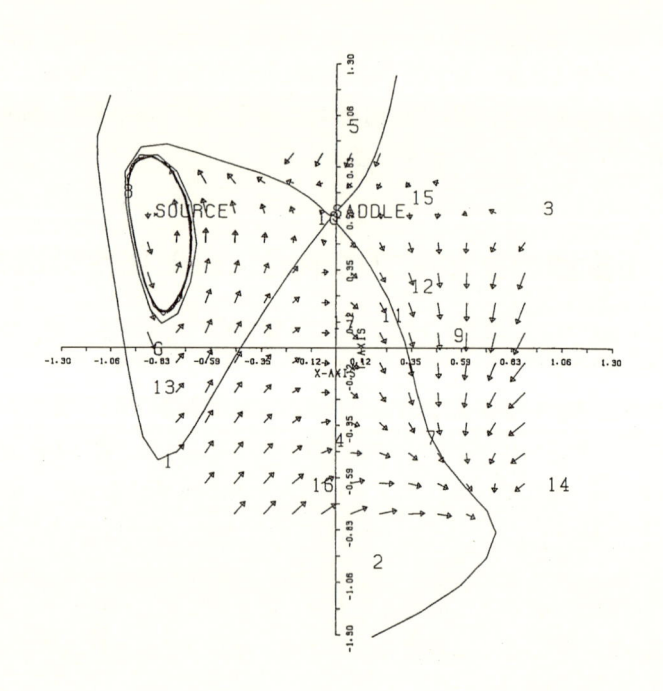

図 5.10: Newcomb の縦断的ソシオメトリックデータのゼロ週目のベクトル場 （Chino and Nakagawa (1990) より、許可を得て転載）

ら明らかなように、この場では3つの鞍点と、1つの原点、及び1つの外向き結節点 (outward node, 図中には OTNODE と記載) が推定されている。このようなベクトル場の短期間での変容は、最初見ず知らずの成員とはいえ、寮という特別に密接な対人関係が可能な空間では、頻繁な対人的相互作用により生起した可能性がある。あるいは、本来、対人関係は見ず知らずに近い状態の方が、よく慣れ親しんだ状態の時よりもダイナミックに変容するのかもしれない。

　最後の週、すなわち第15週目の図5.12からは、1セメスターの期間に醸成された17名の集団の対人関係が、いわば崩れていく過程を思い出させるようなベクトル場とその軌道特徴が推定されている。

5.11. テスト項目の従属構造

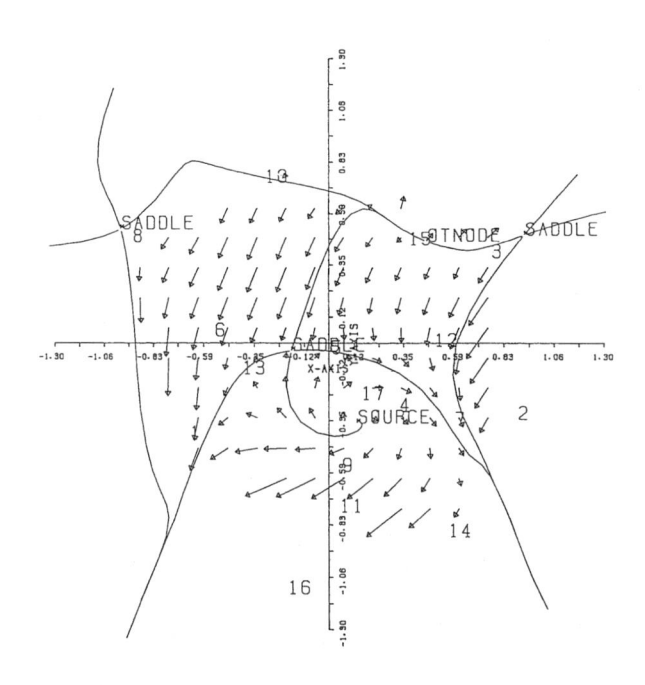

図 5.11: Newcomb の縦断的ソシオメトリックデータの 1 週目のベクトル場 （Chino and Nakagawa (1990) より、許可を得て転載）

5.11 テスト項目の従属構造

ここでは、Shojima (2012) の架空のデータ例に対する ATRISCAL により得られた 6 つの項目の布置を図 5.13 放射図により示す。これから明らかなように、3 つの項目群間には如何なる従属構造も存在しないことがわかる。さらに、この図から、正答率の高い項目は円頂座標上で（頂点に近い）上方に位置することがわかる。また、各群内での従属項目は相対的に下方に位置することもわかる。

ATRISCAL では、既に 4.6.2 節で述べたように、検査項目数が多くなると放射図のみでは項目間の従属構造を読み取りにくくなるため、放射図に加えてボロノイ充填による 3 次元の地勢図を描く。図 5.14 は、Shojima

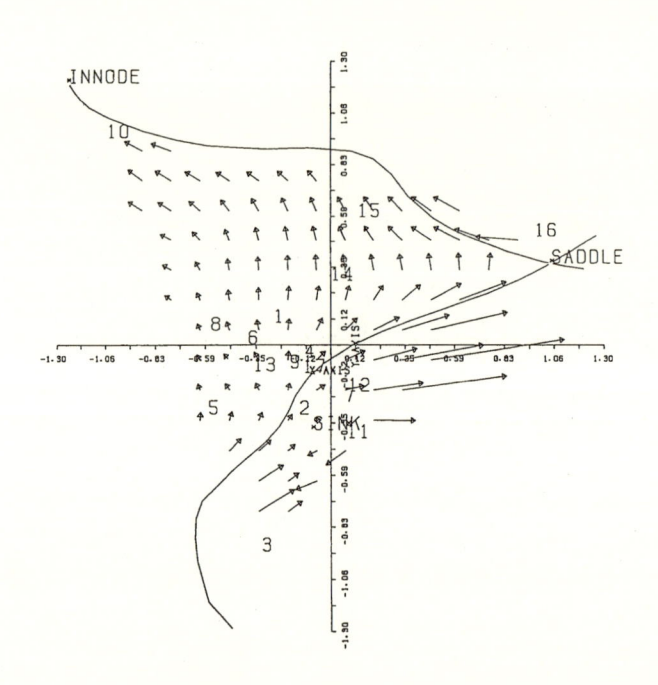

図 5.12: Newcomb の縦断的ソシオメトリックデータの１５週目のベクトル場 （Chino and Nakagawa (1990) より、許可を得て転載）

(2012) が用いている２つ目のデータ（４５項目からなる地球科学テストデータ）の地勢図を示す。

5.12 単語連想の構造

千野 (1997) で述べたように、われわれは、第１章 1.3.13 節で紹介した中川 (1986) による単語連想のデータを類似度データとして分析した。モデルの適合度の値は低次元解では低かったので、われわれは６次元解までを求めた。２重中心化した場合の全体的適合度の値 F は、２次元解から６次元解まで順に、0.461、0.573、0.672、0.759、及び 0.779 であった。適合度の改善の減退と解釈のしやすさから、われわれは５次元解を採択し

5.12. 単語連想の構造 243

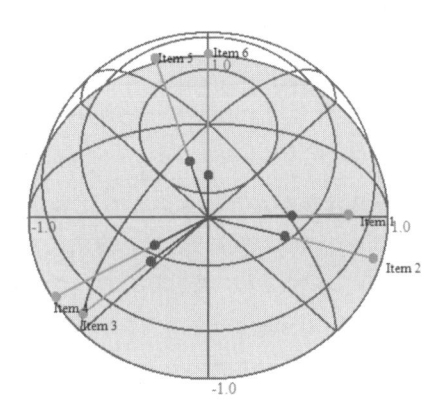

図 5.13: 架空データの放射図（Shojima (2012) の Figure 5 を、許可を得て転載）

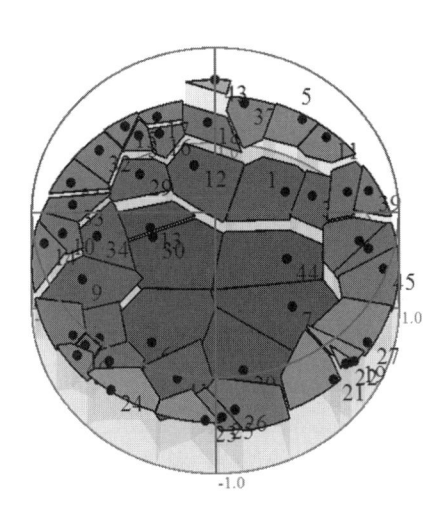

図 5.14: ４５項目の３次元地勢図（Shojima (2012) の Figure 7 を、許可を得て転載）

た。この解の主軸回転の結果、退化解でないことがわかった。

本来、5次元解の場合、GIPSCAL では合計10個の平面が得られるが、われわれは簡単のためそれらのうちから 1 − 2 軸、1 − 3 軸、1 − 4 軸、及び 1 − 5 軸平面を選んだ。5 次元解の r_{sp} と r_{so} は、それぞれ 0.864 及び 0.116 であった。

これらの4つの布置の考察から、つぎのように各次元を命名した。まず、第1次元は、「自然 − 社会」を分ける軸と命名した。なぜならば、軸の正方向の極の4つ（魚、植物、木、及び巣）が自然の資源に関係するのに対して、負方向の極の4つの概念（クラス、労働、ファイト、騎士）は社会的な資源や事象に関わるものであるからである。

第2軸は、命名しにくい次元であった。正方向の極の3つ（鉄、労働、母）は、安定した印象を与えるのに対して、負の極の3つ（ファイト、名誉、騎士）は不安定な印象を与える概念であると言えよう。同様にして、われわれは第3軸及び第4軸、第5軸を、それぞれ「解放 − 弁別」、「柔 − 軟」、「中性 − 判断」と命名した。これらの軸の組み合わせにより定義されるそれぞれの平面は、当該単語連想データに含まれる対称及び非対称な関係のいろいろな側面を浮き彫りにする。うえの4つの平面の正の方向は、r_{so} が正なので、それぞれ反時計廻り、時計廻り、反時計廻り、時計廻りである。

つぎに、4つの平面のうち本書では、図 5.15 に 1 − 2 軸の結果のみ示す。この図は、単語のサブグループ内の相対的に対称な連合関係を示唆している。例えば、名誉、騎士、及びファイトは1つのサブグループを形成している。植物と木ももう1つのサブグループを形成している。距離モデルとは対照的に、GIPSCAL では原点を通る直線上に位置する単語同志もまた対称な関係にある。したがって、ジャッキと鉄は例えばその意味で3つ目のサブグループを形成していると言える。

この平面は、幾つかの非対称な関係の側面も描きだしている。主要なものの1つは、ヨットと労働、及び騎士と鉄のそれぞれの間の連合の歪みである。すなわち、この平面の正方向から、例えば「労働」から「ヨット」に対する連合は強いが、その逆は相対的に弱いと言える。

この平面に描かれた対称及び非対称な関係で、データと矛盾するものも

5.12. 単語連想の構造

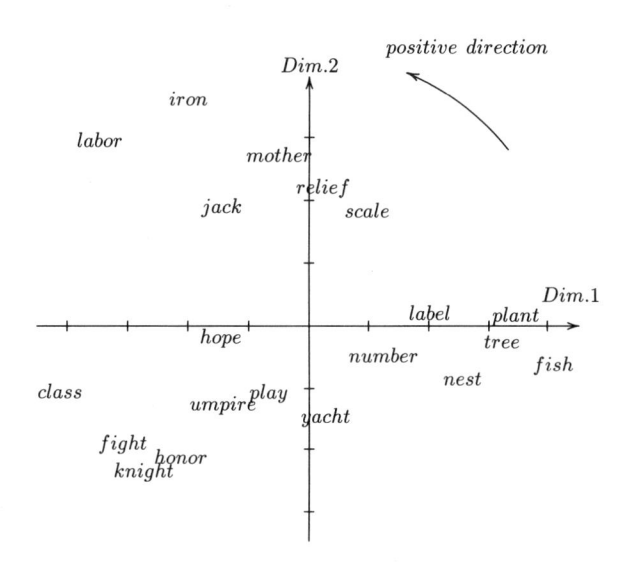

図 5.15: 単語連想データの GIPSCAL による 1-2 軸平面（Chino (1997) の図 3.12 を、許可を得て転載）

幾つかある。例えば、「クラス」と「労働」との間の連想価はデータではほぼ同じであるが、この平面からは両者の連合には相対的に大きな歪みがあることが示唆される。なぜならば、両者の位置ベクトルで構成される平行四辺形の面積は、相対的に大きいからである。もう１つの矛盾は、植物と鉄の間の非対称な関係である。すなわち、もとのデータでは、「鉄」から「植物」への連想価は、その逆より強い。しかしながら、平面の正方向は、その逆の関係を示唆している。同様にして、「尺度」と「労働」間の関係もデータと矛盾する。

第6章　非対称MDSの今後の展開

　第1章でみたように、非対称MDSは計量心理学の分野では1970年代の中ごろから、実験・認知心理学の分野では1950年代の後半から現在に至るまで、発展してきた尺度構成法の1つで、主として心理学の分野で観測される対象（物理刺激から、人間、国家まで）間の類似度や親近度の非対称性を記述し集約する記述統計的モデルと方法から出発し、最近では推測統計的モデルと方法へと発展してきた。また、データの非対称性が果たして誤差の範囲とみれるのか、それとも十分非対称といえるのかについての推測統計的方法も、最近になりようやく開発された。

　しかしながら、やはり第1章でみたように、対象相互の非対称性は心理学のみならず、社会行動科学の領域から、行動生物学、生物学、医学、物理学、インターネットなどきわめて広範な領域で観察されており、これまでに開発された非対称MDSも、このような広がりに十分対応できるとは言い難く、今後とも研究対象となる非対称現象に特化した統計的モデル、実質科学的モデル等によるアプローチが必要であろう。

　まず、統計的モデルと方法に関しては、現状の非対称MDSの残された主要な課題として、**予備検定 (preliminary tests)** の一層の必要性と統計的検定に際しての過誤率のコントロールの問題、多重判断サンプリングへの対応、半正定値プログラミングの応用、縦断的非対称関係データへの対応、不定計量空間と循環構造、1相3元非対称データについての非対称MDSの展開、ランダムエルミート行列の応用、などがあげられよう。なお、これらの数節のうち、最初の6節の内容の骨子の部分については、Chino (2012) に基づいている。

　最後に、ニューラルネットワークの非対称性と非対称MDSの関連性、記号力学系の応用可能性にふれ、現状の非対称MDSの限界をどのように

超える必要があるのか、についても議論する。

6.1 予備検定の必要性と統計的過誤

　第4章で紹介したように、これまでに数多くの非対称 MDS モデルとその解法が提案され、第5章でみたように、これまでの多くの研究では特定の記述的モデルの提案者が特定の1、2の非対称データを記述的に分析するのみであった。また、データが果たして非対称 MDS モデルを適用するに値する十分な非対称性を持っているかどうかについての検討も、これまでの多くの研究では不問にされてきた。しかし、だからと言って、これまでの研究が全く無意味であるというわはなく、それなりにデータに潜在する興味深い特徴を明らかにしてきたことは間違いない。

　しかし、一方ではそのようなアプローチは、やはり合理性と普遍性という視点からは、素人の域を出ないのではなかろうか。計量心理学や認知心理学にとどまらず、特別の分野を除き、科学的研究の最終目標は、データの再現性や予測可能性であり、前者のためにはデータや現象に関する条件分析や比較対照が不可欠であろう。また、後者のためには、単に現象を記述する経験法則の樹立ではなく、理論法則が不可欠であろう。

　このような研究の大枠に対して、問題を対象相互の非対称な関係データに対するモデルのあてはめという問題に限定して考えてみよう。この場合、第1段階は、なんと言っても関係データが果たして十分非対称であるといえるか、という点の検討を行うことであろう。この種の、最終段階での（統計的）推論に先立つ事前の検定は、広い意味ではバンクロフト (Bancroft, 1944) に始まり、その後多くの内外の研究者により検討されてきた予備検定に含まれるといえよう（例えば、B. C. Arnold, 1970; Asano, 1960, 1961; Kitagawa, 1950, 1959; Mosteller, 1948)。

　非対称 MDS の研究の歴史を振り返ると、非対称 MDS の分野に限定しないと、既に 4.9.2 で紹介したように、1940 年代からケンドールら (Kendall & Babington Smith, 1940; Kendall, 1962) により循環性検定の1つの方法が提案されているが、非対称 MDS モデルの適用に先立つデータの非対称性の検定方法が提案されたのは、4.7 節、4.8.1 節、や 4.9.1 節で見たよ

6.1. 予備検定の必要性と統計的過誤

うに、つい最近でしかない。

とりわけ、4.9.1 節で既に述べた、Chino and Saburi (2006a) による図 4.4 のような複雑な関係にある多くの非対称性に関連した検定仮説を逐次的に検定する場合、検定全体の統計的過誤の検討が必要となる。さらに、例えばこれらの検定の全体的危険率（全体的な第 1 種の過誤）の計算は、これらの仮説に対応する統計量間がすべて統計的に互いに独立というわけではないので困難である。

そこで、千野らはその後これらの検定仮説に対応する統計量のうち、対称性検定、準対称性検定、及び特定の周辺等質性検定にしぼり、対応する 3 つの統計量間の独立性が成り立つかを検討しているが、現時点ではこの予想は残念ながら証明できていない。そこで、ここではこの予想を以下に紹介するにとどめる。

これらの 3 つの検定の仮説はつぎのとおりである：

まず、準対称性検定については、$H_0^{QS}: \boldsymbol{\theta} \in \omega_{QS}$ を $H_1^{QS}: \boldsymbol{\theta} \in \Omega - \omega_{QS}$ に対して検定するもので、既に定理 4.9.3 のところで述べたものである。

これに対して、ここでの対称性検定の仮説は $H_1^{S*}: \boldsymbol{\theta} \in \omega_{QS} - \omega_S$ に対して $H_0^S: \boldsymbol{\theta} \in \omega_S$ を検定するもので、定理 4.9.2 の仮説とは異なることに注意したい。

最後の周辺等質性の仮説も、既に述べた定理 4.9.4 とは異なり、$H_1^{MH_0^{**}}: \boldsymbol{\theta} \in \omega_S - \omega_{MH_0}$ を $H_0^{MH_0}: \boldsymbol{\theta} \in \omega_{MH_0}$ に対して検定するものである。

ここで、これらの 3 つの検定では、既に 4.9.1 で定義した 3 つの母数空間 Ω、ω_{QS}、及び ω_{MH_0} に関して、つぎの包含関係がなりたつことに注意したい：

$$\Omega \supset \omega_{QS} \supset \omega_s \supset \omega_{MH_0}. \tag{6.1}$$

予想 6.1.1 （Chino）

3 つの尤度比統計量、H_1^{QS} に対して H_0^{QS} を検定するための G_{QS}^2、H_1^{S*} に対して H_0^S を検定するための G_{S*}^2、及び $H_1^{MH_0^{**}}$ に対して $H_0^{MH_0}$ を検定するための $G_{MH_0^{**}}^2$ は、もし 3 つの仮説が逐次的に検定され、かつ H_0^{QS} が最初に採択され、H_0^S がつぎに採択されたときは、相互に統計的に独立である。

この予想の証明で最も困難な点は、準対称性検定のための尤度比統計量 G_{QS}^2 が、当該検定の帰無仮説の局外母数に関して補助統計量であるといえるかどうかである。もし、G_{QS}^2 が補助統計量であるならば、われわれは Basu (1955)、Lehmann (1983)、Hogg and Craig (1956) の定理を用いて上の予想を証明できる。この場合、われわれはこれら3つの検定を逐次的に行う場合、最初の2つの帰無仮説が採択されるならば、3つの検定の第1種の過誤を完全にコントロールできることになる。

対象相互の非対称な関係データに対するモデルのあてはめという問題に対処するための第2段階としては、研究者が分析しようとしている非対称な関係データに対して、まず現存する多くの非対称 MDS モデルの中からどのモデルを選択すべきかを検討することであろう。

そのための1つの方法は、手持ちの非対称な関係データがどのような特徴を持っているかを考慮して、そのような特徴を表現できる非対称 MDS モデルを選択することである。これを行うには、うえで述べた Chino and Saburi (2006a) による図 4.4 のような関係を考慮した各種非対称性に関連した検定仮説を逐次的に検定し、非対称関係データがどのような特徴を持っているかを、尺度構成に先立ち検討することであろう。

Chino and Saburi (2006a) の非対称性に関連した広範な検定に対して、Chino and Saburi (2009) ではそれらの中から非対称 MDS のモデルの特徴の中から「準対称的な」モデルを選別し、それら数個のモデル間の特徴を考察している。彼らは、それらのモデルをまとめて**準対称的非対称 MDS モデル** (quasi-symmetry-like asymmetric MDS models) と呼んでいる。

それらは、第4章で紹介した Saito モデル、De Rooij and Heiser の距離・連関モデル、Krumhansl の距離密度モデル、Saito-Takeda モデル、スライドベクトルモデル、Weeks-Bentler モデル、及び Okada-Imaizumi モデルである。千野らがこれらのモデルをそのように呼んだ理由は、これらのモデルが距離・関連モデルを除きもともとカウントデータのための非対称 MDS モデルではないので、直接的な準対称性の分割表の検定を行えないからである。

なお、De Rooij and Heiser (2003) は、これらのうちの距離・関連モデ

ルを除く 6 モデルと Gower の風モデルを、彼ら自身のモデルの関連モデルとして、行列表記を行い比較している。

もちろん、この方法では、各種非対称性に関連した分割表の検定を逐次的に実行した場合の統計的過誤のコントロールができればよいが、うえで見たように、必ずしもコントロールできない。ただし、だからといって、この種の検討をあきらめる必要はないであろう。この問題を克服するための 1 つの方法は、近年統計的検定の過誤のコントロールの問題で注目を集めている**同時的及び経時的多重比較手続き** (simultaneous and sequential multiple-comparison procedures) の方法 (例えば、Holm, 1979; Klockars et al., 1995; Yekutieli, 2008) を援用することではないか。

手持ちの非対称な関係データに対して現存のモデルの中から適切なモデルを選択するための 2 つ目のアプローチには、少なくとも 2 つの方法がある。1 つは、Takane and Shibayama (1986) や Saburi and Chino (2008) による情報量基準を用いたモデル選択、とりわけ AIC を用いたモデル選択の方法であり、他方は、K. Okada (2012) によるベイズ推定法を用いた事後確率あるいはベイズファクターを用いたモデル選択の方法である。

前者の方法のうち、ASYMMAXSCAL については、原理的にはどのような表現モデルにも対応できるが、現時点では、一部のモデル、例えば HFM については必ずしも現状のアルゴリズムではうまく収束しない場合もあり、改善が必要である。また、後者の方法の場合も、ベイズファクターを用いたモデル選択の方法は、完成していない。

6.2 多重判断サンプリングへの対応

一般に、推測統計的方法を構築する場合、データの尤度の計算は基本的な方法の 1 つである。しかし、一般に何らかの分布の仮定のもとでデータが得られる尤度を計算するためには、データは相互に独立であることが大前提である。

実際、Saburi and Chino (2008) の ASYMMAXSCAL では、データとしての対象相互の（非）類似度判断は、少数カテゴリーから成る評定尺度を用いて行われるが、それぞれの判断の独立性を確保するために、各

実験参加者（被験者）はいずれか特定の対象から他の特定の対象に対する（非）類似度判断を1回行うのみである。このような判断を Bock and Jones (1968) は、一般的に**単一判断条件** (single-judgment condition)、あるいは**単一判断サンプリング** (single-judgment sampling) と呼んだ。これに対して、各実験参加者が複数の対象ないしは（非対称 MDS の文脈では）複数の対象相互（非）類似度判断を行う場合は、**多重判断条件** (multiple-judgment condition)、あるいは**多重判断サンプリング** (multiple-judgment sampling) と呼ばれる。

しかし、第1章 1.3.4 節の国家間の友好関係の非対称性のデータを見れば明らかなように、ASYMMAXSCAL のように単一判断サンプリングを忠実に守ろうとすると、分析すべき対象の数にもよるが、一般にサンプル数は膨大にならざるを得ない。

これに対して、従来の非対称 MDS は記述統計的方法であり、さらにモデルのパラメータの推定法もほとんどの場合最小2乗法に依っていたため、データは例えば表 1.1 のような、1相2元データが1つのみである場合も多く、さらにはこの表のソシオマトリックスのから明らかなように、データは各行ごと（各評定者ごと）の多重判断サンプリングによることがしばしばであった。

また、対称・非対称 MDS の分析のための推測統計的なモデルの検討に際してでさえ、これまで文献上に現れる著名なデータであっても、かなりの場合、（複雑な）多重判断サンプリングを行っている。またそのようなデータに対して、どちらかといえば安易に尤度を計算している研究もしばしば見かけるが、そのような場合には、尤度に大なり小なりバイアスが生じているはずである。

多重判断サンプリングデータに対して、例えば Bock and Jones (1968) は、一対比較データの場合について、独立性の要請を緩めることができる場合を論じているが、最もすっきりした対処法は、当該サンプリングデータのサンプル間の従属構造に対して多変量的取り扱いをすることであろう。そのための有望な候補は、**多変量（ベルヌイ）多項分布** (multivariate (Bernoulli) multinomial distribution) (Wishart, 1949) や、または**多変量ポアソン分布** (multivariate Poisson distribution) の幾つかのバージョン

(例えば、Johnson et al., 1997; Krummenauer, 1998) であろう。

6.3 不定計量空間と循環的階層構造

まず、非対称 MDS における不定計量空間モデルとは、一般には 1 相 2 元正方非対称行列から直接構成されるなり推定されるエルミート行列が不定符号の場合として定義できよう。

そのような計量を持つ空間は、社会・行動科学の分野ではあまり知られていないが、物理学ではよく知られている。例えば、特殊相対性理論におけるミンコフスキー空間は不定符号計量構造を持つ典型的な例である（例えば、Arfken & Weber, 1995）。この空間では、時空間隔 ds^2 は、

$$ds^2 = dx_0^2 - dx_1^2 - dx_2^2 - dx_3^2, \tag{6.2}$$

として定義される。ここで、$x_0 = ct$ であり、c は光の速度である。

既に 2.4.3 節で示唆したように、不定符号計量を持つ 1 相 2 元正方非対称行列の 1 つは、Berlin and Kac (1952) がその固有値問題を検討した**実循環行列** (real circulant matrix, あるいは cyclic matrix) である。彼らは、N 個のサイトを持つ規則的な格子のそれぞれのサイトにスピンのあるような**強磁性体** (ferromagnet) の数学モデルを提案した。

彼らは、隣接するスピン間の相互作用エネルギーに関する幾つかの数学的モデルを議論する前に、この特別な行列の固有値・固有ベクトル問題を検討し、すべての固有値と固有ベクトルを書き下している。なお、この行列は一般に非対称であるが、この行列の係数について必要な制約をつければ対称化できる。

Chino (2001) は、この行列の特別な場合について対応するエルミート行列を計算し、HFM を用いて、その固有値-固有ベクトルを検討している。すなわち、彼は既に 2.4.3 節の 2.59 式で表される一般的な循環行列に属する特別な 4×4 循環行列（その要素は、$c_1 = 1$、$c_2 = 2$、$c_3 = 3$、及び $c_4 = 4$）が、不定符号計量構造を持つことを示している。

一方、小杉 (2004, 2006) は、Harary (1968) にも掲載されている集団の成員間の非対称な 3 者関係の（理論的に）可能な１６のパターンについ

て、やはり HFM を用いて、その固有値-固有ベクトル構造を検討している。このような成員の構造を検討する際、小杉は3次のソシオマトリックスは2者が相互に好意感情を持つなら1、非好意的な感情をもつならば−1、好意的でも非好意的でもない場合はゼロ、とコード化した。また、小杉の16パターンは Harary (1968) のそれの特別なケースと見ることができる。なぜならば、ハラリーのパターンでは自己類似度も非好意的な感情も仮定していないからである。

いずれにせよ、小杉の検討結果の HFM による各パターンの固有値の構造を見ると、16パターンのうち11パターンが不定符号計量構造を持つことがわかる。

これに対して、Saito and Yadohisa (2005) は一般的な (2.59) 式で表される循環行列の歪対称部について、循環パターンを SVD を用いて検討している。しかし、既に第1章で指摘したように、彼らの検討した歪対称行列の循環パターンは、シンプレクティック構造を持つが、ユークリッド構造は持たないことに注意が必要である。

さらに、一般の循環行列は必ずしも不定符号計量構造を持たないことにも注意が必要である。つまり、循環行列はもし対称ならば、ユークリッド構造や不定符号計量構造を持つが、それはあくまでも対応するエルミート行列の固有値構造に依存するからである。

循環行列よりも一般的な行列の1つが、既に 2.4.3 節の (2.60) 式で示したテプリッツ行列である。テプリッツ行列は、一般的には複素数体上で定義されるが、その実数版は、循環的階層構造の分析や不定計量空間の検討に際して重要な役割を果たすと思われる。例えば、この行列で $N = 3$、$t_0 = t_1 = t_2 = 1$、及び $t_{-1} = t_{-2} = -1$ とする。この行列からエルミート行列を構成し、その固有値を計算すると $1 \pm \sqrt{3}, 1$ となり、この場合の人工的な3者関係は不定符号計量構造を持つことがわかる。

不定計量空間構造に関しては、一層の実証的データの収集とそのような構造が生成される発生学的な背景を検討し、当該構造についての実質科学的な理論の構築と確立が望まれよう。例えば、既に第1章の 1.3.8 節で紹介した Chadwick-Furman and Rinkevich (1994) によるサンゴ礁の群落間の異性体認知システムの発生学的基礎に関する考察は、大変興味深い。

6.4 1相3元非対称関係データのMDS

第1章で述べたように、本書では対称MDS、及び非対称MDSの対象とするデータとして、1相2元正方行列、あるいは複数の1相2元正方行列から成る2相3元行列を中心に議論を進めてきた。これらのデータは、あくまでも2者関係の対称性、非対称性を前提としている。しかし、もしわれわれが複数の対象間の関係を3者関係の場合に拡張した場合、典型的なデータは、1相3元データとなる。

実際、これまでに3者関係あるいはそれ以上の関係データを手にしたときに、複数の対象を何らかの距離空間の点として位置付ける方法が既に幾つか存在する。しかし、1.4.1節でも述べたように、現時点ではそのような拡張された3者あるいはそれ以上の間の距離が、その種の関係データが与えられたとき、真の距離空間の点間距離であるための必要十分条件は知られていないので、Chino (2012) はそれらの方法を「最も狭義な」対称あるいは非対称MDSには含めず、「より狭義な」対称あるいは非対称MDSに含めている。ここでは、簡単にそれらの方法を紹介し、今後の展開可能性に触れる。

この種のデータに対する対称MDS及び非対称MDSは、Hayashi (1972) に遡る。また、この種のデータに対する代表的な方法は、Cox et al. (1991)、Daws (1996)、De Rooij and Gower (2003)、Gower and De Rooij (2003)、Hayashi (1972, 1989)、Heiser and Bennani (1997)、Joly and Le Calvé (1995)、Nakayama (2005)、及び Nakayama and A. Okada (2011) である。これらは、何らかの対称な3者間距離モデルを用いた記述的MDSである。一方、De Rooij (2002) 及び De Rooij and Heiser (2000) の方法は、非対称な3者間距離モデルを仮定する推測的非対称MDSの方法である。

これらのMDS及び非対称MDSは、Hayashiの面積モデル (Hayashi, 1972) を除き、3者間距離として何らかの2者間距離の関数を仮定している。言い換えれば、林のモデル以外は、どのモデルも**3者間の相互作用** (triadic interaction) を扱っていない (例えば、De Rooij & Gower, 2003)。一方では、3者関係データの中には、明らかに全体的な3者関係を2者関係に還元することが不適切なものが存在する。そのような典型的な例としては、社会心理学の分野で古くから知られている幾つかのバランス理論 (例

えば、Heider, 1946; Newcomb, 1953）や、認知的不協和理論（Festinger, 1957）に見られる。

既に前節でみたように、小杉 (2004) は3者間の非対称な関係の可能な16のパターンをこのような社会心理学のバランス理論の観点から、データから一意的に構築可能なエルミート行列の固有値・固有ベクトル構造をチェックすることにより、検討している。

うえに述べた3者間相互作用を扱うための可能な1つの方法は、第3章3.13.1節で紹介した k-形式（次数 k の外部形式）と呼ばれる特別な歪対称テンソルを活用することであろう。ここで、われわれは対象を向きづけられた p-次元ユークリッド空間 R^p に埋め込むものとする。この時、R^p 上に3つの稜 ξ_1、ξ_2、ξ_3 を持つ平行体の R^3 上への射影からなる3次元の向きづけられた体積は、R^p 上の 3-形式である。われわれは、この体積の2乗を、3者間相互作用の1つの測度として1相3元正方対称関係データに対してフィットさせるのが一案である。

一方、1相3元正方非対称関係データに関しては、データの歪対称部を扱うための1つの方法は、うえの 3-形式そのものを用いるのが一案であろう。この場合には、しかし、この体積の2乗の定義に際して、座標の原点を例えば対象の座標値の重心に移動させるのが望ましかろう。

もちろん、うえのように外部形式を活用する考え方は、MDS の文献上では目新しいことではない。例えば、4.4.1 節や 4.4.2 節で述べたように、Chino's ASYMSCAL、GIPSCAL、及び Gower ダイアグラムでは、任意の1相2元正方非対称行列の歪対称部に対して面積をフィットさせている。これらの面積は、すべて 2-形式である。

これに対して、上記3者関係データに対する林の面積モデルは、3者関係データに対する3つの対象に対応する3つの頂点から成る単体の面積に関連する特別な 3-形式を活用している。

このように、外部形式を活用する考え方は、n-重の（n-元の）対称 MDS や非対称 MDS に対して自然に拡張可能である。しかし、テンソル一般に関しては、それをデータに対する統計モデルとして応用するに際しては、注意が必要である。

既にこれまでに幾つかの研究があるように（例えば、Silva & Lim, 2008;

6.4. 1相3元非対称関係データの MDS

Stegeman & Comon, 2010)、以下の**最良階数 r 近似問題** (best rank-r approximation problem)、$Approx(\boldsymbol{A}, r)$ は、$r = 2, \cdots, \min(d_1, \cdots, d_k)$ で、$k \geq 3$ のとき、一般的には解を持たないからである。ここで、次数 k のテンソル $\boldsymbol{A}$ は、標準的な代数のテキストで定義されているように、k 個の実ベクトル空間のテンソル積 $V_1 \otimes V_2 \otimes \cdots \otimes V_k$ の要素である：

定義 6.4.1 （$Approx(\boldsymbol{A}, r)$）

次数 k のテンソル $\boldsymbol{A} \in R^{d_1 \times \cdots \times d_k}$ が与えられたとき、つぎの式を最小化するベクトル $\boldsymbol{x}_i \in R^{d_1}, \boldsymbol{y}_i \in R^{d_2}, \cdots, \boldsymbol{z}_i \in R^{d_k}, i = 1, \cdots, r$ を決定せよ：

$$\|\boldsymbol{A} - \boldsymbol{x}_1 \otimes \boldsymbol{y}_1 \otimes \cdots \otimes \boldsymbol{z}_1 - \cdots - \boldsymbol{x}_r \otimes \boldsymbol{y}_r \otimes \cdots \otimes \boldsymbol{z}_r\|, \quad (6.3)$$

ここで、$\|\bullet\|$ は $R^{d_1 \times \cdots \times d_k}$ 上の何らかのノルムを表す。

言い換えれば、テンソルの最良の低位な階数による近似問題は（2 より大なる）すべての次数、すべてのノルム、及び多くの階数に対して**非適切** (ill-posed) であり、最良低位階数近似を持たないテンソルの組は正の体積を持つ（De Silva & Lim, 2008）。これらの結果は、$k = 2$ の場合、すなわち第 1 章で述べたエッカート・ヤングの定理における問題と好対照をなす。

なお、Stegeman and Comon (2010) が広範にわたるレビューをしているように、既にこの問題や関連するトピックスに関する多くの文献が存在し、何人かの計量心理学者も一部貢献している（例えば、Krijnen, Dijkstra, & Stegeman, 2008; Kruskal, 1989; Stegeman, 2006, 2007, 2008; Stegeman & Lathauwer, 2009; Ten Berge & Kiers, 1999; Ten Berge, Kiers, & De Leeuw, 1988; Ten Berge, Sidiropoulos, & Rocci, 2004)。

いずれにせよ、近い将来もし低位階数近似の非適切性が克服されるならば、そのような適切なテンソル近似を活用することにより、うえで議論した 3 者間交互作用の問題点を克服することが可能ではなかろうか。

6.5 縦断的非対称関係データへの対応

1相2元正方非対称行列の組から成る特別な2相3元行列への伝統的な計量心理学的アプローチでは、第2相は通常個体を表す。しかしながら、われわれはしばしば第2相が時点を表すような3元行列に出くわす。計量心理学の分野では、第1章で紹介した縦断的ソシオマトリックスや縦断的貿易データは、その典型である。そのような3元データに対する1つの有望なアプローチは、既に第3章3.15節で紹介した、数学における力学系の理論に基づくベクトル場モデルを構築することであろう。

そのようなアプローチの1つに、第4章4.3.2節及び4.3.3節で紹介したTobler (1976-1977) 及びYadohisa and Niki (1999) がある。彼らの方法では、そのようなベクトル場を対象間の単一非対称データ行列から推定する。

これに対して、第3章3.15.1節、及び第5章5.10節で紹介したChino and Nakagawa (1990) のDYNASCALでは、縦断的非対称関係データ、例えばNewcomb (1961) により収集された縦断的対人魅力データ、すなわち複数の非対称データ行列から、各時点でのベクトル場（こちらは、スカラーポテンシャルの勾配ベクトル場に限定されない）を推定する。また、この方法では、各時点での寮の成員の布置は、縦断的非対称データのそれぞれごとに、まずRamsay (1982) のMULTISCALEにより推定され、最終的にはそれらの布置は隣接布置ごとが可能な限り近くなるようにスムージングされ変換される。

DYNASCALは、ベクトル場のみでなく、さらに各時点でのベクトル場の幾つかの重要な特徴を、3.15.1節でその基礎を紹介したところの**ベクトル場の特異点の定性理論** (qualitative theories of singularities of vector fields) や**分岐理論** (bifurcation theories of vector fields) を応用して推定し、推定されたベクトル場の解釈に利用する。5.10節で示した3時点でのそれぞれで描かれているベクトル場とその軌道特性、及び17名の成員布置は、これらの理論の適用結果の一部を示す。これらのベクトル場の特徴は、集団の成員の各時点での布置のみでなく、成員の局所的及び大局的な集団構造の時間変化の情報も与えてくれる。

最後に、これらの方法に共通する制約は状態空間にある。上記の方法は

すべて、状態空間としてユークリッド空間を仮定している。一方、第1章 1.4.2 節の Chino and Shiraiwa (1993) の定理からは、ゆるい条件下で非対称関係データは一般的に有限次元（複素）ヒルベルト空間上の点として表現できることを示している。このことは、研究対象となる縦断的非対称関係データがそのようなゆるい条件を満たしているならば、非対称な関係データの時間変化は状態空間をヒルベルト空間とする力学系の言葉で記述できることを意味する。

実際、Chino (2005) は1つの対人的相互作用の複素差分方程式モデルを提案している。しかし、このモデルは大変制約の多いモデルである。例えば、このモデルでは、任意の2者間に感情の歪みが存在しない場合は、成員は彼または彼女の心理学的空間の中で動かない、と仮定する。今後、対人相互作用の原理に対する深い洞察や、対人魅力に関する十分実証的な事実に基づいたより有望なモデルの構築が望まれる。

6.6　半正定値プログラミングの応用

例えば熊谷 (2010) が指摘しているように、最近**半定符号プログラミング** (semidefinite programming) の問題や適用に関心が集まっている（例えば、Alfakih et al., 1999; Laurent, 2001; Weinberger & Saul, 2004; So & Ye, 2007）。

そのような状況下で、熊谷 (2010) は、トーガソンによる古典的 MDS 問題を半定符号プログラミングを応用して解く方法を提案した。彼の方法は、本書で定義する「最も狭義な非対称 MDS」の条件4を満たさないので、最も狭義の意味では非対称 MDS と呼べない。

しかしながら、彼のアイディアは半定符号プログラミングの視点から、多くの非対称 MDS 問題を解くために拡張できよう。なぜならば、千野・白岩の定理が指摘しているように、非対称関係データ行列の半定符号性は、対称 MDS でも非対称 MDS の文脈でも基本的な役割を果たすからである。例えば、HFM を、データから構築できるエルミート行列が半定符号であることを仮定して、このプログラミングの技法により解くことは、困難な問題ではないのではなかろうか。

6.7 ランダムエルミート行列

　第1章1.4.2節でみたように、Chino and Shiraiwa (1993) は、本書の主題である非対称 MDS の文脈で、観測非対称関係データ行列を手にしたとき、複数の対象が距離空間、とりわけヒルベルト空間上の点として表されるための必要十分条件が、当該関係データから構築されるエルミート行列の半定符号性にあることを証明した。つまり、非対称 MDS では、エルミート行列の固有値の特徴がきわめて重要な役割を担っている。

　エルミート行列の固有値に関しては、計量心理学に限らず、幾つかの学問領域でも重要な役割を果たしている。よく知られているように、**量子力学** (quantum mechanics) ではその役割は基本的である。すなわち、実験で観測される量子のエネルギー順位は、**ランダムエルミート行列** (random Hermitian matrices) の固有値のそれに一致することがわかっている（例えば、Dyson, 1962, 1970; Mehta, 2004）。

　一方、数学の分野では素数の分布と**リーマンゼータ関数** (Riemann zeta function)

$$\zeta(z) = \sum_{n=0}^{\infty} \frac{1}{n^z}, \tag{6.4}$$

についての**リーマン予想** (Riemann conjecture) (Riemann, 1859) がある。ここで、z は複素数である。M. V. Berry (1986) は、ゼータ関数の零点の虚数部分がその系のエネルギー順位になっていることを示した。このことは、素数の分布とランダムエルミート行列の固有値が結びついていることを示しており、極めて興味深い。

　いずれにせよ、ランダムエルミート行列の固有値の分布の問題は、今後非対称 MDS の発展にとって、新たな役割を果たす可能性があるので、この節で簡単に紹介する。詳細については、Mehta (2004) や永尾 (2005) を参照されたい。

　ランダムエルミート行列を含む一般の**ランダム行列**の概念は、Mehta (2004) によれば1930年代に数理統計学の分野で導入され、Wigner (1951, 1955, 1957) らにより研究が進展したという。ここで、ランダム行列とは、その要素が確率変数から成り、与えられた何らかの確率分布に従う大きな次数の行列である。

6.7. ランダムエルミート行列

以下に、Mehta (2004) に掲載されている、ランダムエルミート行列の要素に対してガウス分布を仮定した場合の結果及びその固有値の同時分布について紹介する:

まず、ガウス分布を仮定した場合のランダムエルミート行列の要素については、例えば、ランダム行列 $\boldsymbol{H} = \{h_{jk}\}$ がエルミート対称ランダム行列ならば、$h_{jk}, j \geq k$ は統計的に独立であり、その確率密度 $P(\boldsymbol{H})$ は $\boldsymbol{H}$ のすべての実直交変換のもとで不変であり、$P(\boldsymbol{H})$ は $\exp\left(-a\,\mathrm{tr}\,\boldsymbol{H}^2 + b\,\mathrm{tr}\,\boldsymbol{H} + c\right)$ に比例する。ここで、a, b, c はある定数である。

一方、ランダムエルミート行列の固有値の同時分布については、つぎの定理が成り立つ:

定理 6.7.1 (固有値の同時分布)

ランダムエルミート行列 $\boldsymbol{H}$ の固有値を $\lambda_1, \lambda_2, \cdots, \lambda_N$ とする。このとき、それらの同時分布は:

$$P_{N\beta}(\lambda_1, \lambda_2, \cdots, \lambda_N) = C_{N\beta} \exp\left\{-\frac{1}{2}\beta \sum_{j=1}^{N} \lambda_j^2\right\} \prod_{j<k} |\lambda_j - \lambda_k|^{\beta}, \quad (6.5)$$

ここで、β は、ガウス直交、ガウスユニタリ、ガウスシンプレクティック**集団** (ensemble) ならば、順に 1、2、あるいは 4 である。また、定数 $C_{N\beta}$ は $P_{N\beta}$ が 1 に基準化されるようにして選ばれるものとする。

最後に、エルミート行列の要素に**ブラウン運動** (Brownian motion) を仮定すると、エルミート行列に値を持つ**確率過程** (stochastic processes) を考えることになる。実際、Dyson (1962) は、その対角成分が実ブラウン運動に従い、非対角成分が複素ブラウン運動に従う確率過程モデルを提案している。そのような運動は、確率微分方程式を導く。最も、この種の議論は、本書のレベルを超えるので、詳細は他の文献（例えば、Dyson, 1962; 香取, 2004; Mehta, 2004; 種村, 2006）を参照されたい。

6.8 非対称 MDS を超えて

第 6 章では、これまでの節で非対称 MDS の研究のうち、残された課題の幾つかについて述べてきた。これらを見ればわかるように、非対称 MDS の方法は当初の記述的方法から出発し最近ようやく推測的方法も幾つか開発され、統計学的方法としての形は整いつつあるが、未だ細部に至る点では残された課題がかなりあるといえる。

最後の節では、まずこれら以外の幾つかの課題にも簡単にふれる。つぎに、非対称現象ではあるもののその取り扱いがこれまで非対称 MDS とはかなり異なるニューラルネットワークの研究の流れ、とりわけヘブ則とその一般化の現状を一瞥し、そこでの理論や方法と非対称 MDS の方法との相違点や、今後の非対称 MDS との融合可能性等についてふれる。最後に、データ集約の方法としての従来の非対称 MDS を超えて、非対称現象の予測のための理論や方法の構築を行うことの必要性に言及する。

その他の課題

これまでの節で述べてきたように、現時点でさえ、非対称 MDS の残された課題は数多くある。また、これらの節で指摘した課題以外のものも若干存在する。それらは、

- 第 4 章 4.9.1 節で述べた、対称性検定と関連検定を行い帰無仮説が棄却された場合の各種多重比較の問題
- 非対称 MDS データが評定尺度カテゴリーの比較的少ない通常の評定尺度で得られている場合、第 3 章 3.9.5 節で述べた Type B デザインデータにおける分割表の期待度数が 5 未満のセルへの対処
- 最尤非対称 MDS、ベイジアン非対称 MDS 共に、モデル選択のための現状のアルゴリズムの改良やパワーアップを図り、現存する非対称 MDS の方法間の比較可能性を高める、

などであろう。

6.8. 非対称 MDS を超えて

まず、第1点についてはその1つの方法として、Chino (2012) は Hirotsu (1983) や Kastenbaum (1960) に開発された多重比較の方法の適用可能性を指摘している。第2の問題に対しては、既に希薄な分割表の分析に関する数多くの研究が報告されているので、それらを活用するなり応用するなりすることであろう（例えば、Burman, 2002; Koehler, 1986; Maydeu-Olivares & Joe, 2005; Zelterman et al., 1995）。

一般化ヘブ則と非対称 MDS

よく知られているように、**ヘブ（の学習）則** (Hebb learining rule、あるいは Hebb rule) は、Hebb (1949) が提案したもので、ニューロン A の軸索がニューロン B を刺激するのに十分近く、反復的あるいは持続的に B を発火させるならば、B を発火させるニューロンの1つとしての A の効率を増大させるような何らかの成長過程あるいは代謝の変化が一方か両方のニューロンに生じる、というものである。

この法則をニューロン i のニューロン j に対する**シナプス効能** (synaptic efficacies)、J_{ij} の言葉で表現すれば、

$$J_{ij} = J_0 \sum_{\mu=1}^{p} \xi_i^\mu \xi_j^\mu, \qquad (6.6)$$

と書け、$J_{ij} = J_{ji}$、すなわちシナプス効能は対称である。ここで、ξ_i^μ は、ニューロン i のパターン μ における活動で蓄えられたニューロン活動に対応するもので、±1 の値を取るとされる。

なお、上記の表現は、しばしば内外のテキストに紹介されているヘブ則の表現であるが、もとのヘブ則の意味に忠実であろうとすれば、上のようなニューロン i からの複数の入力パターンを仮定するのではなく、あくまでも2つのニューロン間の関係について記述することになる。

このように考えた場合、ヘブ則は、うえの式の記号を可能な限り使い、かつ最も単純な線形力学系の言葉で表すとすれば、

$$\tau \frac{dJ_{ij}}{dt} = -J_{ij} + \xi_i \xi_j, \qquad (6.7)$$

と書けよう。また、定常状態の場合、$dJ_{ij}/dt = 0$ より、

$$J_{ij} = \xi_i \xi_j. \tag{6.8}$$

と書ける。これと基本的に同一の式は、例えば Parisi (1986) や廣瀬 (2005) を参照されたい。(6.7) 式は、変数の離散化により差分方程式に書き直すことができる。もっとも、最近では例えば Li (2008) がより一般的な非対称非線形力学系のモデルを提案している。

つぎに、連想記憶モデルとして知られる**リトル・ホップフィールドモデル** (Little-Hopfield model) では、もとのヘブ則の修正版が提案された (Hopfield, 1982, 1984; Little, 1974)。さらに、その後、Derrida et al. (1987)、Derrida (1987) らにより**非対称希薄ニューラルネットワーク** (asymmetrically diluted neural networks)

$$J_{ij} = C_{ij} \sum_{\mu=1}^{p} \xi_i^\mu \xi_j^\mu, \tag{6.9}$$

が提案された (Kanter, 1988)。このネットワークでは、C_{ij} は非対称であり、シナプス効能はもはや対称ではない。

一方、(6.7) 式を複素領域の場合に拡張すると、**複素ヘブ則** (complex Hebb rule) となる。この場合、この式はつぎのように変わる:

$$\tau \frac{dJ_{ij}}{dt} = -J_{ij} + \bar{\xi}_i \xi_j, \tag{6.10}$$

ここで、$\bar{\xi}_i$ は、ξ_i の複素共役を表す。廣瀬 (2005) によれば、このような複素ニューラルネットワークの研究は Aizenberg et al. (1971) に遡るという。彼によれば、そのようなネットワークの研究は 1980 年代の後半から活発になされている。詳細は、廣瀬 (2005) を参照されたい。

複素ヘブ則を応用して、複素連想記憶ニューラルネットワークを考えると、つぎのようなモデルが可能である(廣瀬, 2005):

$$\tau \frac{d\boldsymbol{H}}{dt} = -\boldsymbol{H} + \boldsymbol{\xi}_\mu \boldsymbol{\xi}_\mu^H. \tag{6.11}$$

ここで、$\boldsymbol{H}$ はシナプス効能を要素とする行列(廣瀬では、荷重行列と呼ばれている)で、エルミート行列である。もちろん、これも変数の離散化により差分方程式系とすることができる。

6.8. 非対称 MDS を超えて

つまり、非対称 MDS とは現象的には全く異なる脳の神経細胞のネットワークモデルではあるにもかかわらず、非対称性を扱うモデルの中に、非対称 MDS と同様なエルミート行列が現れ、基本的な役割を果たすことがわかる。

いずれにせよ、上記のようなニューラルネットワークのモデルの考え方は、主として心理学の分野で開発されてきた非対称 MDS のモデルにも適用可能なのかどうかについては、今後十分検討する価値があるのではなかろうか。また、現存の複素ニューラルネットワークのモデルを、現存の非対称 MDS の理論から見直すことは可能であろうか。これについても、今後十分検討に値するように思われる。

尺度構成から非対称関係の予測へ

これまで見てきたように、非対称 MDS はこれまで社会・行動科学の分野から生物学、物理学等の幅広い分野で観測される複数の対象相互の非対称な関係データを、計量心理学や統計学の考え方に基づき分析しそのような関係を集約する方法として、それなりの役割を果たしてきたと思われる。

しかし、複雑な非対称関係データを集約するだけでは、科学的研究の出発点には立てても、ゴールに立つことはできないであろう。例をあげれば、かつての生物学は例えば動物や植物をその形態の類似性から分類することであったが、そのような研究はまさに複雑な生物の特徴を集約し分類する段階であり、生物学の出発点に過ぎない。

特別な幾つかの研究の分野の研究を除けば、一般に科学的研究のゴールは、例えば生物学で言えば動物や植物の多種多様な形態の背後にあり、それを規定している原因を特定し、さらにはそれらの形態や機能を制御したり予測したりすることであろう。現代の生物学や医学は、それらを規定している遺伝子の特定とその制御の方向に着実に踏み出しつつあるように思われる。

このように考えれば、非対称 MDS の研究は未だ複雑な非対称関係を整理し対象を分類する尺度を構成し、それにより対象を分類する段階である

といえよう。もちろん、現時点ではそのための方法さえ完成の途上にあるので、これを計量心理学や数理統計学の枠内で完成させることが、当面の目標となろう。

　しかし、多くの分野の現象がそうではないかと思われるが、非対称な現象の解明には、計量心理学や数理統計学の方法ですべてわかるということはありえないであろう。今後これを一歩進め、非対称現象の予測や制御を行うことを目標とした研究も進めていく必要があるものと考える。そのためには、やはり、研究対象とする非対称現象の実質科学的な視点からの深い洞察や知見を十分組み入れた**理論法則** (theoretical law) (例えば, Carnap, 1966) の樹立が必要であろう。その意味では、少なくとも第1著者は、現存の**行動計量学** (Behaviormetrika) を越えて、いわば**行動予測学** (Behaviorpredicta) ともいうべき発想の転換が、そろそろ必要ではないかと考えている。

引用文献

Aitken, A. C. (1935). On least squares and linear combination of observation. *Proceedings of the Royal Society of Edinburgh*, **55**, 42-48.
Aitchison, J., & Silvey, S. D. (1960). Maximum-likelihood estimation procedures and associated tests of significance. *Journal of the Royal Statistical Society, Series B*, 154-171.
Aizenberg, N. N., Ivaskiv, Y. L., & Pospelov, D. A. (1971). A certain generalization of threshold functions. *Dokrady Akademii Nauk SSSR*, **196**, 1287-1290.
Akaike, H. (1974). A new look at the statistical model identification. *IEEE Transactions on Automatic Control*, **19**, 716-723.
Akaike, H. (1980). Likelihood and the Bayes procedure. In J. M. Bernardo, M. H. Degroot, D. V. Lindley, & A. F. M. Smith (Eds.), *Bayesian Statistics - Proceedings of the First International Meeting held in Valencia (Spain)* (pp.143-166). Varencia: University Press.
Alfakih, A. Y., Khandani, A., & Wolkowicz, H. (1999). Solving Euclidean distance matrix completion problems via semidefinite programming. *Computational Optimization and Applications*, **12**, 13-30.
Amari, S. (1971). Characteristics of randomly connected threshold-element networks and network systems. *Proceedings of the IEEE*, **59**, 35-47.
Andersen, E. B. (1980). *Discrete Statistical Models with Social Science Applications*. Amsterdam: North Holland.
安道知寛 (2010). ベイズ統計モデリング. 朝倉書店.
Andronov, A. A., & Pontrjagin, L. S. (1937). Systémes grossiers. *Dok-

lady Akademii Nauk SSSR, **14**, 247-250.

青木統夫・白岩謙一 (1985). 力学系とエントロピー 共立出版

Appelman, I. B., & Mayzner, M. S. (1982). Application of geometric models to letter recognition: Distance and density. *Journal of Experimental Psychology, General*, **111**, 60-100.

Appleby, M. C. (1983). The probability of linearity in hierarchies. *Animal Behavior*, **31**, 600-6008.

新井朝雄著 (1997). ヒルベルト空間と量子力学 共立出版

Arbuckle, J., & Nugent, J. H. (1973). A general procedure for parameter estimation for the law of comparative judgment. *British Journal of Mathematical and Statistical Psychology*, **26**, 240-260.

Arfken, G. B., & Weber, H. J. J. (1995). *Mathematical methods for physicists*. 4th ed. New York: Academic Press.

Arnold, B. C. (1970). Hypothesis testing incorporating a preliminary test of significance. *Journal of the American Statistical Association*, **65**, 1590-1596.

Arnold, V. I. (1978). *Mathematical Methods of Classical Mechanics*. Berlin: Springer Verlag.

Asano, C. (1960). Tests due to pooling data through preliminary test on biological direct assay. *Bulletin of Mathematical Statistics*, **9**, 25-39.

Asano, C. (1961). An extensive direct assay in biological assay. *Bulletin of Mathematical Statistics*, **10**, 1-16.

朝野啓三 (1966). 行列と行列式 共立出版

Ashby, F. G., & Perrin, N. A. (1988). Toward a unified theory of similarity and recognition. *Psychological Review*, **95**, 124-150.

Atkinson, K. E. (1978). *An Introduction to Numerical Analysis*. New York: Wiley.

Autonne, L. (1902). Sur les groupes linéaires, réels et orthogonaux. *Bulletin de la Société Mathématique de France*, **30**, 121-134.

Autonne, L. (1913). Sur les matrices hypohermitiennes et les unitairs. *Comptes Rendus de l'Academie des Sciences, Paris*, **156**, 858-860.

引用文献

Bancroft, T. A. (1944). On biases in estimation due to the use of preliminary tests of significance. *Annals of Mathematical Statistics*, **15**, 190-204.

Bass, F. M., Pessemier, E. A., & Lehmann, D. R. (1972). An experimental study of relationships between attitudes, brand preference, and choice. *Behavioral Science*, **17**, 532-541.

Basu, D. (1955). On statistics independent of a complete sufficient statistic. *Sankhyā*, **15**, 377-380.

Bayes, T. (1763). An essay towards solving a problem in the doctrine of chances. *Philosophical Transactions of the Royal Society*, **3**, 330-418.

Bement, T. R. & Williams, J. S. (1969). Variance of weighted regression estimators when sampling errors are independent and heteroscedastic. *Journal of the American Statistical Association*, **64**, 1369-1382.

Bennett, J. F., & Hays, W. L. (1960). Multidimensional unfolding: Determining the the dimensionality of ranked preference data. *Psychometrika*, **25**, 27-43.

Berkson, J. (1944). Application of the logistic function to bio-assay. *Journal of the American Statistical Association*, **39**, 357-365.

. Berlin, T. H., & Kac, C. (1952). The spherical model of ferromagnet. *The Physical Review*, **86**, 821-835.

Bernardo, J. M. (1979). Reference posterior distributions for Bayesian inference (with discussion). *Journal of the Royal Statistical Society, Series B*, **41**, 113-147.

Bernardo, J. M. (2005). Reference Analysis. In D. K. Dey & C. R. Rao (Eds), *Handbook of statistics 25 Bayesian Thinking: Modeling and computation* (pp.17-90). (繁桝算男・小谷野仁 (訳) (2011). 参照分析. 繁桝算男・岸野洋久・大森裕浩 (監訳) ベイズ統計分析ハンドブック. 朝倉書店.)

Berry, M. V. (1986). Riemann's zeta function: a model for quantum chaos? In T. H. Seligman and H. Nishioka (Eds.), *Quantum chaos and statistical nuclear physics, Springer Lecture Notes in Physics*,

No.263 (pp.1-17). New York: Springer.

Berry, K. J., & Mielke, P. W. (1988). Monte Carlo comparisons of the asymptotic chi-square and likelihood-ratio tests with the nonasymptotic chi-square test for sparse $r \times c$ tables. *Psychological Bulletin*, **103**, 256-264.

Besag, J. (2000). Markov chain Monte Carlo for statistical inference. *Working paper, Center for Statistics and the Social Sciences, University of Washington* No.9.

Bhapkar, V. P. (1966). A note on the equivalence of two test criteria for hypotheses in categorical data. *Journal of the American Statistical Association*, **61**, 228-235.

Birch, M. W. (1963). Maximum likelihood in three-way contingency tables. *Journal of the Royal Statistical Society*, Series B, **25**, 220-233.

Bishop, Y. M. M., Fienberg, S. E., & Holland, P. W. (1975). *Discrete Multivariate Analysis-Theory and Practice*. Massachusetts: The MIT press.

Blank, J., Exner, P., & Havlíček, M. (1994). *Hilbert Space Operators in Quantum Physics*. New York: AIP Press.

Bloom, D. M. (1979). *Linear Algebra and Geometry*. Cambridge: Cambridge University Press.

Bock, R. D., & Jones, L. V. (1968). *The Measurement and Prediction of Judgment and Choice*. Holden-Day, San Francisco.

Bodenreider, O. (2001). Circular hierarchical relationships in the UMLS: Etiology, diagnosis, treatment, complications and prevention. *Proceedings of the AMIA symposium*, pp.57-61.

Bogardus, E. S. (1933). Measuring social distance. *Journal of Applied Sociology*, **9**, 299-308.

Bogardus, E. S. (1933). A social distance scale. *Sociology & Social Research*, **17**, 265-271.

Bond, C. F. Jr., Horn, E. M., & Kenny, D. A. (1997). A model for triadic

引用文献

relations. *Psychological Methods*, **2**, 79-94.

Bond, C. F. Jr., Kenny, D. A., Broome, E. H., Stokes-Zoota, J. J., & Richard, F. D. (2000). Multivariate analysis of triadic relations. *Multivariate Behavioral Research*, **35**, 397-426.

Boothby, W. M. (1975). *An introduction to differentiable manifolds and Riemannian geometry*. New York: Academic Press.

Borg, I., & Groenen, P. J. F. (2005). *Modern Multidimensional Scaling - Theory and Applications* (2nd ed.). New York: Springer.

Bowen, R. M., & Wang, C. -C. (1976). *Introduction to vectors and tensors*. New York: Plenum Press.

Bowker, A. H. (1948). A test for symmetry in contingency tables. *Journal of the American Statistical Association*, **43**, 572-574.

Box, G. E., & Tiao, G. C. (1973). *Bayesian Inference in Statistical Analysis*. Reading, Mass: Addison-Wesley.

Brandolini, L. (1998). Imbedding theorems for Lipschitz spaces generated by the weak-L^p metric. *Journal of Approximation Theory*, **94**, 173-190.

Brockett, R. W. (1989). Dynamical systems that sort lists and solve linear programming problems. *Proceedings of the IEEE Conference on Decision and Control* (pp.799-803). Austin, Texas.

Burman, P. (2002). On some testing problems for sparse contingency tables. *Journal of Multivariate Analysis*, **88**, 1-18.

Carnap, R. (1966). *Philosophical Foundations of Physics*. New York: Basic Books.

Carroll, D. J., & Chang, J. J. (1970). Analysis of individual differences in multidimensional scaling via an N-Way generalization of "Eckart-Young" decomposition. *Psychometrika*, **35**, 283-319.

Caussinus, H. (1965). Contribution à l'analyse statistique des tableaux de corrélation. *Annales de la Faculté des Sciences de l'Université de Toulouse*, **29**, 77-182.

Chadwick-Furman, N., & Rinkevich, B. (1994). A complex allorecognition system in a reef-building coral: delayed responses, reversals and nontransitive hierarchies. *Coral Reefs*, **13**, 57-63.

Chew, V. (1970). Covariance matrix estimation in linear models. *Journal of the American Statistical Association*, **65**, 173-181.

千野直仁 (1977). N 個の対象間の非対称な関係を図式化するための一技法　第 5 回日本行動計量学会総会発表論文抄録集　146-149.

Chino, N. (1978). A graphical technique for representing the asymmetric relationships between N objects. *Behaviormetrika*, **5**, 23-40.

Chino, N. (1980). A unified geometrical interpretation of the MDS techniques for the analysis of asymmetry and related techniques. *Paper presented at the symposium on "Asymmetric multidimensional scaling" at the Spring Meeting of the Psychometric Society*, Iowa, U.S.A.

Chino, N. (1987). A bifurcation model of changes in interdependence structure among objects. *Bulletin of the Faculty of Letters of Aichigakuin University*. **17**, 85-109.

千野直仁 (1989). DYNASCAL の発想と適用可能性　愛知学院大学文学部紀要, **18**, 27-39.

Chino, N. (1990). A generalized inner product model for the analysis of asymmetry. *Behaviormetrika*, **27**, 25-46.

Chino, N. (1991). A critical review for the analysis of asymmetric relational data. *Bulletin of The Faculty of Letters of Aichi Gakuin University*, **21**, 31-52.

千野直仁 (1991). 集団のシステム解析　三隅二不二・木下冨雄編「現代社会心理学の発展 II」第 6 章 数理モデル 2 (pp.385-413)　ナカニシヤ出版

Chino, N. (1992). Metric and nonmetric Hermitian canonical models for asymmetric MDS. *Proceedings of the 20th annual meeting of the Behaviormetric Society of Japan*, 246-249.

千野直仁 (1997). 非対称多次元尺度構成法　現代数学社

Chino, N. (1998). Hilbert space theory in psychology -(1) Basic concepts and possible applications. *Bulletin of the Faculty of Letters of Aichi*

Gakuin University, No.**28**, 45-66.

Chino, N. (2002). Complex space models for the analysis of asymmetry. In S. Nishisato, Y. Baba, H. Bozdogan, & K. Kanefuji (Eds.), *Measurement and Multivariate Analysis* (pp.107-114). Tokyo: Springer.

Chino, N. (2003a). Complex difference system models for the analysis of asymetry. In H. Yanai, A. Okada, K. Shigemasu, Y. Kano, & J. J. Meulman (Eds.), *New Developments in Psychometrics* (pp.479-486). Tokyo: Springer.

Chino, N. (2003b). Fitting complex difference system models to longitudinal asymmetric proximity matrices. *Book of abstracts of the 13th international meeting and the 68th annual American meeting of the Psychometric Society*. Cagliari, Italy.

Chino, N. (2004). Behaviors of members predicted by a special case of a complex difference system model. *Proceedings of the 32th annual meeting of the Behaviormetric Society of Japan*, Yokohama, Japan.

Chino, N. (2006a). Abnormal behaviors of members predicted by a complex difference system model. *Bulletin of the Faculty of Psychological & Physical Science*, **1**, 69-73.

Chino, N. (2006b). Asymmetric multidimensional scaling and related topics. *Invited lecture at the Weierstrass Institute for Applied Analysis and Stochastics*, Berlin, Germany.

千野直仁 (2007). 心理学における微分力学系の基礎　吉野諒三・千野直仁・山岸候彦 (2007). 数理心理学 - 心理表現の論理と実際 (pp.109-164). 培風館

千野直仁 (2008). 集団のシステム解析－微分・差分方程式モデル　岡林春雄（編）心理学におけるダイナミカルシステム理論 (pp.119-150). 金子書房

Chino, N. (2012). A brief survey of asymmetric MDS and some open problems. *Behaviormetrika*, **39**, 127-165.

Chino, N., & Nakagawa, M. (1990). A bifurcation model of change in group structure. *The Japanese Journal of Experimental Social*

Psychology, **29**, 25-38.
千野直仁・岡太彬訓 (1996). 非対称多次元尺度構成法とその周辺 行動計量学 **23**, 130-152.
Chino, N., & Saburi, S. (2006a). A link between the asymmetric MDS and the analysis of contingency table. *Paper presented at the IFCS2006 conference - Data Science and Classification*, Ljubljana, Slovenija, July 25-29.
Chino, N., & Saburi, S. (2006b). Tests of symmetry in asymmetric MDS. *Paper presented at the 2nd German Japanese Symposium on Classification - Advances in data analysis and related new techniques & application*. Berlin, Germany, March 7-8.
Chino, N., & Saburi, S. (2009). Features of quasi-symmetry-like asymmetric MDS models and independence of some tests for symmetry. *Proceedings of the 37th annual meeting of the Behaviormetric Society of Japan*, pp.24-25, Oita University.
Chino, N., & Saburi, S. (2010). Controlling the two kinds of error rate in selecting an appropriate asymmetric MDS model. *Journal of the Institute for Psychological and Physical Science*, **2**, 37-42.
Chino, N., & Shiraiwa, K. (1993). Geometrical structures of some non-distance models for asymmetric MDS. *Behaviormetrika*, **20**, 35-47.
Chu, K. L., Isotalo, J., Puntanen, S., & Styan, G. P. H. (2005). The efficiency factorization multiplier for the Watson efficiency in partitioned linear models: Some examples and a literature review. *Research Letters in the Information and Mathematical Sciences of Massey University*, **8**, 165-187.
Clausius, R. J. E. (1865). Über verschiedenen für die Anwendung bequeme Formen der Hauptgleichungen der mechanischen Wärmetheorie. *Annalen der Physik*, **125**, 353-400.
Collias, N. E. (1943). Statistical factors which make for success in initial encounters between hens. *The American Naturalist*, **77**, 519-538.
Constantine, A. G., & Gower, J. C. (1978). Graphical representation of

asymmetric matrices. *Applied Statistics*, **27**, 297-304.

Coombs, C. H. (1950). Psychological scaling without a unit of measurement. *Psychological Review*, **57**, 145-158.

Coombs, C. H. (1964). *A Theory of Data*. New York: Wiley.

Courant, R., & John, F. (1974). *Introduction to Calculus & Analysis, Vol.2*. New York: Wiley.

Cox, T. F., & Cox, M. A. A. (1991). Multidimensional scaling for n-tuples. *British Journal of Mathematical and Statistical Psychology*, **44**, 195-206.

Cox, T. F., & Cox, M. A. A. (2001). *Multidimensional Scaling*, 2nd ed., London: Chapman & Hall/CRC.

Cox, T. F., Cox, M. A. A., & Branco, J. A. (1991). Multidimensional scaling for n-tuples. *British Journal of Mathematical and Statistical Psychology*, **44**, 195-206.

Cramér, H. (1946). *Mathematical Method of Statistics*. Princeton: Princeton University Press.

Cristescu, R. (1977). *Topological vector spaces*. Leyden: Roordhoff International Publishing.

Cull, P., Flahive, M., & Robson,R. (2005). *Difference Equations from Rabbits to Chaos*. New York: Springer.

Darmois, G. (1935). Sur les lois de probabilité à estimation exhaustive. *Les Comptes Rendus de l'Académie des science, Paris*, **200**, 1265-1266.

Daws, J. T. (1996). The analysis of free-sorting data: Beyond pairwise co-occurrences. *Journal of Classification*, **13**, 57-80.

Debnath, L., & Mikusiński, P. (1990). *Introduction to Hilbert Spaces with Applications*. New York: Academic Press.

Derrida, B., Gardner, E., & Zippelius, A. (1987). An exactly solvable asymmetric neural network model. *Europhysics Letters*, **4**, 167-173.

Derrida, B. (1987). Dynamical phase transition in non-symmetric spin glasses. *Journal of Physics A: Mathematical and General*, **20**, L721-

L725.

De Rooij, M. (2002). Studying triadic distance models under a likelihood function. In S. Nishisato, Y. Baba, H. Bozdogan, & K. Kanefuji (Eds.), *Measurement and Multivariate Analysis* (pp.69-76). Tokyo: Springer.

De Rooij, M., & Gower, J. C. (2003). The geometry of triadic distances. *Journal of Classification*, **20**, 181-220.

De Rooij, M., & Heiser, W. J. (2000). Triadic distance models for the analysis of asymmetric three-way proximity data. *British Journal of Mathematical and Statistical Psychology*, **53**, 99-119.

De Rooij, M., & Heiser, W. J. (2003). A distance representation of the quasi-symmetry model and related distance models. In H. Yanai et al. (Eds.) *New Developments in Psychometrics* (pp.487-494). Tokyo: Springer.

De Rooij, M., & Heiser, W. J. (2005). Graphical representations and odds ratios in a distance-association model for the analysis of cross-classified data. *Psychometrika*, **70**, 99-122.

DeSarbo, W. S., Johnson, M., Manrai, A., & Edwards, E. (1992). TSCALE: A new multidimensional scaling procedure based on Tversky's contrast model. *Psychometrika*, **57**, 43-70.

DeSarbo, W. S., & De Soete, G. (1984). On the use of hierarchical clustering for the analysis of nonsymmetric proximities. *Journal of Consumer Research*, **11**, 601-610.

DeSarbo, W. S., Kim, Y., & Fong, D. (1999). A Bayesian multidimensional scaling procedure for the spatial analysis of revealed choice data. *Journal of Econometrics*, **89**, 79-108.

DeSarbo, W. S., Kim, Y., Wedel, M., & Fong, D. K. H. (1998). A Bayesian approach to the spatial representation of market structure from consumer choice data. *European Journal of Operational Research*, **111**, 285-305.

Dey, D. K. & Rao, C. R. (2006). *Handbook of statistics 25 Bayesian*

引用文献

Thinking: Modeling and computation. 繁桝算男・岸野洋久・大森裕浩 監訳 (2011) ベイズ統計分析ハンドブック 朝倉書店.

De Silva, V., & Lim, L-H. (2008). Tensor rank and the ill-posedness of the best low-rank approximation problem. *The SIAM Journal of Matrix Analysis and Applications*, **30**, 1084-1127.

De Vries, H. (1995). An improved test of linearity in dominance hierarchies containing unknown or tied relationships. *Animal Behavior*, **50**, 1375-1389.

Digby, R. G. N., & Kempton, R. A. (1987). *Multivariate Analysis of Ecological Communities*. London: Chapman and Hall.

Du, Q., Gunzburger, M. D., & Ju, L. (2003). Constrained centroidal Voronoi tessellations for surfaces. *SIAM Journal of Scientific Computing*, **24**, 1488-1506.

Dyson, F. J. (1962). A Brownian-motion model for the eigenvalues of a random matrix. *Journal of Mathematical Physics*, **3**, 1191-1198.

Dyson, F. J. (1970). Correlation between the eigenvalues of a random matrix. *Communications in Mathematical Physics*, **19**, 235-250.

Eckart, C., & Young, G. (1936). The approximation of one matrix by another of lower rank. *Psychometrika*, **1**, 211-218.

Eckart, C., & Young, G. (1939). A principal axis transformation for non-Hermitian matrices. *Bulletin of the American Mathematical Society*, **45**, 118-121.

Eiselt, H. A., Pederzoli, G., & Sandblom, C.-L. (1987). *Continuous Optimization Models*. Berlin: Walter de Gruyter.

Elaydi, S. N. (1999). *An Introduction to Difference Equations* (2nd Ed.). New York: Springer-Verlag.

Escoufier, Y., & Grorud, A. (1980). Analyse factorielle des matrices carrees non symetriques [Factor analysis of square asymmetric matrices]. In E. Diday et al. (Eds.), *Data Analysis and Informatics* (pp.263-276). Amsterdam: North Holland.

Fechner, G. T. (1860). *Elemente der Psychophysik*. Leipzig: Breitkopf and Haertel.

Festinger, L. (1957). *A Theory of Cognitive Dissonance.* Stanford: Stanford University Press.

Fisher, R. A. (1924). The conditions under which chi-square measures the discrepancy between observation and hypothesis. *Journal of the Royal Statistical Society,* **87**, 442-450.

Fletcher, R. (1980). *Practical Methods of Optimization.* New York: Wiley.

Hebb, D. O. (1949). *The Organization of Behavior.* New York: Wiley.

廣瀬明 (2005). 複素ニューラルネットワーク サイエンス社

Hogg, R. V. (1961). On the resolution of statistical hypotheses. *Journal of the American Statistical Association,* **56**, 978-989.

Hogg, R. V., & Craig, A. T. (1956). Sufficient statistics in elementary distribution theory. *Sankhya,* **17**, 209-216.

Fong, D. K. H., DeSarbo, W. S., Park, J., & Scott, C. J. (2010). A Bayesian vector multidimensional scaling procedure for the analysis of ordered preference data. *Journal of the American Statistical Association,* **105**, 482-492.

Fujikoshi, Y., & Satoh, K. (1997). Modified AIC and C_p in multivariate linear regression. *Biometrika,* **84**, 707-716.

藤澤隆史・小杉考司・清水裕士 (2008). 非対称 MDS を用いた楽曲のコード進行の分析 日本行動計量学会第３６回大会発表抄録集 pp.273-274.

Fukai, T., & Shiino, M. (1990). Asymmetric neural networks incorporating the Dale hypothesis and noise-driven chaos. *Physical Review Letters,* **64**, 1465-1468.

Gauss, C. F. (1857). *Theory of the Motion of the Heavenly Bodies Moving About the Sun in Conic Sections - A translation of Gauss's "Theoria Motus" with an appendix* (C. H. Davis, Trans.). Boston: Little, Brown and Company. (Original work published 1809).

Gauss, C. F. (1823). *Theoria Combinationsis Observationum Erroribus Minimis Obnoxiae.* Göttingen: Dieterich.

Gelfand, A.E. & Smith, A.F.M. (1990). Sampling-based approaches to calculating marginal densities. *Journal of American Statistical Association*, **85**, 398-409.

Gelman, A., & Rubin, D. B. (1992). Inference from iterative simulation using multiple sequences. *Statistical Science*, **7**, 457-511.

Geman, S., & Geman, D. (1984). Stochastic relaxation, Gibbs distributions and the Bayesian restoration of images. *IEEE Transactions on Pattern Analysis and Machine Intelligence*, **6**, 721-741.

Getty, D. J., Swets, J. A., Swets, J. B., & Green, D. M. (1979). On the prediction of confusion matrices from similarity judgments. *Perception & Psychophysics*, **26**, 1-19.

Geweke, J. (1992). Evaluating the accuracy of sampling-based approaches to calculating posterior moments. In J. M. Bernardo, J. O. Berger, A. P. Dawid & A. F. M. Smith. (Eds.), *Bayesian Statistics 4* (pp.169-193). Oxford, UK: Clarendon Press.

Gill, J. (2008). *Bayesian Methods: A social and behavioral sciences approach.* (2 ed). London, UK: Chapman & Hall/CRC.

Gilks, W.R., Thomas, A., & Spiegelhalter, D. J. (1994). A language and program for complex Bayesian modelling. *The Statistician*, **43**, 169-178.

Goodman, L. A. (1968). The analysis of cross-classified data: Independence, quasi-independence, and interactions in contingency tables with or without missing entries. *Journal of the American Statistical Association*, **63**, 1091-1131.

Goodman, L. A. (1971). The analysis of multidimensional contingency tables: stepwise procedures and direct estimation methods for building models for multiple classifications. *Technometrics*, **13**, 33-61.

Gower, J. C. (1975). Generalized Procrustes analysis. *Psychometrika*, **40**, 33-51.

Gower, J. C. (1977). The analysis of asymmetry and orthogonality. In J. R. Barra, F. Brodeau, G. Romer, & B. van Cutsem (Eds.),

Recent Developments in Statistics (pp.109-123). Amsterdam: North Holland.

Gower, J. C. (1984). Multivariate analysis: Ordination, multidimensional scaling and allied topics. In E. H. Llokyd (Ed.), *Handbook of Applicable Mathematics* (pp.727-781). Vol. VI, Chichester: Wiley.

Gower, J. C., & De Rooij, M. (2003). A comparison of the multidimensional scaling of triadic and dyadic distances. *Journal of Classification*, **20**, 115-136.

Gorman, J. W., & Toman, R. J. (1966). Selection of variables for fitting equations to data. *Technometrics*, **8**, 27-51.

Gregerson, H., & Sailer, L. (1993). Chaos theory and its implications for social science research. *Human Relations*, **46**, 777-802.

Guckenheimer, J., & Holmes, P. (1983). *Nonlinear Oscillations, Dynamical Systems, and Bifurcations of Vector Fields*. Berlin: Springer-Verlag.

Guttman, L. (1944). A basis for scaling quantitative data. *American Sociological Review*, **9**, 139-150.

Guttman, L. (1968). A general nonmetric technique for finding the smallest coordinate space for a configuration of points. *Psychometrika*, **33**, 469-506.

Hao, B-L. (1989). *Elementary Symbolic Dynamics and Chaos in Dissipative Systems*. Singapore: World Scientific.

Harary, F. J. (1968). *Graph Theory*. Massachusetts: Addison-Wesley.

Harshman, R. A. (1978). Models for analysis of asymmetrical relationships among N objects or stimuli. *Paper presented at the First Joint Meeting of the Psychometric Society and the Society for Mathematical Psychology*, Hamilton, Canada.

Harshman, R. A. (1981). *DEDICOM multidimensional analysis of skew-symmetric data. Part I: Theory*. Unpublished manuscript.

Harshman, R. A., Green, P. E., Wind, Y., & Lundy, M. E. (1982). A model for the analysis of asymmetric data in marketing research.

Marketing Science, **1**, 205-242.

Hartman, P. (1982). *Ordinary Differential Equations*, Second Edition, Boston: Birkhäuser.

Hayashi, C. (1972). Two dimensional quantifications based on a measure of dissimilarity among three elements. *Annals of the Institute of Statistical Mathematics*, **25**, 251-257.

Hayashi, C. (1989). Multiway data matrices and method of quantification of qualitative data as a strategy of data analysis. In R. Coppi and B. Bolasco (Eds.), *Multiway data analysis* (pp.131-142). Amsterdam: North-Holland.

Hays, W. L., & Bennett, J. F. (1961). Multidimensional unfolding: Determining configuration from complete rank order preference data. *Psychometrika*, **26**, 221-238.

Hebb, D. O. (1949). *The Organization of Behavior*. New York: Wiley.

Hefner, R. A. (1958). Extensions of the law of comparative judgment to discriminable and multidimensional stimuli. *Doctoral dissertation*, University of Michigan.

Heider, F. (1946). Attitudes and cognitive organization. *The Journal of Psychology*, **21**, 107-112.

Heiser, W. J. (1987). Joint ordination of species and sites: the unfolding technique. In P. Legendre & L., Legendre (Eds.), *Developments in numerical ecology* (pp.189-221). Berlin: Springer Verlag.

Heiser, W. J., & Bennani, M. (1997). Triadic distance models: Axiomatization and least squares representation. *Journal of Mathematical Psychology*, **41**, 189-206.

Helmke, U., & Moore, J. B. (1994). *Optimization and Dynamical Systems*. London: Sringer.

廣瀬明 (2005). 複素ニューラルネットワーク　サイエンス社

Hirotsu, C. (1983). Defining the pattern of association in two-way contingency tables. *Biometrika*, **70**, 579-589.

Hirsch, M. W., & Smale, S. (1974). *Differential equations, dynamical systems, and linear algebra*. New York: Academic Press.

Hoeffding, W. (1965). Asymptotically optimal tests for multinomial distributions. *Annals of Mathematical Statistics*, **36**, 369-401.

Hogg, R. V. (1961). On the resolution of statistical hypotheses. *Journal of the American Statistical Association*, —bf 56, 978-989.

Hogg, R. V., & Craig, A. T. (1956). Sufficient statistics in elementary distribution theory. *Sankhyā*, **17**, 209-216.

Hohle, R. H. (1966). An empirical evaluation and comparison of two models for discriminability scales. *Journal of Mathematical Psychology*, **3**, 174-183.

Holm, S. (1979). A simple sequentially rejective multiple test procedure. *Scandinavian Journal of Statistics*, **6**, 65-70.

Holman, E. W. (1979). Monotonic models for asymmetric proximities. *Journal of Mathematical Psychology*, **20**, 1-15.

Hopfield, J. J. (1982). Neural networks and physical systems with emergent collective computational abilities. *Proceedings of the National Academy of Sciences of the United States of America*, **79**, 2554-2558.

Hopfield, J. J. (1984). Neurons with graded response have collective computational properties like those of two-state neurons. *Proceedings of the National Academy of Sciences of the United States of America*, **81**, 3088-3092.

Horn, R. A., & Johnson, C. R. (1985). *Matrix analysis*. Cambridge: Cambridge University Press.

Indow, T. (1968). Multidimensional mapping of visual space with real and simulated stars. *Perception & Psychophysics*, **3**, 45-53.

Indow, T. (1991). A critical review of Luneburg's model with regard to global structure of visual space. *Psychological Review*, **98**, 430-453.

Indow, T., Inoue, E., & Matsushima, K. (1962a). An experimental study of the Luneburg theory of binocular space perception (1): The 3- and 4-point experiments. *Japanese Psychological Research*: , **4**, 6-16.

Indow, T., Inoue, E., & Matsushima, K. (1962b). An experimental study of the Luneburg theory of binocular space perception (2): The alley experiments. *Japanese Psychological Research*, **4**, 17-24.

Indow, T., Inoue, E., & Matsushima, K. (1963). An experimental study of the Luneburg theory of binocular space perception (3): The experiments in a spacious field. *Japanese Psychological Research*, **5**, 10-27.

Indow, T., & Watanabe, T. (1988). Alley on an extensive apparent frontoparallel plane: a second experiment. *Perception*, **17**, 647-666.

Ireland, C. T., Ku, H. H., & Kullback, S. (1969). Symmetry and marginal homogeneity of an $r \times r$ contingency table. *Journal of the American Statistical Association*, **64**, 1323-1341.

Irony, T. Z., & Singpurwalla, N. D. (1997). Non-informative priors do not exist: A dialogue with José M. Bernardo. *Journal of Statistical Planning and Inference*, **65**, 159-189.

伊庭幸人 (2005). マルコフ連鎖モンテカルロ法の基礎. 伊庭幸人・種村正美・大森裕浩・和合肇・佐藤整尚・高橋明彦. 計算統計 II マルコフ連鎖モンテカルロ法とその周辺. 岩波書店.

Ishiguro, M., Sakamoto, Y., & Kitagawa, G. (1997). Bootstrapping log likelihood and EIC, an Extension of AIC. *Annals of the Institute of Statistical Mathematics*, **49**, 411-434.

Je, H., Kim, D., & Pohang, P. (2008). Bayesian multidimensional scaling for multi-robot localization. *Proceedings of IEEE International Conference on Networking, Sensoring and Control*, 926-931.

Jeffreys, H. (1935). Some tests of significance, treated by the theory of probability. *Proceedings of the Cambridge Philosophy Society*, **3**, 203-222.

Jeffreys, H. (1946). An invariant form for the prior probability in estimation problems. *Proceedings of the Royal Society of London. Series A*, **186**, 453-461.

Johnson, N., Kotz, S., & Balakrishnan, N. (1997). *Discrete Multivariate Distributions*. New York: Wiley.

Joly, S., & Le Calvé, G. (1995). Three-way distances. *Journal of Classification*, **12**, 191-205.

Kadane, J. B. & Wolfson, L. J. (1998). Experiences in elicitation. *Journal of the Royal Statistical Society. Series D (the Statistician)*, **47**, 3-19.

Kanter, I. J. (1988). Inhomogeneous magnetization in dilute asymmetric and symmetric systems. *Physical Review Letters*, **60**, 1891-1894.

Kass, R., E., & Raftery, A. E. (1995) Bayes factors. *Journal of the American Statistical Association*, **90**, 773-795.

Kastenbaum, M. A. (1960). A note on the additive partitioning of chi-square in contingency tables. *Biometrics*, **16**, 416-422.

香取眞理 (2004). 非衝突拡散粒子系とランダム行列理論 (基研研究会 確率モデルの統計力学 研究会報告). 物性研究, **82**, 220-228.

Kendall, M. G. (1962). *Rank Correlation Methods* (3rd ed.). London: Charles Griffin.

Kendall, M. G., & Babington Smith, B. (1940). On the method of paired comparisons. *Biometrika*, **31**, 324-345.

Kendall, M. G., & Stuart, A. (1973). *The Advanced Theory of Statistics; Vol.2, Inference and Relationship*. London: Griffin.

Keren, G., & Baggen, S. (1981). Recognition models of alphanumeric characters. *Perception & Psychophysics*, **29**, 234-246.

Kiers, H. A. L., & Takane, Y. (1994). A generalization of GIPSCAL for the analysis of asymmetric data. *Journal of Classification*, **11**, 79-99.

Kitagawa, T. (1950). Successive process of statistical inferences [1]. *Memoirs of the Faculty of Science, Kyusyu University, Series A*, **5**, 139-180.

Kitagawa, T. (1959). Successive process of statistical control [3]. *Memoirs of the Faculty of Science, Kyusyu University, Series A*, **14**, 139-180.

Kitchens, B. P. (1998). *Symbolic Dynamics - One-sided, Two-sided and Countable State Markov Shifts*. New York: Springer.

Klockars, A. J., Hancock, G. R., & McAweeney, M. J. (1995). Power of unweighted and weighted versions of simultaneous and sequential multiple-comparison procedures. *Psychological Bulletin*, **118**, 300-307.

Koehler, K. J. (1986). Goodness-of-fit tests for log-linear models in sparse contingency tables. *Journal of the American Statistical Association*, **81**, 483-493.

Konishi, S., & Kitagawa, G. (1996). Generalized information criteria in model-selection. *Biometrika*, **83**, 875-890.

Koopman, B. O. (1936). On distributions admitting a sufficient statistic. *Transactions of the American Statistical Association*, **39**, 399-409.

小杉考司 (2004). 心理－論理と態度理論への数理アプローチ　関西学院大学社会学研究科提出博士論文

小杉考司 (2006). 心理－論理と態度理論への数理アプローチ　松香堂

小杉考司・藤澤隆史・清水裕士・石盛真徳・渡邊太・藤澤等 (2010). 家族関係データに対する非対称 MDS の応用　日本行動計量学会第 38 回大会抄録集　pp.2-3.

小平邦彦 (1976). 解析入門 I　小平邦彦（監修）基礎数学 1 解析学 (I) ii (pp.1-128).

Kree, R., & Zippelius, A. (1995). Asymmetrically diluted neural networks. In E. Domany, J. L. van Hemmen, and K. Schulten (Eds.), *Models of Neural Networks I* (2nd ed.) (pp.201-220).

Krijnen, W. P., Dijkstra, T. K., & Stegeman, A. (2008). On the non-existence of optimal solutions and the occurrence of "degeneracy" in the CANDECOMP/PARA- FAC model. *Psychometrika*, **73**, 431-439.

Krumhansl, C. L. (1978). Concerning the applicability of geometric models to similarity data: The interrelationship between similarity and spatial density. *Psychological Review*, **85**, 445-463.

Krummenauer, F. (1998). Limit theorems for multivariate discrete distributions. *Metrika*, **47**, 47-69.

Kruschke, J. K. (2011). *Doing Bayesian Data Analysis: A tutorial with R and BUGS*. Amsterdam: Academic Press.

Kruskal, J. B. (1964a). Multidimensional scaling by optimizing goodness of fit to a nonmetric hypothesis. *Psychometrika*, **29**, 1-27.

Kruskal, J. B. (1964b). Multidimensional scaling: A numerical method. *Psychometrika*, **29**, 115-129.

Kruskal, J. B. (1989). Rank, decomposition, and uniqueness for 3-way and N-way arrays. In R. Coppi and S. Bolasco (Eds.), *Multiway Data Analysis* (pp.7-18). Amsterdam: North Holland.

Kubrusly, C. S. (2001). *Elements of Operator Theory*. Boston: Birkhäuser.

熊谷敦也 (2010). 古典的多次元尺度構成法に基づく非対称関連性データの分析日本応用数学会論文誌 **20**、57-66.

栗木哲 (1991). 一対比較モデルに関する同時信頼領域の構成と多重比較法 応用統計学, **20**, 127-137.

Kynn, M. (2007). The 'heuristics and biases' bias in expert elicitation. *Journal of the Royal Statistical Society: Series A*, **171**, 239-264.

Landau, H. G. (1951a). On dominance relations and the structure of animal societies. I: effect of inherent characteristics. *Bulletin of Mathematical Biophysics*, **13**, 1-19.

Landau, H. G. (1951b). On dominance relations and the structure of animal societies. II: some effects of possible social factors. *Bulletin of Mathematical Biophysics*, **13**, 245-262.

Laurent, M. (2001). Matrix completion problems. *Encyclopedia of Optimization*, **3**, 221-229.

Laplace, P. S. (1814). *Essai Philosophique sur les la Probabilités*. Paris: Ve Courcier.

Lancaster, P., & Tismenetsky, M. (1985). *The Theory of Matrices* (2nd ed.). New York: Academic Press.

Lawson, C. L., & Hanson, R. J. (1974). *Solving Least Squares Problems*. Englewood Cliffs: Prentice-Hall.

Lee, M. D. (2008). Three case studies in the Bayesian analysis of cognitive models. *Psychonomic Bulletin & Review*, **15**, 1-15.

Legendre, A. M. (1805). *Nouvelles Methodes pour la Determination des Orbites des Cometes*. Paris: Courcier.

Lehmann, E. L. (1983). *Theory of Point Estimation*. New York: Wiley.

Lehmann, E. L. (1986). *Testing Statistical Hypotheses* (2nd ed.). New York: Wiley.

Lewin, K. (1933). Environmental forces. In C. Murchison (Ed.), *A Handbook of Child Psychology* (Vol.**2**, pp.590-625). New York: Russell & Russell.

Lewin, K., & Birenbaum, G. (1930). Untersuchungen zur Handlungs- und Affektpsychologie. VIII. Das Vergessen einer Vornahme. Isolierte seelische Systeme und dynamische Gesamtbereiche [Investigations of the psychology of action and affection. VIII. Forgetting an intention. Isolated psychic systems and dynamic total spheres]. *Psychologische Forschung*, **13**, 218-285.

Li, Z. (2008). Exponential stability of synchronization in asymmetrically coupled dynamical networks. *Chaos*, **18**, 1-11.

Likert, R. (1932). A technique for the measurement of attitudes. *Archives of Psychology*, No.**140**, 5-55

Lingoes, J. C. (1973). *The Guttman-Lingoes nonmetric program series*. Ann Arbor: Mathesis Press.

Little, W. A. (1972). Existence of persistent states in the brain. *Mathematical Biosciences*, **19**, 101-120.

Loisel, S., & Takane, Y. (2011). Generalized GIPSCAL re-revisited: a fast convergent algorithm with acceleration by the minimal polynomial extrapolation. *Advances in Data Analysis and Classification*, **5**, 57-75.

Lombardi, M. J., & Nicoletti, G. (2011). Bayesian prior elicitation in DSGE models: Macro- vs micro-priors. *Journal of Economic Dynamics and Control*, **36**, 294-313.

Lorenz, E. N. (1963). Deterministic nonperiodic flow. *Journal of the*

Atmospheric Sciences, **20**, 130-141.

Luce, R. D. (1963). Detection and recognition. In R. D. Luce, R. R. Bush, & E. Galanter (Eds.), *Handbook of mathematical psychology* (pp.103-189). New York: Wiley.

Luneburg, R. K. (1950). The metric of binocular visual space. *Journal of the Optical Society of America*, **40**, 627-642.

Lunn, D., Spiegelhalter, D., Thomas, A., & Best, N. (2009). The BUGS project: Evolution, critique and future directions. *Statistics in Medicine*, **28**, 3049-3067.

Madensky, A. (1963). Tests of homogeneity for correlated samples. *Journal of the American Statistical Association*, **58**, 97-119.

Mallows, C. L. (1973). Some comments on C_p. *Tecchnometrics*, **15**, 661-675.

丸山儀四郎 (1967). 確率及び統計 共立出版

Markoff, A, A. (1912). *Wahrscheinlichkeitsrechnung* (H. Liebmann, Trans.). Leipzig: Druck und Verlag von B. G. Tebner. (Original work published 1900).

Masure, R. H., & Allee, W. C. (1934). The social order in flocks of the common chicken and the pigeon. *The Auk*, **51**, 306-327.

松原望 (2010). ベイズ統計学概説. 培風館.

Matsumoto, M. (1986). *Foundation of Finsler Geometry and Special Finsler Space*. Ohtsu: Kaiseisha.

May, R. M. (1975). Biological populations obeying difference equations: Stable points, stable cycles, and chaos. *Journal of Theoretical Biology*, **51**, 511-524.

Maydeu-Olivares, A., & Joe, H. (2005). Limited- and full-information estimation and goodness-of-fit testing in 2^n contingency tables: A united framework. *Journal of the American Statistical Association*, **100**, 1009-1020.

McCullagh, P., & Nelder, J. A. (1989). *Generalized Linear Models* (2nd ed.). London: Chapman and Hall.

McNemar, Q. (1947). Note on the sampling error of the difference between correlated proportions or percentages. *Psychometrika*, **12**, 153-157.

Medin, D. L., & Schaffer, M. M. (1978). Context theory of classification learning. *Psychological Review*, **85**, 207-238.

Mehta, M. L. (2004). *Random Matrices* (3rd ed.). San Diego: Elsevier.

Menger, K. (1931a). Bericht über Metrische Geometrie. *Jahresbericht der Deutsche Mathematiker-Vereinigung*, **40**, 201-219.

Menger, K. (1931b). New foundations of Euclidean geometry. *American Journal of Mathematics*, **53**, 721-745.

Milnor, J. (2000). *Dynamics in One Complex Variable* (2nd ed.). Wiesbaden: Vieweg & Sohn.

Morse, M., & Hedlund, G. A. (1938). Symbolic dynamics. *American Journal of Mathematics*, **60**, 815-866.

Mosteller, F. (1948). On pooling data. *Journal of the American Statistical Association*, **43**, 231-242.

永尾太郎 (2005). ランダム行列の基礎　東京大学出版会

Nakatani, L. H. (1972). Confusion-choice model for multidimensional psychophysics. *Journal of Mathematical Psychology*, **9**, 104-127.

Nakayama, A. (2005). A multidimensional scaling model for three-way data analysis. *Behaviormetrika*, **32**, 95-110.

Nakayama, A., & Okada, A. (2011). Reconstructing one-mode three-way asymmetric data for multidimensional scaling. *Proceedings of the 2010 GFKL meeting*. (in print).

Newcomb, T. M. J. (1953). An approach to the study of communicative acts. *Psychological Review*, **60**, 393-404.

Newcomb, T. M. (1961). *The Acquaintance Process*. New York: Holt. Rinehart and Winston.

Neyman, J. (1949). Contribution to the theory of the χ^2 test. *Proceedings of the first Berkeley Symposium on Mathematical Statistics and Probability*, 239-273.

Neyman, J., & Scott, E. L. (1948). Consistent estimates based on partially consistent observations. *Econometrika*, **16**, 1-32.

日本数学会 (2008). 数学辞典　岩波書店

野村忍 (1995). TEG 第 2 版の成り立ちと読み方　東京大学医学部心療内科（編著）新版エゴグラム・パターン－ TEG（東大式エゴグラム）第 2 版による性格分析－ (pp.31-46)　金子書房

Nordlie, P. (1958). A longitudinal study of interpersonal attraction. *Doctoral dissertation submitted to the University of Michigan.*

Nosofsky, R. M. (1984). Choice, similarity, and the context theory of classification. *Journal of Experimental Psychology*, **10**, 104-114.

Nosofsky, R. M. (1985a). Luce's choice model and Thurstone's categorical judgment model compared: Kornbrot's data revisited. *Perception & Psychophysics*, **37**, 89-91.

Nosofsky, R. M. (1985b). Overall similarity and the identification of separable-dimension stimuli: A choice model analysis. *Perception & Psychophysics*, **38**, 415-432.

Nosofsky, R. M. (1986). Attention, similarity, and the identification-categorization of integral stimuli. *Journal of Experimental Psychology: Learning, Memory, and Cognition*, **13**, 87-108.

Nosofsky, R. M. (1991). Stimulus bias, asymmetric similarity, and classification. *Cognitive Psychology*, **23**, 94-140.

Ntzoufras, I. (2009). *Bayesian Modeling Using WinBUGS*. New York: Wiley.

Oh, M-S, & Raftery, A. E. (2001). Bayesian multidimensional scaling and choice of dimension. *Journal of the American Statistical Association*, **96**, 1031-1044.

Oh, M-S, & Raftery, A. E. (2007). Model-based clustering with dissimilarities: A Bayesian approach. *Journal of Computational and Graphical Statistics*, **16**, 559-585.

O'Hagan, A. (1998). Eliciting expert beliefs in substantial practical applications. *Journal of the Royal Statistical Society. Series D (the*

Statistician), **47**, 21-35.
O'Hagan, A., & Forster, J. (2004). *Kendall's Advanced Theory of Statistics. Vol. 2B. Bayesian Inference* (2 ed.). London, UK: Wiley.
Okada, A., & Imaizumi, T. (1984). Geometric models for asymmetric similarity. *Research Reports of School of Social Relations, Rikkyo (St. Paul's) University*.
Okada, A., & Imaizumi, T. (1987). Nonmetric multidimensional scaling of asymmetric proximities. *Behaviormetrika*, **21**, 81-96.
Okada, A., & Imaizumi, T. (1997). Asymmetric multidimensional scaling of two-mode, three-way proximities. *Journal of Classification*, **14**, 195-224.
Okada, A., & Tsurumi, H. (2012). Asymmetric multidimensional scaling of brand switching among margarine brands. *Behaviormetrika*, **39**, 111-126.
岡田謙介 (2011). ベイズ推定による非対称 MDS 日本行動計量学会第39回大会抄録集 429-430.
Okada, K. (2012). A Bayesian approach to asymmetric multidimensional scaling. *Behaviormetrika*, **39**, 49-62.
Okada, K., & Mayekawa, S. (2011). Bayesian nonmetric successive categories multidimensional scaling. *Behaviormetrika*, **38**, 17-32.
Okada, K., & Shigemasu, K. (2010). Bayesian multidimensional scaling for the estimation of a Minkowski exponent. *Behavior Research Methods*, **42**, 899-905.
奥川光太郎 (1966). 代数学　共立出版
Parisi, G. (1986). Asymmetric neural networks and the process of learning. *Journal of Physics A: Mathematical and General*, **19**, L675-L680.
Park, J., DeSarbo, W. S., & Liechty, J. (2008). A hierarchical Bayesian multidimensional scaling methodology for accommodating both structural and preference heterogeneity. *Psychometrika*, **73**, 451-472.
Parry, W. (1964). Intrinsic Markov chains. *Transactions of the Ameri-*

can Mathematical Society, **112**, 55-66.

Parry, W. (1966). Symbolic dynamics and transformations of the unit interval. *Transactions of the American Mathematical Society*, **122**, 368-378.

Pearson, K. (1900). On a criterion that a given system of deviation from the probable in the case of a correlated system of variables is such that it can be reasonably supposed to have arisen from random sampling. *Philosophical Magazine Series 5*, **50**, 157-175.

Pedregal, P. (2004). *Introduction to Optimization*. London: Springer.

Peitgen, H.-O., & Richter, P. H. (1986). *The Beauty of Fractals*. New York: Springer-Verlag.

Pinkus, A., & Zafrany, S. (1997). *Fourier Series and Integral Transformations*. Cambridge: Cambridge University Press.

Pitman, E. J. G. (1936). Sufficient statistics and intrinsic accuracy. *Proceedings of the Cambridge Philosophical Society*, **32**, 567-579.

Plummer, M., Best, N., Cowles, K., & Vines, K. (2006). CODA: Convergence Diagnosis and Output Analysis for MCMC. *R News*, **6**, 7-11.

Polak, E. (1997). *Optimization - Algorithms and Consistent Approximations*. London: Springer.

Posch, M., & Futschik, A. (2008). A uniform improvement of Bonferroni-type tests by sequential tests. *Journal of the American Statistical Association*, **103**, 299-308.

Press, S. J. (1989). *Bayesian Statistics - Principles, models, and applications*. New York: Wiley.

Press, S. J. (2003). *Subjective and Objective Bayesian Statistics*. (2 Ed). New York: Wiley.

Ramsay, J. O. (1969). Some statistical considerations in multidimensional scaling. *Psychometrika*, **34**, 167-182.

Ramsay, J. O. (1977). Maximum likelihood estimation in multidimensional scaling. *Psychometrika*, **42**, 241-266.

Ramsay, J. O. (1978). Confidence regions for multidimensional scaling analysis. *Psychometrika*, **43**, 145-160.

Ramsay, J. O. (1982). Some statistical approaches to multidimensional scaling data. *The Journal of the Royal Statistical Society*, Series A (General), **145**, 285-312.

Randers, G. (1941). On an asymmetrical metric in the four-space of general relativity. *Physical Review*, **59**, 195-199.

Rao, C. R. (1945). Information and accuracy attainable in the estimation of statistical parameters. *Bulletin of the Calcutta Mathematical Society*, **37**, 81-91.

Rao, C. R. (1970). Estimation of heteroscedastic variances in linear models. *Journal of the American Statistical Association*, **65**, 161-172.

Rao, C. R. (1973). *Linear Statistical Inference and Its Applications*. 2nd ed. New York: Wiley.

Richardson, M. W. (1938). Multidimensional psychophysics. *Psychological Bulletin*, **35**, 659-660.

Rocci, R., & Bove, G. (2002). Rotation techniques in asymmetric multidimensional scaling. *Journal of Computational and Graphical Statistics*, **11**, 405-419.

Rothkopf, E. Z. (1957). A measure of stimulus similarity and errors in some paired associate-learning tasks. *Journal of Experimental Psychology*, **53**, 94-101.

Ruggeri, F., Ríos Insua, D., & Martín, J. (2005). Robust Bayesian Analysis. In D. K. Dey & C. R. Rao (Eds.), *Handbook of statistics 25 Bayesian Thinking: Modeling and computation* (pp.623-667). North-Holland: Elsevier. (岡田謙介 (訳) (2011). 頑健ベイズ分析. 繁桝算男・岸野洋久・大森裕浩 (監訳) ベイズ統計分析ハンドブック. 朝倉書店.)

Rushen, J. (1982). The peck orders of chickens: How do they develop and why are they linear? *Animal Behavior*, **30**, 1129-1137.

佐部利真吾 (2012). ASYMMAXSCAL によるエゴグラム・パターン間の適合度データの分析　心身科学, **4**, (印刷中).

Saburi, S. & Chino, N. (2008). A maximum likelihood method for an asymmetric MDS model. *Computational Statistics and Data Analysis*, **52**, 4673-4684.

Saffir, M. A. (1937). A comparative study of scales constructed by three psychophysical methods. *Psychometrika*, **2**, 179-198.

齋藤堯幸 (1980). 多次元尺度構成法　朝倉書店.

Saito, T. (2002). Circle structure derived from decomposition of asymmetric data matrix. *Journal of the Japanese Society of Computational Statistics*, **15**, 1-18.

Saito, T. (1991). Analysis of asymmetric proximity matrix by a model of distance and additive terms. *Behaviormetrika*, **29**, 45-60.

Saito, T., & Takeda, S. (1990). Multidimensional scaling of asymmetric proximity: model and method. *Behaviormetrika*, **28**, 49-80.

Saito, T., & Yadohisa, H. (2005). *Data Analysis of Asymmetric Structures - Advanced Approaches in Computational Statistics*. New York: Marcel Dekker.

坂元慶行・石黒真木夫・北川源四朗 (1985). 情報量統計学　共立出版

Sato, Y. (1988). An analysis of sociometric data by MDS in Minkowski space. In K. Matsusita (Ed.), *Statistical Theory and Data Analysis II*, (pp.385-396). Amsterdam: North Holland.

佐藤義治 (1989). Minkowski 計量を用いた非対称類似性の距離表現について　計算機統計学, **2**, 35-45.

Schjelderup-Ebbe, T. (1922). Beiträge zur Sozialpsychologie des Haushuhns. *Zeitschrift für Psychologie*, **88**, 225-252.

Schoenberg, I. J. (1935). Remarks to Maurice Fréchet's article "Sur la définition axiomatique d'une classe d'espace distanciés vectoriellement applicable sur l'espace de Hilbert". *Annals of Mathematics*, **36**, 724-732.

Schönemann, P. H. (1966). A generalized solution of the orthogonal Procrustes problem. *Psychometrika*, **31**, 1-10.

Schönemann, P. H. (1970). On metric multidimensional unfolding. *Psy-

chometrika, **35**, 349-366.

Schönemann, P. H., & Tucker, L. R. (1967). A maximum likelihood solution for the method of successive intervals allowing for unequal stimulus dispersions. *Psychometrika*, **32**, 403-417.

Schwarz, G. (1978). Estimating the dimension of a model. *The Annals of Statistics*, **6**, 461-464.

Schutz, B. (1957). *Geometrical methods of mathematical physics*. Cambridge: Cambridge University Press.

Shepard, R. N. (1957). Stimulus and response generalization: A stochastic model relating generalization to distance in psychological space. *Psychometrika*, **22**, 325-345.

Shepard, R. N. (1958a). Stimulus and response generalization: Deduction of the generalization gradient from a trace model. *Psychological Review*, **65**, 242-256.

Shepard, R. N. (1958b). Stimulus and response generalization: Tests of a model relating generalization to distance in psychological space. *Journal of Experimental Psychology*, **55**, 509-523.

Shepard, R. N. (1962a). The analysis of proximities: Multidimensional scaling with an unknown distance function. I. *Psychometrika*, **27**, 125-140.

Shepard, R. N. (1962b). The analysis of proximities: Multidimensional scaling with an unknown distance function. II. *Psychometrika*, **27**, 219-246.

Shepard, R. N. (1963). Analysis of proximities as a technique for the study of information processing in man. *Human Factors*, **5**, 33-48.

Shepard, R. N. (1964). Circularity in judgments of relative pitch. *Journal of the Acoustical Society of America*, **36**, 2346-2353.

繁桝算男 (1985). ベイズ統計入門. 東京大学出版会.

柴田義貞 (1981). 正規分布 - 特性と応用　東京大学出版会

下平英壽・伊藤秀一・久保川達也・竹内啓 (2005). モデル選択-予測・検定・推定の交差点　岩波書店

新村出（編）(1998). 広辞苑　第五版　岩波書店

Shojima, K. (2012). Asymmetric triangulation scaling: Asymmetric multidimensional scaling for visualizing inter-item dependency structure. *Behaviormetrika*, **39**, 27-48.

Smith, B. J. (2007). boa: An R Package for MCMC Output Convergence Assessment and Posterior Inference. *Journal of Statistical Software*, **21**, 1-37.

Smith, J. E. K. (1982). Recognition models evaluated: A commentary on Keren and Baggen. *Perception & Psychophysics*, **31**, 183-189.

So, A. M-C., & Ye, Y. (2007). Theory of semidefinite programming for sensor network localization. *Mathematical Programming*, **109**, 367-384.

Spiegelhalter, D., Best, N., Carlin, B., & Van der Linde, A. (2002). Bayesian measures of model complexity and fit. *Journal of the Royal Statistical Society, Series B*, **64**, 583-639.

Stegeman, A. (2006). Degeneracy in CANDECOMP/PARAFAC explained for $p \times p \times 2$ arrays of rank $p+1$ or higher. *Psychometrika*, **71**, 483-501.

Stegeman, A. (2007). Degeneracy in CANDECOMP/PARAFAC explained for several three-sliced arrays with a two-valued typical rank. *Psychometrika*, **72**, 601-619.

Stegeman, A. (2008). Low-rank approximation of generic $p \times q \times 2$ arrays and diverging components in the CANDECOMP/PARAFAC model. *SIAM Journal on Matrix Analysis and Applications*, **30**, 988-1007.

Stegeman, A., & Comon, P. (2010). Subtracting a best rank-1 approximation may increase tensor rank. *Linear Algebra and its Applications*, **433**, 1276-1300.

Stegeman, A., & De Lathauwer, L. (2009). A method to avoid diverging components in the CANDECOMP/PARAFAC model for generic $I \times J \times 2$ arrays. *SIAM Journal on Matrix Analysis and Applications*, **30**, 1614-1638.

Stevens, S. S. (1951). Mathematics, measurement and psychophysics. In S. S. Stevens (Ed.), *Handbook of Experimental Psychology*. New York: Wiley.

Stewart, G. W., & Sun, J. (1990). *Matrix perturbation theory*. New York: Academic Press.

Stuart, A. (1955). A test for homogeneity of the marginal distributions in a two-way classification. *Biometrika*, **42**, 412-416.

Sugiura, N. (1978). Further analysis of the data by Akaike's information criterion and the finite corrections. *Communications in Statistics - Theory and Methods*, **A7**, 13-26.

Suppes, P., & Zinnes, J. L. (1963). Basic measurement theory. In R. D. Luce et al. (Eds.), *Handbook of mathematical psychology: Vol.1* (pp.1-76). New York: Wiley.

Takane, Y. (1978a). A maximum likelihood method for nonmetric multidimensional scaling: 1. The case in which all empirical pairwise orderings are independent- Theory. *Japanese Psychological Research*, **20**, 7-17.

Takane, Y. (1978b). A maximum likelihood method for nonmetric multidimensional scaling: 2. The case in which all empirical pairwise orderings are independent- Evaluation. *Japanese Psychological Research*, **20**, 105-114.

高根芳雄 (1880). 多次元尺度法　東京大学出版会.

Takane, Y. (1981). Multidimensional successive categories scaling: A maximum likelihood method. *Psychometrika*, **46**, 9-28.

Takane, Y. (1987). Analysis of contingency tables by ideal point discriminant analysis. *Psychometrika*, **52**, 493-513.

Takane, Y., & Carroll, J. D. (1981). Nonmetric maximum likelihood multidimensional scaling from directional rankings of similarities. *Psychometrika*, **46**, 389-405.

Takane, Y., & Kiers, H. A. L. (1997). Latent class DEDICOM. *Journal of Classification*, *14*, 225-247.

Takane, Y., & Shibayama, T. (1986). Comparison of models for stimulus recognition data. In J. de Leeuw, et al. (Eds.), *Multidimensional Data Analysis* (pp.119-148). Leiden: DSWO Press.

Takane, Y., & Shibayama, T. (1992). Structures in stimulus identification data. In F. G. Ashby (Ed.), *Multidimensional models of perception and cognition* (pp.335-362). New Jersey: Lawrence Erlbaum Associates.

Takane, Y., Young, F. W., & de Leeuw, J. (1977). Nonmetric individual differences multidimensional scaling: An alternative least squares method with optimal scaling features. *Psychometrika*, **42**, 1-68.

竹内啓 (1976). 情報統計量の分布とモデルの適切さの基準　数理科学, No.**153**, 12-18.

竹内啓 (1983). AIC 基準による統計的モデルの選択をめぐって　計測と制御, **22**, 445-453.

竹内啓編 (1989). 統計学辞典　東洋経済

竹内啓・柳井晴夫 (1972). 多変量解析の基礎　東洋経済新報社

田中行人 (1976). ベクトル・テンソル及びその応用 (1)　コロナ社

種村秀紀 (2006). 非衝突拡散過程とランダム行列　京都大学集中講義ノート　京都大学

Ten Berge, J. M. F. (1997). Reduction of asymmetry by rank-one matrices. *Computational Statistics & Data Analysis*, **24**, 357-366.

Ten Berge, J. M. F., & Kiers, H. A. L. (1999). Simplicity of core arrays in three-way principal component analysis and the typical rank of $p \times q \times 2$ arrays. *Linear Algebra and Its Applications*, **294**, 169-179.

Ten Berge, J. M. F., Kiers, H. A. L., & De Leeuw, J. (1988). Explicit CANDECOMP/PARAFAC solutions for a contrived $2 \times 2 \times 2$ array of rank three. *Psychometrika*, **53**, 579-584.

Ten Berge, J. M. F., Sidiropoulos, N. D., & Rocci, R. (2004). Typical rank and INDSCAL dimensionality for symmetric three-way arrays of order $I \times 2 \times 2$ or $I \times 3 \times 3$. *Linear Algebra and Its Applications*, **388**, 363-377.

Thompson, J. M. T., & Stewart, H. B. (1986). *Nonlinear Dynamics and Chaos*. New York: Wiley.

Thurstone, L. L. (1927a). A law of comparative judgment. *Psychological Review*, **34**, 273-286.

Thurstone, L. L. (1927b). Psychophysical analysis. *The American Journal of Psychology*, **38**, 368-389.

Tierney, L. (1994). Markov chains for exploring posterior distributions (with discussion). *Annals of Statistics*, **22**, 1701-1762.

Tobler, W. (1976-77). Spatial interaction patterns. *Journal of Environmental Systems*, **6**, 271-301.

Tomizawa, S. (1992). Multiplicative models with further restrictions on the usual symmetry model. *Communications in Statistics - Theory and Methods*, **21**, 693-710.

Torgerson, W. S. (1954). A law of categorical judgment. *The American Psychologist*, **9**, 483.

Torgerson, W. S. (1958). *Theory and Methods of Scaling*. Wiley, New York.

Townsend, J. T., & Landon, D. E. (1982). An experimental and theoretical investigation of the constant-ratio rule and other models of visual letter confusion. *Journal of Mathematical Psychology*, **25**, 119-162.

Trendafilov, N. T. (2002). GIPSCAL revisited. A projected gradient approach. *Statistics and Computing*, **12**, 135-145.

Trosset, M. W. (1993). *The formulation and solution of multidimensional scaling problems* (Technical Report TR93-55). Houston: Department of Computational and Applied Mathematics, Rice University.

Tucker, L. R. & Messick, S. (1963). An individual differences model for multidimensional scaling. *Psychometrika*, **28**, 333-367.

Tversky, A. (1977). Features of similarity. *Psychological Review*, **84**, 327-352.

宇野利雄 (1966). 微分積分学 II　共立出版

宇野利雄 (1967). 微分積分学 I　共立出版

上田哲生・谷口雅彦・諸澤俊介 (1995). 複素力学系序説　培風館

Valova, I., Cueorguieva, N., & Kosugi, Y. (2004). An oscillation-driven neural network for the simulation of an olfactory system. *Neural Computing & Applications*, **13**, 65-79.

Wald, A. (1943). Tests of statistical hypotheses concerning several parameters when the number of observations is large. *Transactions of the American Mathematical Society*, **54**, 426-482.

Weeks, D. G., & Bentler, P. M. (1982). Restricted multidimensional scaling models for asymmetric proximities. *Psychometrika*, **47**, 201-208.

Weinberger, K. Q., & Saul, L. K. (2004). Unsupervised learning of image manifolds by semidefinite programming. *Proceedings of the 2004 IEEE Computer Society Conference on Computer Vision and Pattern Recognition.* **70**, 77-90.

Wigner, E. P. (1951). On a class of analytic functions from the quantum theory of collisions. *The Annals of Mathematics* (2nd Ser.), **53**, 36-67.

Wigner, E. P. (1955). Characteristic vectors of bordered matrices with infinite dimensions. *The Annals of Mathematics* (2nd Ser.), **62**, 548-564.

Wigner, E. P. (1957). On the distribution of the roots of certain symmetric matrices. *Annals of Mathematics*, **67**, 325-327.

Williamson, J. (2009). Philosophies of probability: Objective Bayesianism and its challenges. In A. Irvine (ed). *Philosophy of Mathematics* (pp.493-533). Amsterdam: North Holland.

Wilkinson, J. H. (1965). *The Algebraic Eigenvalue Problem.* Oxford: Clarendon Press.

Wishart, J. (1949). Cumulants of multivariate multinomial distributions. *Biometrika*, **36**, 47-58.

Yadohisa, H., Niki, N. (1999). Vector field representation of asymmetric proximity data. *Communications in Statistics, Theory and method*, **28**, 35-48.

Yanai, H., Takeuchi, K., & Takane, Y. (2011). *Projection Matrices, Generalized Inverse Matrices, and Singular Value Decomposition.* New York: Springer

Yang, Y. (2005). Can the strengths of AIC and BIC be shared? A conflict between model identification and regression estimation. *Biometrika*, **92**, 937-950.

Yates, B. A. (1934). Contingency tables involving small numbers and the χ^2 test. *Journal of the Royal Statistical Society* (Suppl.), **1**, 217-235.

Yekutieli, D. (2008). Hierarchical false discovery rate-controlling methodology. *Journal of the American Statistical Association*, **103**, 309-316.

吉内一浩 (2009). エゴグラムの見方・使い方　東京大学医学部心療内科TEG研究会（編）　新版TEG　活用事例集　金子書房　pp.3-24.

Young, F. W. (1975). An asymmetric Euclidean model for multi-process asymmetric data. *Paper presented at U.S.-Japan Seminar on MDS*, San Diego, U.S.A.

Young, G., & Householder, A. S. (1938). Discussion of a set of points in terms of their mutual distances. *Psychometrika*, **3**, 19-22.

Zangwill, W. I. (1969). *Nonlinear Programming: A Unified Approach.* Englewood Cliffs: Prentice Hall.

Zelterman, D. (1987). Goodness-of-fit tests for large sparse multinomial distributions. *Journal of the American Statistical Association*, **82**, 624-629.

Zelterman, D. (2006). *Models for Discrete Data* (rev. ed.). Oxford: Oxford University Press.

Zelterman, D., Chan, I. S., & Mielke, P. W. (1995). Exact tests of significance in higher dimensional tables. *The American Statistician*, **49**, 357-361.

Zielman, B., & Heiser, W. J. (1993). Analysis of asymmetry by a slide vector. *Psychometrika*, **58**, 101-114.

Zielman, B., & Heiser, W. J. (1996). Models for asymmetric proximities. *British Journal of Mathematical and Statistical Psychology*, **49**, 127-

146.
Zinnes, J. L., & MacKay, D. B. (1983). Probabilistic multidimensional scaling: complete and incomplete data. *Psychometrika*, **48**, 27-48.

索引

英語索引
A
Abel's theorem, 75
Abelian group, 34
absolute data, 3
absolute zero point, 2
abstract vector space, 56
accept, 107
acceptance probability, 202
acceptance ratio, 155
acceptance region, 107
addition, 58
additive, 61
additive similarity and bias model, 191
adjoint of a matrix, 43
affine space, 60
AIC, 164
Akaike's information criterion, 164
α−limit cycle, 175
ALS, 195
alternative hypothesis, 217
alternative least squares algorithm, 195

amount of information, 94
ancillary, 113
ancillary information, 113
ancillary statistic, 113
angle, 67
anti-derivative, 142
anti-symmetric, 160
anti-symmetric matrix, 37
aperiodic, 153
associative binary operation, 34
ASYMMAXSCAL, 206
asymmetric matrix, 33
asymmetric MDS, 10
asymmetric Minkowski space, 30
asymmetrical coupling matrix, 28
asymmetrically diluted neural networks, 264
asymptotically, 91
asymptotically stable node, 180
ATRISCAL, 202
autonomous system, 177

B

balance theory, 17
Banach space, 69
base, 135
basis, 59
Bayes factor, 119
Bayes' postulate, 103
Bayes' theorem, 102
Bayesian information criterion, 164
Bayesian MDS, 15
Bayesian probability, 114
Bayesian statistics, 114
BCR, 108
Behaviormetrika, 266
Behaviorpredicta, 266
best asymptotically normal estimator, 106
best critical region, 108
best rank-r approximation problem, 257
bias, 200
bias probability, 201
biased-choice model, 200
BIC, 164
bifurcation, 177
bifurcation parameters, 177
bifurcation theories of vector fields, 258
bilinear, 159
bilinear form, 50, 159
binary operation, 34
Boltzmann entropy, 165
bounded, 112, 133
boundedly complete, 112
Bradley-Terry-Ford-Luce model 6
Brownian motion, 261

C

(complex) Hilbert space structure, 198
candidate models, 164
canonical analysis of skew-symmetry, 30, 196
canonical form, 45
canonical matrix, 79
CASK, 30, 196
categorization, 208
Cauchy sequence, 69
CCRR, 185
center, 173
centering matrix, 225
centroid, 225
centroidal Voronoi tessellations, 181
centroidal Voronoi tessellations on surface, 181
characteristic equation, 74
characteristic function, 110
Chebyshev's inequality, 89
Chino-Shiraiwa's theorem, 10

chord, 24
circulant matrix, 33
circular hierarchy, 17
circular polyads, 221
circular triads, 221
city block metric, 73
classical linear model, 97
classical MDS, 9
closed orbit, 175
closure, 181
coefficient of consistence, 221
cofactor, 47
cognitive dissonance theory, 17
column, 34
column effect, 126
column vector, 40
column-wise orthonormal matrices, 151
commutative, 35
commutative law, 42
complementary event, 83
complementary space, 217
complete sufficient statistic, 111
completeness, 69
complex conjugate, 65
complex conjugate number, 39
complex difference equation, 179
complex dynamical system, 167
complex field, 31
complex Hebb rule, 264
complex matrix, 36
complex metric space, 29
composite function, 139
composite hypothesis, 107
conditional correct response rate, 185
conditional probability, 85
confusion matrix, 10
confusion-choice model, 201
congruent, 79, 80
congruent transformation, 79
conjugate linear, 65
conjugate prior, 116
conjugate transpose, 40
consistency, 91
consistency in the strong sense, 91
consistency in the weak sense, 91
consistent estimator, 92
contingency table, 119
continuity, 131
contravariant tensor, 161
converge, 131
converge in probability or

stochastically, 91
convergence diagnostics, 157
convex simplex method, 219
coordinate, 60
coordinate system, 60
cosec, 136
cosecant, 136
count data, 2
counterclockwise, 231
covariant tensor, 161
Cramér-Rao inequality, 93
criterion variable, 163
critical region, 107
cross table, 119
cross-product, 193
cross-product ratio, 125
cumulative distribution function, 87
curl, 170
curl free part, 186
curvature, 12
cyclic matrix, 33, 253

D

Decomposition into Directional Components, 196
DEDICOM, 196
definite integral, 141
density, 87
derivative, 130
descriptive MDS, 15
determinant, 33
diagonal blocks, 196
diagonal matrix, 39
difference equation, 178
differentiable, 131
differential coefficient, 130
differential equations, 168
dimensionality, 58
direct sum, 77
directed graph, 17
direction of steepest descent, 148
discrete-time dynamical system, 150
discriminal difference, 5
discriminal process, 4
dispersion, 91
distance-association models, 209
distance-density model, 188
distribution function, 87
diverge, 145
divergence, 170
divergence free part, 186
divergence-free field, 170
divergenceless field, 170
dome coordinates, 203
dominant eigenvalue, 150
dominant eigenvector, 150
double centering, 225
dual space, 158

索引   307

dynamical system, 168

E

Eckart-Young' theorem, 9
efficiency, 91
efficient estimator, 93
eigen equation, 74
eigenvalue, 74
eigenvalue problem, 33
eigenvector, 74
elementary Jordan matrices, 78
elementary operation of matrix, 45
elicitation, 116
elliptic space, 12
equilibrium distribution, 153
equilibrium point, 171
equivalence transformation, 76
equivalent class, 79
equivocation probability, 201
error model, 206
error of the first kind, 108
error of the second kind, 108
error terms, 162
estimate, 90
estimator, 90
Euclidean (matrix) norm, 63
Euclidean distance-choice model, 208
Euclidean norm, 62
even permutation, 160
event, 83
exactly, 91
exclusive, 83
expectation, 88
expected frequency, 121
exponential decay function, 201
exponential distribution, 96
exponential MDS-choice model, 201
exterior algebraic forms, 158
exterior differential forms, 158
exterior forms, 50, 158

F

factorization criterion, 94
Fechner's law, 3
ferromagnet, 253
field, 34
finite dimensional, 59
finite population, 86
Finsler space, 69
first-order ancillary, 113
Fisher's scoring algorithm,

207
fixed point, 171
focus, 173
form, 157
Fréchet space, 69
free vector, 56
frequency distribution, 86
frequency probability, 114
Frobenius canonical form, 76
Frobenius norm, 13
full conditional posterior distribution, 154
full rank, 113

G

Gaussian MDS-choice model, 201
general effect, 126
generalized inner product model for multidimensional scaling, 194
generalized inverse, 33
generalized least squares estimator, 102
generalized variance, 99
generating matrix, 50
generating points, 181
Gibbs sampling, 154
GIPSCAL, 194
global bifurcation, 177
Gower diagram, 196
gradient, 148
gradient methods, 148
gradient system, 171
gradient vectors, 186
grand mean, 162
group, 34

H

Hölder (matrix) norm, 63
Hölder norm, 62
Hadamard matrix product, 151
HCM, 197
Hebb learining rule, 263
Hebb rule, 263
hemisphere, 203
Hermitian, 79
Hermitian Canonical Model, 197
Hermitian form, 32
Hermitian Form Model, 199
Hermitian matrix, 31
Hermitian scalar product, 32
Hessian matrix, 147
HFM, 199
higher order, 132
Hilbert space, 29
Hilbert-Schmidt norm, 63
Hogg's theorem, 111
Holman model, 191
homogeneity hypothesis on

row and column effects, 219
homogeneous, 61
Hopf bifurcation, 177
hyper-parameter, 116
hyperbolic space, 12

I

identification, 208
identity element, 35
identity matrix, 39
ill-posed, 257
imaginary part, 39
improper node, 173
indefinite, 51
indefinite integral, 142
indefinite metric, 55
independent, 85
indicatrix, 73
individual differences MDS, 15
inf., 133
inferential MDS, 15
infimum, 133
infinite dimensional, 59
infinite normalized Krylov-sequence, 150
infinite population, 86
infinitesimal, 132
infinity, 132
infinity norm, 62
information criterion, 164

initial value problem, 195
inner product, 57
inner product space, 65
integral calculus, 141
integral domain, 34
integrand, 142
inter-item dependency structure, 202
interaction, 126
interaction symmetry, 218
interval estimation, 90
interval scale, 2
inverse element, 35
inverse gamma distribution, 211
inverse matrix, 42
inward node, 173
irreducible, 153
irrotational field, 170
linearly dependent, 59

J

Jacobian, 140
Jacobian matrix, 174
Jeffreys prior, 117
joint distribution, 104
joint sufficiency, 95
Jordan canonical form, 76
Jordan matrix belonging to λ, 78

K

k-linear, 159

Kullback-Leibler information, 165

L

Lagrange's undetermined multiplier method, 147
Landau, E. G., 133
Laplace expansion, 46
Laplace theorem, 48
latent structure, 11
law of categorical judgment, 6
law of comparative judgment, 4
least squares estimates, 98
least squares estimator, 97
least squares method, 97
level of significance, 108
LF of the sample, 104
Lie bracket notation, 151
likelihood, 103
likelihood function of the sample, 104
likelihood ratio statistic, 111
likelihood ratio test, 109
limit, 130
limit cycles, 174
linear combination, 58
linear homogeneous first-order difference equation, 179
linear independence, 58
linear operator, 150
linear or nonlinear optimization, 146
linear programming, 149
linear space, 60
linear transformation, 61
linearly independent, 59
Little-Hopfield model, 264
local bifurcation, 177
log odds, 124
log odds ratio, 125
log-linear model, 120
logistic transformation, 124
logit transformation, 125
lower bound, 133
lower order, 132
lower triangular matrix, 38
Lyapunov stability of equilibrium point, 175

M

main diagonal element, 36
main effect, 162
Manhattan metric, 73
mapping, 50
marginal likelihood, 118
Markov chain, 152
Markov chain Monte Carlo method, 152
Markov property, 152

mass centroid, 182
matrix, 8
matrix norm, 62
matrix norm subordinate to a vector norm, 63
matrix ordinary differential equations, 195
maximum likelihood estimator, 104
maximum likelihood MDS, 15
maximum likelihood principle, 103
MAXSCAL, 206
MDS, 8
MDS-choice model, 10
method of equal-appearing intervals, 8
method of paired comparisons, 15
method of steepest descent, 148
method of successive intervals, 6
metric, 67
metric space, 33
Metropolis-Hastings algorithm, 155
minimal sufficiency, 99
minimal sufficient, 95
minimal sufficient statistic, 95
minimax-rate optimal, 166
minimum dimensionality, 11
minimum mean-square-error, 91
minimum variance, 91
minimum variance bound, 91
minimum variance estimator, 94
Minkowski's r-metric, 12
minors, 46
model distribution, 117
Monte Carlo method, 152
most powerful test, 108
multidimensional scaling, 8
multinomial distribution, 122
multiple chain, 157
multiple regression coefficient, 163
multiple slide-vector model, 192
multiple-judgment condition, 252
multiple-judgment sampling, 252
multiplicity, 77
multiscale bootstrap method,

167
multivariate (Bernoulli) multinomial distribution, 252
multivariate linear model, 102
multivariate Poisson distribution, 252
MV, 91
MVB, 91
nonmetric MDS, 15

N

natural logarithm, 135
natural number, 131
negative definite, 51
negative real parts, 173
negative semi-definite, 51
Newton method, 149
Neyman criterion, 94
Neyman-Scott problem, 106
nominal scale, 2
non-negative definite, 51
non-parametric hypothesis, 107
non-positive definite, 51
non-trivial solution, 74
non-zero real part, 174
nonautonomous system, 177
nonempty, 34
nonempty set, 57
nonlinear programming, 149
nonsingular, 45, 150

norm, 33
normal deviate, 5
normal distribution, 87
normal equation, 98
normal equivalent deviate, 5
normalizing constant, 118
normed space, 57
null hypothesis, 107
number field, 34

O

objective prior, 116
observation, 90
odd permutation, 160
odds, 124
odds ratio, 124
Okada-Imaizumi model, 189
olfactory bulb, 28
ω−limit cycle, 175
1-forms, 157
one-mode, three-way asymmetric MDS models, 30
one-mode, three-way square asymmetric matrix, 30
one-mode, two-way square asymmetric matrix, 29
one-mode, two-way square symmetric matrix, 12
order, 132
ordinal scale, 2
ordinary matrix differen-

tial equation, 149
oriented parallelopiped, 49
oriented parallelotope, 49
origin, 60
orthogonal matrix, 43
orthogonality, 67
outer product, 193
outward node, 173

P

paired comparisons, 121
parallelogram, 49
parallelogram law, 67
parameter, 107
parameter space, 84
parametric family, 112
parametric hypothesis, 107
partial derivatives, 138
partial derivatives of higher order, 139
partial differential coefficients, 138
partial regression coefficients, 163
peck order, 23
pitchfork bifurcation, 177
point estimation, 90
Poisson distribution, 122
polar identity, 67
polarization identity, 68
population, 86
population distribution, 86

position vector, 40
positive definite, 51
positive direction, 230
positive real parts, 173
positive semi-definite, 14
post processing, 213
posterior distribution, 118
posterior probability, 103
power method, 150
power of a matrix, 42
power of the test, 108
pre-Hilbert space, 66
precision, 91
preliminary tests, 205, 247
primitive, 142
primitive function, 142
principle of equidistribution of ignorance, 103
prior distribution, 115
prior probability, 103
probabilistic model, 162
probability, 84
probability density, 87
probability density function, 87
probability function, 87
projection matrix, 33
proximity data, 191
psychological continuum, 4
psychophysics, 3

Pythagorean formula, 67

Q

quadratic form, 51, 159
quadrature by parts, 141
qualitative theories of singularities of vector fields, 258
quantum mechanics, 260
quasi-independence hypothesis, 220
quasi-Newton methods, 149
quasi-symmetry test, 205
quasi-symmetry-like asymmetric MDS models, 250

R

(real) asymmetric Minkowski's metric structure, 198
radial map, 203
random Hermitian matrices, 260
random sample, 86
random sampling, 86
random variable, 85
rank, 8
rating method, 15
ratio distinctive feature model, 198
ratio scale, 2
real asymmetric metric space, 29
real canonical form, 76
real circulant matrix, 253
real difference equation, 179
real matrix, 36
real metric space, 12
real part, 39
real-valued function, 62
rectangular matrix, 8, 36
reduced rank version, 210
reference prior, 117
regression coefficients, 163
regularity conditions, 93
reject, 107
remainder, 136
remainder term in the Cauchy form, 136
remainder term in the Lagrange form, 136
representation model, 206
residual sum of squares, 163
response model, 206
Riemann conjecture, 260
Riemann space, 12
Riemann zeta function, 260
ring, 34
rotation, 170
rotation-free field, 170
row, 34
row effect, 126
row vector, 40
row-weighted slide-vector

model, 192
RSS, 163

S

stimulus categorization experiment, 185
s-linear function, 161
saddle, 173
saddle-node bifurcation, 177
same-order, 132
sample, 86
sample space, 84
sample with replacement, 86
sample without replacement, 86
sampling distribution, 86
scalar, 41
scalar multiplication, 58
scalar potential, 170
scalar potentials, 186
scale analysis, 8
scale value, 11
scaling, 1
scalogram analysis, 8
Schoenberg's theorem, 9
Schoenberg-Young-Householder's theorem, 9
Schur norm, 63
Schwarz's inequality, 67
scientific hypothesis, 106
semi group, 34

semidefinite programming, 259
sensory scale, 4
sequence, 130
sequential test, 163
sequential tests, 220
set of jointly sufficient statistics, 95
signal detection theory, 201
similar, 75
similarity choice model, 200
simple hypothesis, 107
simultaneous and sequential multiple-comparison procedures, 251
single-judgment condition, 252
single-judgment sampling, 252
singular point, 171
singular value decomposition, 10
singular values, 13
singularity, 171
sink, 173
size of the test, 108
skew identity matrix, 196
skew symmetric, 159
skew-symmetric matrix, 37
smallest space analysis, 15
Smith's canonical form, 76

social distance scale, 8
sorting, 149
source, 173
space of Lebesgue square integrable functions, 71
span, 58
sparse contingency tables, 120
special probabilistic MDS, 15
spectral norm, 63
spherical manifold, 14
spiral sink, 173
square matrix, 8
SSA, 15
stability of equilibrium point, 175
standard basis, 59
state space, 168
state variables, 168
stationary point, 171
statistic, 87
statistical entropy, 165
statistical hypothesis, 106
statistical model, 162
stimulus recognition experiments, 10
stochastic processes, 261
stochastically independent, 111
structural stability, 175
structurally stable, 176
structurally unstable, 174
sub-region, 107
subjective Bayesian probability, 114
subset, 83
subspace, 58
sufficiency, 91
sufficient estimator, 94
summated rating method, 8
sup., 133
supremum, 133
symmetric matrix, 33
symmetric MDS, 10
symmetry test, 121, 205
symplectic structure, 30
synaptic efficacies, 263
system of difference equations, 179
system of linear first-order difference equations, 179
system of linear first-order differential equations, 168

T

tangent vector, 169
tangential line, 131
Taylor expansion, 133
Taylor's theorem, 136
tensor, 50
test for circular hierarchy,

205
tests for marginal homogeneity, 205
theoretical law, 266
thinning, 157
three-dimensional topographic map, 204
Toeplitz matrix, 33
total differential, 138
total differential of nth order, 139
total parameter space, 216
transcritical bifurcation, 177
transition kernel, 152
transposed matrix, 37
travel flows, 186
triadic interaction, 255
triangle inequality, 62
triangular canonical form, 76
true model, 164
TSCALE, 198
Tversky's contrast model, 198
two-mode, three-way matrix, 12, 29
two-model distance-association model, 210
Type A design data, 128
Type B design data, 128

U

unbiased estimator, 92
unbiasedness, 91
unfolding, 8
unidimensional scaling, 6
uniform continuity, 133
unique feature-choice model, 208
unit matrix, 39
unitary matrix, 31
unitary space, 66
unstable node, 180
upper bound, 133
upper triangular matrix, 38

V

variance, 88
vector, 40
vector field, 169
vector field model, 186
vector norm, 62
vector potential, 170
vector potentials, 186
Voronoi cell, 181
Voronoi diagram, 180
Voronoi tessellations, 180

W

Wald statistic, 207
Weeks-Bentler model, 189
Weierstrass' theorem, 133
wind model, 186

Y

Young-Householder's theorem, 9

Z
zero matrix, 36
zero point, 171

日本語索引

あ
アーベルの定理, 75
赤池の情報量基準, 164
アダマール積, 151
アフィン空間, 60
アルファリミットサイクル, 175
鞍点, 173

い
位数, 132
1-形式, 157
一次元的尺度構成法, 6
一次従属, 59
一次（線形）結合, 58
一次（線形）独立性, 58
一次独立, 59
一次補助的, 113
位置ベクトル, 40
一様連続性, 133
一貫性係数, 221
1相3元非対称 MDS モデル, 30
1相3元非対称正方行列, 30
1相2元正方対称行列, 12
1相2元正方非対称行列, 29
一致推定量, 92
一致性, 91
一対比較, 121
一対比較法, 15
一般化逆行列, 33
一般化最小2乗推定量, 102
一般化内積モデル, 194
一般化分散, 99
一般効果, 126
一般平均, 162
インディカトリックス, 73

う
Weeks-Bentler モデル, 189
上側三角行列, 38
受け入れ確率, 202
渦なし場, 170
（内向き）結節点, 173

え
s-線形関数, 161
エッカート・ヤングの定理, 9
n 階微分, 139
MDS 選択モデル, 10
MP 検定, 108
MV 推定量, 94
LS 推定量, 97
エルミート行列, 31
エルミート形式, 32
エルミート形式モデル, 199

索引 319

エルミート正準モデル, 197
エルミート的, 79
エルミート内積, 32
円頂座標, 203

お
O-I モデル, 189
オッズ, 124
オッズ比, 124
オメガリミットサイクル, 175

か
回帰係数, 163
階数, 8
階数減少版, 210
回転, 170
カウントデータ, 2
下界, 133
科学的仮説, 106
可換群, 34
角度, 67
確率, 84
確率過程, 261
確率関数, 87
確率的に収束する, 91
確率的に独立, 111
確率変数, 85
確率密度, 87
確率密度関数, 87
確率モデル, 162
下限, 133
加算的類似度バイアスモ

デル, 191
渦状沈点, 173
渦心点, 173
仮性結節点, 173
風モデル, 186
カテゴリー化, 208
カテゴリー判断の法則, 6
可微分, 131
加法, 58
加法的, 61
カルバック・ライブラー情報量, 165
環, 34
感覚尺度, 4
間隔尺度, 2
完全条件付き事後分布, 154
観測値, 90
間伐, 157
完備充足統計量, 111
完備性, 69

が
外積代数的形式, 158
外微分形式, 158
外部形式, 50, 158
ガウス MDS-選択モデル, 201
Gower ダイアグラム, 196

き
基, 59
棄却, 107
棄却域, 107

記述的 MDS, 15
基準変数, 163
奇順列, 160
期待値, 88
期待度数, 121
基本的ジョルダン行列, 78
帰無仮説, 107
規約, 153
客観事前分布, 116
客観ベイズ確率, 114
嗅（神経）球, 28
球面多様体, 14
強磁性体, 253
共変テンソル, 161
共役事前分布, 116
共役線形, 65
共役転置, 40
共役複素数, 39
極化恒等式, 68
極限, 130
極恒等式, 67
局所的分岐, 177
曲面重心ボロノイ充填, 181
曲率, 12
虚部, 39
距離空間, 33
距離密度モデル, 188
距離・連関モデル, 209
ぎ
　ギブスサンプリング, 154
　逆ガンマ分布, 211

逆行列, 42
逆元, 35
行, 34
行加重スライドベクトル
　モデル, 192
行効果, 126
行効果列効果等質性, 219
行ベクトル, 40
行列, 8
行列式, 33
行列常微分方程式, 195
行列の基本操作, 45
行列のべき乗, 42
行列ノルム, 62
く
　空でない集合, 34, 57
　区間推定, 90
　矩形行列, 8, 36
　区分求積法, 141
　クラメール・ラオの不等式, 93
　クロス乗積, 193
　クロス乗積比率, 125
　クロス表, 119
ぐ
　偶順列, 160
　群, 34
け
　k-一次, 159
　形式, 157
　計量（距離）, 67

索引

系列間隔法, 6
結合的二項演算, 34
顕在化, 116
検出力, 108
検定のサイズ, 108

げ
原始関数, 142
原点, 60
源点, 173

こ
高位の, 132
高階偏導関数, 139
交換的, 35
交換律, 42
交互最小 2 乗アルゴリズム, 195
交互作用, 126
交互作用対称性, 218
構造安定, 176
構造安定性, 175
構造不安定な, 174
恒等行列, 39
行動計量学, 266
行動予測学, 266
勾配, 148
勾配系, 171
勾配ベクトル, 186
勾配法, 148
候補モデル, 164
項目間の従属構造, 202
コーシー型剰余, 136

コーシー列, 69
個人差 MDS, 15
固定点, 171
古典的 MDS, 9
古典的線形モデル, 97
固有値, 74
固有値問題, 33
固有値 λ に属するジョルダン行列, 78
固有ベクトル, 74
固有方程式, 74
混同行列, 10
混同選択モデル, 201

ご
合成関数, 139
合同, 80
合同的, 79
合同変換, 79
誤差項, 162
誤差モデル, 206

さ
最急降下法, 148
最急降下方向, 148
最強力検定, 108
最小次元数, 11
最小充足, 95
最小充足統計量, 95
最小十分性, 99
最小二乗推定値, 98
最小 2 乗推定量, 97
最小 2 乗法, 97

最小分散, 91
最小分散限界, 91
最小平均平方誤差, 91
最大階数, 113
最大絶対固有値, 150
最大絶対固有ベクトル, 150
採択, 107
採択域, 107
最尤 MDS, 15
最尤原理, 103
最尤推定量, 104
最良階数 r 近似問題, 257
最良棄却域, 108
最良漸近正規推定量, 106
サドル・ノード分岐, 177
差分方程式, 178
差分方程式系, 179
三角標準形, 76
三角不等式, 62
3 次元の地勢図, 204
3 者間の相互作用, 255
参照事前分布, 117

さ
座標, 60
座標系, 60
残差平方和, 163

し
刺激カテゴリー化実験, 185
市街地計量, 73
刺激認知実験, 10
指数 MDS-選択モデル, 201

指数族分布, 96
指数的減衰関数, 201
自然数, 131
自然対数, 135
下側三角行列, 38
質点重心, 182
シナプス効能, 263
射影行列, 33
社会的距離尺度, 8
尺度解析 (法), 8
尺度構成, 1
尺度値, 11
尺度分析 (法), 8
写像, 50
集積評定法, 8
収束, 131
収束判定, 157
周辺等質性検定, 205
周辺尤度, 118
シュールノルム, 63
主観ベイズ確率, 114
主効果, 162
主対角要素, 36
シュワルツの不等式, 67
小行列式, 46
焦点, 173
ショーエンバーグの定理, 9
ショーエンバーグ・ヤング・ハウスホールダーの定理, 9

索引

初期値問題, 195
親近度データ, 191
信号検出理論, 201
真のモデル, 164
シンプレクティック構造, 30
心理学的連続体, 4

じ

Jeffreys の事前分布, 117
次元数, 58
事後確率, 103
事後分布, 118
自己類似度, 200
事象, 83
事前確率, 103
事前検定, 205
事前分布, 115
実行列, 36
実距離空間, 12
実差分方程式, 178
実循環行列, 253
実数値関数, 62
実非対称距離空間, 29
（実）非対称 Minkowski メトリック構造, 198
実標準形, 76
実部, 39
自明でない解, 74
重心, 225
重心ボロノイ充填, 181
重相関係数, 163

充足性, 91
充足（十分）推定量, 94
重複度, 77
十分性, 91
自由ベクトル, 56
受理確率, 155
循環行列, 33
循環性検定, 205
循環的階層構造, 17
循環的3者（関係）, 221
循環的多者（関係）, 221
順序尺度, 2
準対称性検定, 205
準対称的非対称 MDS モデル, 250
準独立性仮説, 220
準ニュートン法, 149
上界, 133
常行列微分方程式, 149
上限, 133
条件付確率, 85
条件付き正答率, 185
状態空間, 168
状態変数, 168
情報量, 94
情報量基準, 164
剰余, 136
ジョルダンの標準形, 76
自励系, 177

す

推移核, 152

推測的 MDS, 15
推定値, 90
推定量, 90
数体, 34
数列, 130
スカラー, 41
スカラー乗法, 58
スカラーポテンシャル, 170, 186
Stevens の法則, 4
スパン, 58
スペクトルノルム, 63
スミスの標準形, 76

せ

整域, 34
正確に, 91
正規化定数, 118
正規同値偏差, 5
正規分布, 87
正規偏差, 5
正規方程式, 98
斉次, 61
正準行列, 79
正準形, 45
精神物理学, 3
生成行列, 50
生成点, 181
正則, 45, 150
正則条件, 93
精度, 91
正の実部, 173

正の定符号, 51
正の半定符号, 14
正方行列, 8
正方向, 230
積分法, 141
接線, 131
接ベクトル, 169
線形あるいは非線形最適化, 146
線形一次微分方程式系, 168
線形一階差分方程式系, 179
線形演算子, 150
線型空間, 60
線形斉次一階差分方程式, 179
線形プログラミング, 149
線型変換, 61
潜在構造, 11

ぜ

絶対尺度, 3
絶対零点, 2
ゼロ行列, 36
ゼロ点, 171
漸近的安定結節点, 180
漸近的安定ノード, 180
漸近的に, 91
全微分, 138
前ヒルベルト空間, 66
全母数空間, 216

そ

双一次, 159

索引　　　　　　　　　　　　　　　　　　　　　　　　　325

　双一次形式, 50
　双曲空間, 12
　相似, 75
　双対空間, 158
　ソーティング, 149
　（外向き）結節点, 173
　疎な分割表, 120
そう
　双一次形式, 159
た
　体, 34
　対角行列, 39
　対角ブロック, 196
　大局的分岐, 177
　対称 MDS, 10
　対称行列, 33
　対称性検定, 121, 205
　対数オッズ, 124
　対数オッズ比, 125
　対数線形モデル, 120
　Type A デザインデータ, 128
　Type B デザインデータ, 128
　対立仮説, 217
　多義性確率, 201
　多項分布, 122
　多重スライドモデル, 192
　多重判断サンプリング, 252
　多重判断条件, 252
　多重連鎖, 157

　多変量線形モデル, 102
　多変量（ベルヌイ）多項分布, 252
　多変量ポアソン分布, 252
　単位行列, 39
　単位元, 35
　単一判断サンプリング, 252
　単一判断条件, 252
　単純仮説, 107
だ
　第 1 種（Type I）の過誤, 108
　第 2 種（Type II）の過誤, 108
　楕円空間, 12
ち
　チェビシェフの不等式, 89
　逐次検定, 220
　逐次的検定, 163
　千野・白岩の定理, 10
　抽出分布, 117
　（抽象的）ベクトル空間, 56
　中心化行列, 225
　超パラメータ, 116
　直和, 77
　直交行列, 43
　直交性, 67
　沈点, 173
つ
　つつきの順序, 23

強い意味での一致性, 91
て
　底, 135
　低位の, 132
　定常分布, 153
　定積分, 141
　テイラー展開, 133
　テイラーの定理, 136
　停留点, 171
　テップリッツ行列, 33
　展開法, 8
　点推定, 90
　テンソル, 50
　転置行列, 37
と
　統計的エントロピー, 165
　統計的仮説, 106
　統計的モデル, 162
　統計量, 87
　等現間隔法, 8
　等積変換, 76
　等積類, 79
　特異値, 13
　特異値分解, 10
　特異点, 171
　特性関数, 110
　特性方程式, 74
　特別な確率的, 15
　特有特徴比率モデル, 198
　凸単体法, 219
　Tverskyの対比モデル, 198

トランスクリティカル分岐, 177
ど
　同一視, 208
　同位の, 132
　導関数, 130
　同時事後分布, 154
　同時充足(十分)性, 95
　同時充足(十分)統計量, 95
　同時的及び経時的多重比較手続き, 251
　同時分布, 104
　独立, 85
　度数分布, 86
な
　内積, 57
　内積空間, 65
に
　二項演算, 34
　二次形式, 51, 159
　2重中心化, 225
　2相距離連関モデル, 210
　2相3元行列, 29
　ニュートン法, 149
　認知的不協和理論, 17
ね
　ネイマン基準, 94
　ネイマン・スコット問題, 106
の

索引

ノルム, 33
ノルム空間, 57
ノンパラメトリック仮説, 107
は
排反的, 83
発散, 170
発散する, 145
発散なし場, 170
半球, 203
半群, 34
反対称, 159
半定符号プログラミング, 259
反時計回り, 231
反応モデル, 206
反変テンソル, 161
ば
バイアス, 200
バイアス確率, 201
バイアス選択モデル, 200
バナッハ空間, 69
ばらつき, 91
バランス理論, 17
ぱ
パラメトリック仮説, 107
パワー法, 150
ひ
非回転的場, 186
比較判断の法則, 4
非計量 MDS, 15

比尺度, 2
非周期的, 153
非自励系, 177
非正の定符号, 51
被積分関数, 142
非ゼロ実部, 174
非線形プログラミング, 149
非対称 MDS, 10
非対称希薄ニューラルネットワーク, 264
非対称行列, 33
非対称結合行列, 28
非対称 Minkowski 空間, 30
非適切, 257
非発散的場, 186
非復元抽出, 86
非負の定符号, 51
表現モデル, 206
標準基, 59
評定法, 15
標本, 86
標本空間, 84
標本の LF, 104
標本の尤度関数, 104
標本分布, 86
ヒルベルト空間, 29
ヒルベルト-シュミットノルム, 63
頻度論的確率, 114
び

BAN 推定量, 106
BTFL モデル, 6
微分係数, 130
微分方程式, 168

ぴ

ピタゴラスの公式, 67
ピッチフォーク分岐, 177

ふ

不安定ノード, 180
フィッシャーのスコアリングアルゴリズム, 207
フィンスラー空間, 69
Fechner の法則, 3
不可知均等分布の原理, 103
復元抽出, 86
複合仮説, 107
複素共役, 65
複素行列, 36
複素距離空間, 29
複素差分方程式, 179
複素数体, 31
（複素）ヒルベルト空間構造, 198
複素ヘブ則, 264
複素力学系, 167
不定計量, 55
不定積分, 142
不定符号, 51
負の実部, 173
負の定符号, 51
負の半定符号, 51

不偏推定量, 92
不偏性, 91
フレシェ空間, 69
フロベニウスの標準形, 76
フロベニウスノルム, 13

ぶ

部分空間, 58
部分集合, 83
部分領域, 107
ブラウン運動, 261
分解基準, 94
分割表, 119
分岐, 177
分岐パラメータ, 177
分岐理論, 258
分散, 88
分布関数, 87

へ

閉軌道, 175
平行四辺形, 49
平行四辺形の法則, 67
平衡点, 171
平衡点の安定性, 175
閉包, 181
ヘッセ行列, 147
ヘブ（の学習）則, 263
ヘルダー（行列）ノルム, 63
ヘルダーノルム, 62
偏回帰係数, 163
偏導関数, 138

索引   329

偏微分係数, 138
べ
　ベイズ MDS, 15
　ベイズ確率, 114
　ベイズ情報量基準, 164
　ベイズ統計学, 114
　ベイズの提案, 103
　ベイズの定理, 102
　ベイズファクター, 119
　べき法則, 4
　ベクトル, 40
　ベクトルノルム, 62
　ベクトルノルムに従属す
　　る行列ノルム, 63
　ベクトル場, 169
　ベクトル場の特異点の定
　　性理論, 258
　ベクトル場モデル, 186
　ベクトルポテンシャル, 170,
　　186
　弁別過程, 4
　弁別差異, 5
ほ
　放射図, 203
　補空間, 217
　補助情報, 113
　補助的, 113
　補助統計量, 113
　Hogg の定理, 111
　ホップ分岐, 177
　Holman モデル, 191

ぼ
　母集団, 86
　母集団分布, 86
　母数, 107
　母数空間, 84
　母数族, 112
　母点, 180
　ボルツマンエントロピー,
　　165
　ボロノイ充填, 180
　ボロノイ図, 180
　ボロノイセル, 181
　ボロノイ領域, 181
ぽ
　ポアソン分布, 122
　ポストプロセッシング, 213
ま
　マルコフ性, 152
　マルコフ連鎖, 152
　マルコフ連鎖モンテカル
　　ロ法, 152
　マルチスケール・ブース
　　トラップ法, 167
　マンハッタン計量, 73
み
　密度, 87
　ミニマックス率最適性, 166
　Minkowski の r-メトリッ
　　ク, 12
む
　向きづけられた平行体, 49

無限遠ノルム, 62
無限次元（の）, 59
無限小, 132
無限正規クリロフ列, 150
無限大, 132
無限母集団, 86
無作為抽出, 86
無作為標本, 86
無制約類似度選択モデル, 200

め
名義尺度, 2
メトロポリスヘイスティングス法, 155

も
モデル分布, 117
モンテカルロ法, 152

や
ヤコビアン, 140
ヤコビ行列, 174
ヤング・ハウスホールダーの定理, 9

ゆ
有意水準, 108
有界, 133
有界的完備な, 112
有界な, 112
ユークリッド（行列）ノルム, 63
ユークリッド距離-選択モデル, 208

ユークリッドノルム, 62
有限次元（の）, 59
有限母集団, 86
有向グラフ, 17
有効推定量, 93
有効性, 91
尤度, 103
尤度比検定, 109
尤度比統計量, 111
ユニーク特徴-選択モデル, 208
ユニタリ行列, 31
ユニタリ空間, 66

よ
余因子, 47
余因子行列, 43
余割, 136
余事象, 83
予備検定, 247
弱い意味での一致性, 91

ら
ラグランジュ型剰余, 136
ラグランジュの未定乗数法, 147
ラプラス展開, 46
ラプラスの定理, 48
ランダウ, 133
ランダムエルミート行列, 260
ランダム行列, 260

り

索引

リアプノフ安定性, 175
リー括弧記号, 151
リーマン空間, 12
リーマンゼータ関数, 260
リーマン予想, 260
力学系, 168
離散時間力学系, 150
リトル・ホップフィールドモデル, 264
リミットサイクル, 174
量子力学, 260
旅行流, 186
理論法則, 266

る

類似度選択モデル, 200
累積分布関数, 87
ルベーグ平方可積関数の空間, 71

れ

列, 34
列効果, 126
列ベクトル, 40
列方向正規直交行列, 151
連続性, 131

ろ

ロジスティック変換, 124
ロジット変換, 125

わ

ワイエルシュトラスの定理, 133
歪恒等行列, 196
歪対称, 159
歪対称行列, 37
歪対称性の正準モデル, 196
和音, 24
ワルド統計量, 207

執筆者（アルファベット順）

千野直仁（Chino Naohito）
　　担当：第1章から第6章,
　　　　ただし，第1章1.3.4節，1.3.7節，1.3.11節,
　　　　　　　　第3章3.8節，3.12節,
　　　　　　　　第4章4.8.1節第1項，4.8.2節,
　　　　　　　　第5章5.4節，5.7節，5.9節を除く．

岡田謙介（Okada Kensuke）
　　担当：第1章1.3.11節,
　　　　　第3章3.8節，3.12節,
　　　　　第4章4.8.2節,
　　　　　第5章5.9節

佐部利真吾（Saburi Shingo）
　　担当：第1章1.3.4節，1.3.7節,
　　　　　第4章4.8.1節第1項,
　　　　　第5章5.4節，5.7節

著者紹介：

千野 直仁（ちの・なおひと）
- 1948 年　三重県に生まれる
- 1979 年　名古屋大学教育学部卒業
- 1972 年　名古屋大学大学院教育学専攻科修士課程修了
- 1994 年　博士（教育心理学）（名古屋大学）
- 現　在　愛知学院大学心身科学部教授
- 専　攻　計量心理学、数理心理学

佐部利 真吾（さぶり・しんご）
- 1978 年　岐阜県に生まれる
- 2001 年　専修大学文学部卒業
- 2006 年　愛知学院大学大学院文学研究科博士課程満期退学
- 2009 年　博士（文学）（愛知学院大学）
- 現　在　愛知学院大学心身科学研究所嘱託研究員
- 専　攻　計量心理学

岡田 謙介（おかだ・けんすけ）
- 1981 年　北海道に生まれる
- 2004 年　東京大学教養学部卒業
- 2009 年　東京大学大学院総合文化研究科 博士課程修了・博士（学術）
- 現　在　専修大学人間科学部准教授
- 専　攻　心理統計学

非対称 MDS の理論と応用

2012 年　4 月 20 日　初版 1 刷発行

著　者　千野直仁・佐部利真吾・
　　　　岡田謙介
発行者　富田　淳
発行所　株式会社　現代数学社
　　　　〒606-8425 京都市左京区鹿ヶ谷西寺ノ前町 1
　　　　TEL&FAX 075 (751) 0727　振替 01010-8-11144
　　　　http://www.gensu.co.jp/

印刷・製本　亜細亜印刷株式会社

落丁・乱丁はお取替え致します．

検印省略

© Naohito Chino,
Shingo Saburi,
Kensuke Okada, 2012
Printed in Japan

ISBN 978-4-7687-0405-9